HUODIANCHANG ZUOYE
WEIXIANDIAN FENXI JI YUKONG

火电厂作业
危险点分析及预控
汽轮机分册

华能玉环电厂　编

中国电力出版社
CHINA ELECTRIC POWER PRESS

内 容 提 要

　　为进一步提高火电厂的安全管理水平和员工的安全作业水平，华能玉环电厂组织编写了《火电厂作业危险点分析及预控》丛书，分为通用、锅炉、汽轮机、电气、燃料、热控、化学、环保等 8 个分册。

　　本书为汽轮机分册，共收录典型作业 65 项。书中对每项作业的步骤进行分解，详细分析每个步骤的危险因素以及可能导致的后果，从发生事故的可能性、暴露于风险环境的频繁程度、发生事故产生的后果三个方面进行量化，评判出风险等级，在此基础上给出相应的控制措施。

　　本书内容来源于生产实际，具有较强的针对性、实用性和操作性，可用于指导现场作业的危险点分析、工作票编制、安全交底等工作，适合火电厂从事安全、运行、维护、检修等工作的管理、技术人员阅读使用。

图书在版编目(CIP)数据

火电厂作业危险点分析及预控. 汽轮机分册/华能玉环电厂
编. —北京：中国电力出版社，2016.6（2021.4 重印）
　ISBN 978-7-5123-9315-8

　Ⅰ. ①火…　Ⅱ. ①华…　Ⅲ. ①火电厂-汽轮机运行-安全管理
Ⅳ. ①TM621.9

中国版本图书馆 CIP 数据核字（2016）第 100274 号

中国电力出版社出版、发行　　　　　　北京雁林吉兆印刷有限公司印刷　　　　　　各地新华书店经售
（北京市东城区北京站西街 19 号　100005　http://www.cepp.sgcc.com.cn）
2016 年 6 月第一版　　　　　　　　　　2021 年 4 月北京第三次印刷　　　　　　印数 3001—4000 册
880 毫米×1230 毫米　横 32 开本　12.875 印张　　　　368 千字　　　　　　　　　定价 38.00 元

《火电厂作业危险点分析及预控》
编 委 会

主　　任	钟　明	李法众					
副 主 任	金　迪	张志挺	陈胜军	杨晓东			
委　　员	傅望安	李德友	钱荣财	潘　力	代洪军	常毅君	杨智健　罗福洪
	赵　阳	陈　杲					
主　　编	金　迪						
副 主 编	傅望安	李德友	罗福洪				
参编人员	韩　兵	陶克轩	慈学敏	郑卫东	何高祥	韦存忠	吴俊科　刘博阳
	张　鹏	熊加林	吾明良	王国友	钟天翔	韦玉华	张守文　蒋金忠
	谢　勇	孙文程	沈　扬	刘　健	郭志清	邵　帅	陈　炜　李捍华
	郑景富	毛国明	谭富娟	王　辉	贺申见	江艺雷	龚建良　江妙荣
	郑青勇	林　西	刘　洋				

前　言

　　为进一步推进和完善安全、健康、环境管理机制的形成，实现"零事故、零伤害、零污染"的目标，不断提升和转变员工的风险控制意识，华能玉环电厂按照本质安全型企业创建工作的安排，从运行操作、检修作业、巡回检查等方面组织开展作业危险点分析工作，对电厂典型作业进行安全、职业健康和环境等因素的分析，挖掘每一项作业潜在的危害因素，采取风险控制措施，消除或最大限度地减少事故的发生概率，预防事故发生。经过管理、技术、安全和操作人员的共同努力，华能玉环电厂共完成作业危险点分析717项，涵盖了火电厂生产的各个环节，并已在全厂全面推行，有效地提高了作业现场安全管理技能和管理水平，丰富了管理手段和方法，转变了员工安全行为，为建设"安全、高效、环保"国际一流电力企业提供了有力的支撑。

　　针对目前发电企业生产事故时有发生的情况，华能玉环电厂组织安监、设备管理、运行和检修技术人员，对作业危险点分析工作进行重新整理、分类，编写了这套《火电厂作业危险点分析及预控》丛书，分为通用、锅炉、汽轮机、电气、燃料、热控、化学、环保等8个分册。本书为汽轮机分册，共收录典型作业65项。编写人员对每项作业的步骤进行分解，详细分析每个步骤的危险因素以及可能导致的后果，从发生事故的可能性、暴露于风险环境的频繁程度、发生事故产生的后果三个方面进行量化，评判出风险等级，在此基础上给出相应的控制措施。

本书的内容均来源于生产实际，具有较强的针对性、实用性和操作性，可用于指导现场作业危险点分析、工作票编制、安全交底等工作，确保危险点分析全面、控制措施得当，提高一线员工的安全作业水平，提升火电企业的整体安全管理水平。

　　由于编者水平有限，书中难免有疏漏或不足之处，敬请广大专家和读者不吝指正。

编　者

2016 年 4 月

风险等级划分表

序号	发生事故的可能性（L）		暴露于风险环境的频繁程度（E）		发生事故产生的后果（C）	
	可能性	分值	频繁程度	分值	产生的后果	分值
1	完全可以预料（1次/周）	10	连续暴露（>2次/天）	10	10人以上死亡，特大设备事故	100
2	相当可能（1次/6个月）	6	每天工作时间内暴露（1次/天）	6	2～9人死亡，重大设备事故	40
3	可能，但不经常（1次/3年）	3	每周一次，或偶然暴露	3	1人死亡，一般设备事故	15
4	可能性小，完全意外（1次/10年）	1	每月一次暴露	2	伤残（105个损工日以上），一类障碍	7
5	很不可能（1次/20年）	0.5	每年几次暴露	1	重伤（损工事件LWC），二类障碍	3
6	极不可能（1次/大于20年）	0.2	非常罕见地暴露（<1次/年）	0.5	轻伤（医疗事件MTC、限工事件RWC），设备异常	1
7	实际上不可能	0.1				

总风险值（D）= $L \times E \times C$（最大D值为10000，最小D值为0.05）

D值	风险程度	风险等级
$D > 320$	重大风险，禁止作业	5
$160 < D \leqslant 320$	高度风险，不能继续作业，制定管理方案及应急预案	4
$70 < D \leqslant 160$	显著风险，需要整改，编制管理方案	3
$20 < D \leqslant 70$	一般风险，需要注意	2
$D \leqslant 20$	稍有风险，可以接受	1

目 录

一、汽轮机操作部分

1 ATT试验操作

<table>
<tr><td colspan="2">主要作业风险：
（1）机组非停；
（2）锅炉超温；
（3）汽轮机两侧进汽汽温偏差大；
（4）汽门卡涩</td><td colspan="2">控制措施：
（1）提前控制汽温；
（2）加强试验过程监控；
（3）严格执行监护制度</td></tr>
</table>

编号	作业步骤	危害因素	可能导致的后果	L	E	C	D	风险程度	控制措施
一			操作前准备						
1	确认1号机组负荷不大于600MW、AGC退出	负荷扰动大、控制系统失调	汽温、汽压失调	3	0.5	1	1.5	1	严格按操作票执行
2	主机及各辅助系统运行情况良好、参数稳定	试验状态不稳定	参数调节不稳	3	0.5	1	1.5	1	严格按操作票执行
二			试验内容						
1	在DEH ATT画面上投入高压主汽门和调门A SELECT ATT SLC	误动非操作对象	设备误启停	1	0.5	1	0.5	1	按规定执行操作监护
2	在DEH ATT画面上投入高压主汽门和调门B SELECT ATT SLC	误动非操作对象	设备误启停	1	0.5	1	0.5	1	按规定执行操作监护

编号	作业步骤	危害因素	可能导致的后果	风险评价					控制措施
				L	E	C	D	风险程度	
3	在 DEH ATT 画面上投入中压主汽门和调门 A SELECT ATT SLC	误动非操作对象	设备误启停	1	0.5	1	0.5	1	按规定执行操作监护
4	在 DEH ATT 画面上投入中压主汽门和调门 B SELECT ATT SLC	误动非操作对象	设备误启停	1	0.5	1	0.5	1	按规定执行操作监护
5	在 DEH ATT 画面上投入高排逆止门 SELECT ATT SLC	误动非操作对象	设备误启停	1	0.5	1	0.5	1	按规定执行操作监护
6	在 DEH ATT 画面上投入高排通风阀 SELECT ATT SLC	误动非操作对象	设备误启停	1	0.5	1	0.5	1	按规定执行操作监护
7	激活 ATT ESV/CV SGC，选择"ON"，然后"EXCUTE"，选择"OPER"，然后"EXCUTE"	误动非操作对象	设备误启停	1	0.5	1	0.5	1	按规定执行操作监护
8	观察高压调门 A 根据指令关闭，同时高压调门 B 打开，机组负荷基本不变	试验过程阀门卡涩	汽温偏差大、汽轮机应力大受损	3	0.5	7	11.5	1	严格按规定定期进行相关试验

3

编号	作业步骤	危害因素	可能导致的后果	风险评价					控制措施
				L	*E*	*C*	*D*	风险程度	
9	高压调门 A 完全关闭后，进行高压主汽门 A 活动试验及其跳闸电磁阀活动试验，确认高压主汽门 A 的两个跳闸电磁阀分别动作一次，相应的高压主汽门 A 全程活动两次	试验过程阀门卡涩	汽温偏差大、汽轮机应力大受损	3	0.5	7	11.5	1	严格按规定定期进行相关试验
10	在高压主汽门 A 关闭的情况下，进行高压调门 A 活动试验及跳闸电磁阀活动试验，确认高压调门的两个电磁阀分别动作一次，相应的高压调门 A 开度 10% 活动两次	试验过程阀门卡涩	汽温偏差大、汽轮机应力大受损	3	0.5	7	11.5	1	严格按规定定期进行相关试验
11	高压主汽门、调门 A 试验指示"TEST SU-CCESSFULL MAA1 OK"由红变绿，高压主汽门、调门 A 试验完成	试验过程失去监控	试验无法正常完成	3	0.5	7	11.5	1	(1) 严肃值班纪律；(2) 按规定执行操作监护

续表

编号	作业步骤	危害因素	可能导致的后果	风险评价					控制措施
				L	E	C	D	风险程度	
12	完成高压调门试验之后，确认高压主汽门 A 打开	试验过程阀门卡涩	汽温偏差大、汽轮机应力大受损	3	0.5	7	11.5	1	严格按规定定期进行相关试验
13	在高压主汽门 A 全开后，高压调门 A 开始缓慢打开，高压调门 B 开始缓慢关小，直到恢复到试验前的状态	试验过程阀门卡涩	汽温偏差大、汽轮机应力大受损	3	0.5	7	11.5	1	严格按规定定期进行相关试验
14	观察高压调门 B 根据指令关闭，同时高压调门 A 打开，机组负荷基本不变	试验过程阀门卡涩	汽温偏差大、汽轮机应力大受损	3	0.5	7	11.5	1	严格按规定定期进行相关试验
15	高压调门 B 完全关闭后，进行高压主汽门 B 活动试验及其跳闸电磁阀活动试验，确认高压主汽门 B 的两个跳闸电磁阀分别动作一次，相应的高压主汽门 B 全程活动两次	试验过程阀门卡涩	汽温偏差大、汽轮机应力大受损	3	0.5	7	11.5	1	严格按规定定期进行相关试验

编号	作业步骤	危害因素	可能导致的后果	风险评价					控制措施
				L	E	C	D	风险程度	
16	在高压主汽门 B 关闭的情况下，进行高压调门 B 活动试验及跳闸电磁阀活动试验，确认高压调门的两个电磁阀分别动作一次，相应的高压调门 B 开度 10％活动两次	试验过程阀门卡涩	汽温偏差大、汽轮机应力大受损	3	0.5	7	11.5	1	严格按规定定期进行相关试验
17	高压主汽门、调门 B 试验指示"TEST SUCCESSFULL MAA 2 OK"由红变绿，高压主汽门、调门 B 试验完成	试验过程失去监控	试验无法正常完成	3	0.5	7	11.5	1	(1) 严肃值班纪律；(2) 按规定执行操作监护
18	完成高压调门试验之后，确认高压主汽门 B 打开	试验过程阀门卡涩	汽温偏差大、汽轮机应力大受损	3	0.5	7	11.5	1	严格按规定定期进行相关试验
19	在高压主汽门 B 全开后，高压调门 B 开始缓慢打开，高压调门 A 开始缓慢关小，直到恢复到试前的状态	试验过程阀门卡涩	汽温偏差大、汽轮机应力大受损	3	0.5	7	11.5	1	严格按规定定期进行相关试验
20	观察中压调门 A 根据指令关闭，机组负荷波动不大于 80MW	试验过程阀门卡涩	汽温偏差大、汽轮机应力大受损	3	0.5	7	11.5	1	严格按规定定期进行相关试验

编号	作业步骤	危害因素	可能导致的后果	风险评价					控制措施
				L	E	C	D	风险程度	
21	中压调门 A 完全关闭后，进行中压主汽门 A 活动试验及其跳闸电磁阀活动试验，确认中压主汽门 A 的两个跳闸电磁阀分别动作一次，相应的中压主汽门 A 全程活动两次	试验过程阀门卡涩	汽温偏差大、汽轮机应力大受损	3	0.5	7	11.5	1	严格按规定定期进行相关试验
22	在中压主汽门 A 关闭的情况下，进行中压调门 A 活动试验及跳闸电磁阀活动试验，确认中压调门的两个电磁阀分别动作一次，相应的中压调门 A 全程活动两次	试验过程阀门卡涩	汽温偏差大、汽轮机应力大受损	3	0.5	7	11.5	1	严格按规定定期进行相关试验
23	中压主汽门、调门 A 试验指示 "TEST SUCCESSFULL MAB1OK" 由红变绿，中压主汽门、调门 A 试验完成	试验过程失去监控	试验无法正常完成	3	0.5	7	11.5	1	(1) 严肃值班纪律；(2) 按规定执行操作监护
24	完成中压调门试验之后，确认中压主汽门 A 打开	试验过程阀门卡涩	汽温偏差大、汽轮机应力大受损	3	0.5	7	11.5	1	严格按规定定期进行相关试验

编号	作业步骤	危害因素	可能导致的后果	风险评价					控制措施
				L	E	C	D	风险程度	
25	在中压主汽门 A 全开后，中压调门 A 开始缓慢开足，机组负荷波动不大于 80MW	试验过程阀门卡涩	汽温偏差大、汽轮机应力大受损	3	0.5	7	11.5	1	严格按规定定期进行相关试验
26	观察中压调门 B 根据指令关闭，机组负荷波动不大于 80MW	试验过程阀门卡涩	汽温偏差大、汽轮机应力大受损	3	0.5	7	11.5	1	严格按规定定期进行相关试验
27	中压调门 B 完全关闭后，进行中压主汽门 B 活动试验及其跳闸电磁阀活动试验，确认中压主汽门 B 的两个跳闸电磁阀分别动作一次，相应的中压主汽门 B 全程活动两次	试验过程阀门卡涩	汽温偏差大、汽轮机应力大受损	3	0.5	7	11.5	1	严格按规定定期进行相关试验
28	在中压主汽门 B 关闭的情况下，进行中压调门 B 活动试验及跳闸电磁阀活动试验，确认中压调门的两个电磁阀分别动作一次，相应的中压调门 B 全程活动两次	试验过程阀门卡涩	汽温偏差大、汽轮机应力大受损	3	0.5	7	11.5	1	严格按规定定期进行相关试验

编号	作业步骤	危害因素	可能导致的后果	风险评价					控制措施
				L	E	C	D	风险程度	
29	中压主汽门、调门B试验指示"TEST SUCCE-SSFULL MAB 2 OK"由红变绿,中压主汽门、调门B试验完成	试验过程失去监控	试验无法正常完成	3	0.5	7	11.5	1	(1) 严肃值班纪律; (2) 按规定执行操作监护
30	完成中压调门试验之后,确认中压主汽门B打开	试验过程阀门卡涩	汽温偏差大、汽轮机应力大受损	3	0.5	7	11.5	1	严格按规定定期进行相关试验
31	在中压主汽门B全开后,中压调门B开始缓慢开足,机组负荷波动不大于80MW	试验过程阀门卡涩	汽温偏差大、汽轮机应力大受损	3	0.5	7	11.5	1	严格按规定定期进行相关试验
32	观察高排逆止门A及电磁阀活动试验,确认两个电磁阀分别动作一次,相应的高排逆止门A开度85%活动两次	试验过程阀门卡涩	汽轮机本体参数变化	3	0.5	1	1.5	1	严格按规定定期进行相关试验
33	观察高排逆止门B及电磁阀活动试验,确认两个电磁阀分别动作一次,相应的高排逆止门B开度85%活动两次	试验过程阀门卡涩	汽轮机本体参数变化	3	0.5	1	1.5	1	严格按规定定期进行相关试验

编号	作业步骤	危害因素	可能导致的后果	风险评价					控制措施
				L	*E*	*C*	*D*	风险程度	
34	确认高排逆止门 A、B动作过程正常，试验指示"TEST SUCCESSFUL NRV OK"由红变绿，试验完成	试验过程失去监控	试验无法正常完成	3	0.5	7	11.5	1	(1) 严肃值班纪律； (2) 按规定执行操作监护
35	观察高排通风阀及电磁阀活动试验，确认两个电磁阀分别动作一次，相应的高排通风阀全程活动两次	试验过程阀门卡涩	汽轮机本体参数变化	3	0.5	1	1.5	1	严格按规定定期进行相关试验
36	确认高排通风阀动作过程正常，试验指示"TEST SUCCESSFUL DUMP OK"由红变绿，试验完成	试验过程阀门卡涩	汽轮机本体参数变化	3	0.5	1	1.5	1	严格按规定定期进行相关试验
37	试验期间，注意负荷波动不应超过 80MW。否则选择 ATT 试验画面中"ATT ESV/CV"按钮（MAY01EC200｜SGC_27），按下 SDOWN 中止试验	试验过程失去监控	汽温、汽压失调	3	0.5	7	11.5	1	(1) 严肃值班纪律； (2) 按规定执行操作监护

编号	作业步骤	危害因素	可能导致的后果	风险评价					控制措施
				L	E	C	D	风险程度	
三	作业环境								
1	DEH控制画面复杂	误动非操作对象	设备误启停	3	0.5	1	1.5	1	
四	以往发生的事件								
1	1号机组再热汽温控制不当	1号机组再热汽温超温	锅炉受热面超温爆管、再热蒸汽管路超温损坏	6	1	7	42	2	根据历次试验数据提前控制再热汽温

2 EH油系统启停操作

<table>
<tr><td colspan="5">主要作业风险：
烫伤、爆炸伤害、坠落伤害、机械伤害、腐蚀伤害、淹溺伤害、其他伤害</td><td colspan="2">控制措施：
(1) 正确核对系统、设备、标牌和名称；
(2) 操作时戴安全帽，穿绝缘鞋，正确佩戴安全防护用品；
(3) 携带良好的通信设备及操作工器具；
(4) 保持通讯及操作确认；
(5) 严格执行监护制度</td></tr>
<tr><td rowspan="2">编号</td><td rowspan="2">作业步骤</td><td rowspan="2">危害因素</td><td rowspan="2">可能导致的后果</td><td colspan="5">风险评价</td><td rowspan="2">控制措施</td></tr>
<tr><td>L</td><td>E</td><td>C</td><td>D</td><td>风险程度</td></tr>
<tr><td>一</td><td colspan="9">操作前准备</td></tr>
<tr><td>1</td><td>接收指令</td><td>工作对象不清楚</td><td rowspan="3">(1) 导致人员伤害或设备异常；
(2) 物体打击、摔伤；
(3) 烫伤、化学伤害、碰撞、淹溺、坠落伤害、落物伤害</td><td>6</td><td>0.5</td><td>15</td><td>45</td><td>2</td><td rowspan="2">(1) 确认目的，防止弄错对象；
(2) 工作中必须进行必要的沟通；
(3) 必要时按规定执行操作监护</td></tr>
<tr><td>2</td><td>操作对象核对</td><td>错误操作其他不该操作的设备</td><td>6</td><td>1</td><td>15</td><td>90</td><td>3</td></tr>
<tr><td>3</td><td>选择合适的工器具</td><td>使用不当引起阀钩打滑</td><td>10</td><td>10</td><td>1</td><td>100</td><td>3</td><td>(1) 使用合格的移动操作台；
(2) 使用合适的阀钩</td></tr>
<tr><td>4</td><td>准备合适的防护用具</td><td>(1) 介质泄漏；
(2) 高处落物</td><td>6</td><td>10</td><td>15</td><td>900</td><td>5</td><td>(1) 正确佩戴安全帽；
(2) 戴防护手套；
(3) 穿合适的长袖工作服，衣服和袖口必须扣好；
(4) 穿劳动保护鞋；
(5) 必要时带上手电筒；
(6) 必要时使用面罩</td></tr>
</table>

续表

编号	作业步骤	危害因素	可能导致的后果	风险评价					控制措施
				L	E	C	D	风险程度	
二			启动操作						
1	得值长令,1号机EH油系统启动	工作对象不清楚	导致人员伤害或设备异常	6	0.5	15	45	2	(1) 确认目的,防止弄错对象; (2) 工作中必须进行必要的沟通; (3) 必要时按规定执行操作监护
2	检查EH油系统检修工作结束,工作票收回,具备投运条件	错误操作其他不该操作的设备	导致人员伤害或设备异常	6	0.5	15	45	2	(1) 确认目的,防止弄错对象; (2) 工作中必须进行必要的沟通; (3) 必要时按规定执行操作监护; (4) 认真检查工作票是否完工
3	检查EH油系统中所有电气设备、电动阀门及热工设备已送电	阀门未送电,实际未动作	(1) 导致人员伤害或设备异常; (2) 启动时间延长	6	0.5	15	45	2	(1) 确认目的,防止弄错对象; (2) 工作中必须进行必要的沟通; (3) 必要时按规定执行操作监护; (4) 查明工作票,及时送电
4	检查EH油系统联锁试验正常,所有保护、热工仪表投入,热工表计一次门开启	(1) 无保护运行; (2) 联锁异常; (3) 参数显示异常	导致设备异常	6	0.5	15	45	2	(1) 严格执行联调制度; (2) 严格执行检查卡
5	按照EH油系统检查卡检查系统阀门状态正确	(1) 漏项; (2) 有工作票未终结,相关阀门不能恢复	(1) 导致人员伤害或设备异常; (2) 启动时间延长	6	0.5	15	45	2	(1) 确认目的,防止弄错对象; (2) 工作中必须进行必要的沟通; (3) 必要时按规定执行操作监护; (4) 查明工作票,及时恢复; (5) 严格执行检查卡

续表

编号	作业步骤	危害因素	可能导致的后果	L	E	C	D	风险程度	控制措施
								风险评价	
6	检查所有电磁阀状态正确，所有跳闸阀失电开，先导阀及伺服阀得电关	电磁阀状态错误，动作异常	导致设备异常	6	0.5	15	45	2	(1) 确认目的，防止弄错对象； (2) 工作中必须进行必要的沟通； (3) 必要时按规定执行操作监护
7	检查 EH 油箱油位正常	油箱油位偏低或偏高	导致设备异常	6	0.5	15	45	2	(1) 确认目的，防止弄错对象； (2) 工作中必须进行必要的沟通； (3) 必要时按规定执行操作监护
8	解除 EH 油泵 1B 联锁，在 DEH 上启动 EH 油泵 1A，检查 EH 油泵 1A 电流 20A，出口及母管油压 16MPa（启动时由于注油的问题可能造成泵出口油压小于 10MPa 延时 4s 跳泵，若无电气报警，且无明显机械故障则再次启动一次，启动后确认 EH 油泵运行正常）	EH 油泵运行参数异常	导致设备异常	6	0.5	15	45	2	(1) 确认目的，防止弄错对象； (2) 工作中必须进行必要的沟通； (3) 必要时按规定执行操作监护； (4) 设备启动后监视运行参数
9	就地检查 EH 油系统无漏油、跑油现象，记录 EH 油箱油位（mm）	系统漏油	(1) 导致设备异常； (2) 系统漏油着火	6	0.5	15	45	2	(1) 确认目的，防止弄错对象； (2) 工作中必须进行必要的沟通； (3) 必要时按规定执行操作监护； (4) 检查消防设备正常

14

编号	作业步骤	危害因素	可能导致的后果	风险评价					控制措施
				L	E	C	D	风险程度	
10	投入 EH 油泵 1B 联锁	备用泵联锁未投	导致设备异常	6	0.5	15	45	2	(1) 确认目的，防止弄错对象； (2) 工作中必须进行必要的沟通； (3) 必要时按规定执行操作监护
11	解除 EH 油循环泵 1B 联锁，在 DEH 上启动 EH 油循环泵 1A，检查 EH 油循环泵 1A 运行正常	EH 油循环泵运行参数异常	导致设备异常	6	0.5	15	45	2	(1) 确认目的，防止弄错对象； (2) 工作中必须进行必要的沟通； (3) 必要时按规定执行操作监护
12	投入 EH 油循环泵 1B 联锁	备用泵联锁未投	(1) 导致设备异常； (2) 失去备用	6	0.5	15	45	2	(1) 确认目的，防止弄错对象； (2) 工作中必须进行必要的沟通； (3) 必要时按规定执行操作监护
13	将 EH 油冷却风扇 1A 和 1B 联锁解除，手动启动 EH 油冷却风扇 1A 和 1B，检查运行正常后停用，投入联锁（冷却风扇 60℃自启，58℃自停）	(1) EH 油冷却风扇运行参数异常； (2) 备用泵联锁未投	(1) 导致设备异常； (2) 失去备用； (3) EH 油箱油温异常	6	0.5	15	45	2	(1) 确认目的，防止弄错对象； (2) 工作中必须进行必要的沟通； (3) 必要时按规定执行操作监护
14	正常运行，母管油压大于 15MPa，EH 油泵出口油压小于 15MPa，延时 100s 跳 EH 油泵，联启备用 EH 油泵	备用泵未联启	(1) 导致设备异常； (2) 失去备用	6	0.5	15	45	2	(1) 确认目的，防止弄错对象； (2) 工作中必须进行必要的沟通； (3) 必要时按规定执行操作监护

编号	作业步骤	危害因素	可能导致的后果	L	E	C	D	风险程度	控制措施
15	系统启动结束，汇报值长，做好记录	未及时汇报	影响值长对下一步机组工作安排	6	0.5	15	45	2	（1）确认目的，防止弄错对象； （2）工作中必须进行必要的沟通； （3）必要时按规定执行操作监护
三			停运操作						
1	得值长令，1号机EH油系统停运	工作对象不清楚	导致人员伤害或设备异常	6	0.5	15	45	2	（1）确认目的，防止弄错对象； （2）工作中必须进行必要的沟通； （3）必要时按规定执行操作监护
2	检查1号机已经停止运行	工作对象不清楚	导致人员伤害或设备异常	6	0.5	15	45	2	（1）确认目的，防止弄错对象； （2）工作中必须进行必要的沟通； （3）必要时按规定执行操作监护
3	解除备用EH油泵联锁，在DEH上停运EH油泵	未解除备用EH油泵联锁	导致系统停运时备用泵联启	6	0.5	15	45	2	（1）确认目的，防止弄错对象； （2）工作中必须进行必要的沟通； （3）必要时按规定执行操作监护
4	解除备用EH油过滤泵联锁，在DEH上停运EH油过滤泵	未解除备用EH油过滤泵联锁	导致系统停运时备用泵联启	6	0.5	15	45	2	（1）确认目的，防止弄错对象； （2）工作中必须进行必要的沟通； （3）必要时按规定执行操作监护
5	检查EH油箱没有满油溢出	油箱满油溢出	系统漏油着火	6	0.5	15	45	2	（1）确认目的，防止弄错对象； （2）工作中必须进行必要的沟通； （3）必要时按规定执行操作监护； （4）检查消防设备正常
6	系统操作完毕，汇报值长，做好记录	未及时汇报	影响值长对下一步机组工作安排	6	0.5	15	45	2	（1）确认目的，防止弄错对象； （2）工作中必须进行必要的沟通； （3）必要时按规定执行操作监护

续表

编号	作业步骤	危害因素	可能导致的后果	风险评价					控制措施
				L	E	C	D	风险程度	
四			作业环境						
1	室内环境复杂，系统介质高温、高压、易燃	(1) 未正确佩戴防护用具； (2) 缺乏消防意识	(1) 人身伤害； (2) 火灾事故	6	0.5	15	45	2	(1) 正确佩戴防护用具； (2) 加强消防培训

3 闭式水系统启停操作

主要作业风险:	控制措施:
烫伤、爆炸伤害、坠落伤害、机械伤害、腐蚀伤害、淹溺伤害、其他伤害	(1) 按规定执行操作监护; (2) 使用合适的阀钩; (3) 正确使用劳动保护用品; (4) 保证良好照明

编号	作业步骤	危害因素	可能导致的后果	风险评价					控制措施
				L	E	C	D	风险程度	
一			操作前准备						
1	接收指令	工作对象不清楚		6	0.5	15	45	2	(1) 确认目的,防止弄错对象; (2) 工作中必须进行必要的沟通; (3) 严格执行操作监护; (4) 操作前核对设备名称
2	操作对象核对	错误操作其他不该操作的设备	(1) 导致人员伤害或设备异常; (2) 物体打击、摔伤; (3) 烫伤、化学伤害、碰撞、淹溺、坠落伤害、落物伤害	6	1	15	90	3	
3	选择合适的工器具	使用不当引起阀钩打滑		10	10	1	100	3	(1) 操作时使用劳动手套; (2) 定期检验操作工具; (3) 使用合格的移动操作台; (4) 使用合适的阀钩
4	准备合适的防护用具	(1) 介质泄漏; (2) 高处落物		6	10	15	900	5	(1) 加强操作现场与操作员站的联系; (2) 正确佩戴安全帽; (3) 戴防护手套; (4) 穿合适的长袖工作服,衣服和袖口必须扣好; (5) 穿劳动保护鞋; (6) 必要时带上手电筒; (7) 必要时使用面罩

编号	作业步骤	危害因素	可能导致的后果	风险评价					控制措施
				L	E	C	D	风险程度	
二		启动操作							
1	得值长令，闭式冷却水系统投运	工作对象不清楚	导致人员伤害或设备异常	6	0.5	15	45	2	(1) 确认目的，防止弄错对象； (2) 工作中必须进行必要的沟通； (3) 必要时按规定执行操作监护
2	检查系统检修工作结束，工作票终结，具备投运条件	错误操作其他不该操作的设备	导致人员伤害或设备异常	6	0.5	15	45	2	(1) 确认目的，防止弄错对象； (2) 工作中必须进行必要的沟通； (3) 必要时按规定执行操作监护
3	系统中所有电气设备、电动阀门及热工设备已送电	阀门未送电，实际未动作	(1) 导致人员伤害或设备异常； (2) 启动时间延长	6	0.5	15	45	2	(1) 确认目的，防止弄错对象； (2) 工作中必须进行必要的沟通； (3) 必要时按规定执行操作监护； (4) 查明工作票，及时送电
4	系统联锁试验正常，所有保护、热工仪表投入，热工表计一次门开启	(1) 无保护运行； (2) 联锁异常； (3) 参数显示异常	导致设备异常	6	0.5	15	45	2	(1) 严格执行联调制度； (2) 严格执行检查卡
5	按照闭冷水系统检查卡检查系统阀门状态正确	(1) 漏项； (2) 有工作票未终结，相关阀门不能恢复	(1) 导致人员伤害或设备异常； (2) 启动时间延长	6	0.5	15	45	2	(1) 确认目的，防止弄错对象； (2) 工作中必须进行必要的沟通； (3) 必要时按规定执行操作监护； (4) 查明工作票，及时恢复； (5) 严格执行检查卡

编号	作业步骤	危害因素	可能导致的后果	风险评价					控制措施
				L	E	C	D	风险程度	
6	检查凝结水补充水系统运行正常，开启闭冷水膨胀水箱补水调门开始补水，水箱水位补至1500mm后，将补水调门投自动，设定水位1500mm	水位异常	（1）导致人员伤害或设备异常；（2）启动时间延长	6	0.5	15	45	2	（1）确认目的，防止弄错对象；（2）工作中必须进行必要的沟通；（3）必要时按规定执行操作监护
7	检查闭冷水箱至闭冷泵入口母管手动门开启	手动门未开	导致设备异常	6	0.5	15	45	2	（1）确认目的，防止弄错对象；（2）工作中必须进行必要的沟通；（3）必要时按规定执行操作监护
8	开启闭冷水系统所有排气门，对系统进行充分的注水排气	系统注水排气不彻底	导致设备异常	6	0.5	15	45	2	（1）确认目的，防止弄错对象；（2）工作中必须进行必要的沟通；（3）必要时按规定执行操作监护
9	确认闭冷水泵注水排气结束，关闭放空气门	（1）系统注水排气不彻底；（2）放空门未关	（1）导致设备异常；（2）系统补水量大	6	0.5	15	45	2	（1）确认目的，防止弄错对象；（2）工作中必须进行必要的沟通；（3）必要时按规定执行操作监护
10	闭冷水母管压力达到240kPa时，判断闭冷水系统注水完毕	系统注水排气不彻底	导致设备异常	6	0.5	15	45	2	（1）确认目的，防止弄错对象；（2）工作中必须进行必要的沟通；（3）必要时按规定执行操作监护
11	闭冷水箱水位达到1.5m，投入水位自动	水位自动未投	（1）导致闭冷水箱满水；（2）导致闭冷水箱水位低	6	0.5	15	45	2	（1）确认目的，防止弄错对象；（2）工作中必须进行必要的沟通；（3）必要时按规定执行操作监护

编号	作业步骤	危害因素	可能导致的后果	风险评价					控制措施
				L	E	C	D	风险程度	
12	开足氢冷器和主机冷油器冷却水调门前后隔绝门，调门开度100%，确保闭冷水形成通路	闭冷水未建立通路	导致设备异常	6	0.5	15	45	2	(1) 确认目的，防止弄错对象； (2) 工作中必须进行必要的沟通； (3) 必要时按规定执行操作监护
13	检查闭冷泵启动条件满足： (1) 闭冷水箱水位大于0.5m； (2) 闭冷泵入口电动门开； (3) 温度允许（电动机绕组温度小于110℃，轴承温度小于85℃）； (4) 无跳闸条件； (5) A（B）闭冷泵出口门关或B（A）闭冷泵在运行且出口门开； (6) A闭冷器进出口门开或B闭冷器进出口门开或闭冷器旁路门开度大于90%	启动条件不满足	导致启动时间推迟	6	0.5	15	45	2	(1) 确认目的，防止弄错对象； (2) 工作中必须进行必要的沟通； (3) 必要时按规定执行操作监护

编号	作业步骤	危害因素	可能导致的后果	L	E	C	D	风险程度	控制措施
14	解除B闭冷水泵联锁，在DCS上启动A闭冷水泵，就地检查振动、声音、温度、出口压力等均正常，盘面检查电流（<68A）、温度、出口压力等参数正常，进口滤网差压无报警	泵运行参数异常	导致设备异常	6	0.5	15	45	2	（1）确认目的，防止弄错对象；（2）工作中必须进行必要的沟通；（3）必要时按规定执行操作监护
15	确认闭冷水母管压力>0.65MPa，将闭冷水泵B投联锁	备用泵联锁未投	（1）导致设备异常；（2）闭冷泵失去备用	6	0.5	15	45	2	（1）确认目的，防止弄错对象；（2）工作中必须进行必要的沟通；（3）必要时按规定执行操作监护
16	根据实际情况，闭冷水温度达25℃时，投运闭冷器冷却水侧，将闭冷器的调温旁路门投入自动，温度设定25℃，注意闭式水温的变化	未及时投入闭冷器冷却水侧	导致设备异常	6	0.5	15	45	2	（1）确认目的，防止弄错对象；（2）工作中必须进行必要的沟通；（3）必要时按规定执行操作监护
17	投用各闭冷水用户，设定各冷却器出口温度，将调门投自动	温度自动未投	导致设备异常	6	0.5	15	45	2	（1）确认目的，防止弄错对象；（2）工作中必须进行必要的沟通；（3）必要时按规定执行操作监护

编号	作业步骤	危害因素	可能导致的后果	风险评价					控制措施
				L	E	C	D	风险程度	
18	根据闭冷水压力、电流变化,适当关小氢冷器和主机冷油器冷却水调门,防止闭冷泵过负荷	闭冷泵过负荷	导致设备异常	6	0.5	15	45	2	(1) 确认目的,防止弄错对象; (2) 工作中必须进行必要的沟通; (3) 必要时按规定执行操作监护; (4) 设备启动后监视运行参数
19	启动完毕,汇报值长,做好记录	未及时汇报	影响值长对下一步机组工作安排	6	0.5	15	45	2	(1) 确认目的,防止弄错对象; (2) 工作中必须进行必要的沟通; (3) 必要时按规定执行操作监护
三	停运操作								
1	得值长令,闭式冷却水系统停运	工作对象不清楚	导致人员伤害或设备异常	6	0.5	15	45	2	(1) 确认目的,防止弄错对象; (2) 工作中必须进行必要的沟通; (3) 必要时按规定执行操作监护
2	确认机组已经停运	工作对象不清楚	导致人员伤害或设备异常	6	0.5	15	45	2	(1) 确认目的,防止弄错对象; (2) 工作中必须进行必要的沟通; (3) 必要时按规定执行操作监护
3	确认闭冷水系统用户均已停运或不需要冷却水	未发现闭冷水仍有用户	导致设备异常	6	0.5	15	45	2	(1) 确认目的,防止弄错对象; (2) 工作中必须进行必要的沟通; (3) 必要时按规定执行操作监护
4	确认仪用、杂用压缩空气系统已经停运	未确认压缩空气系统状态	导致空气压缩机跳闸	6	0.5	15	45	2	(1) 确认目的,防止弄错对象; (2) 工作中必须进行必要的沟通; (3) 必要时按规定执行操作监护

编号	作业步骤	危害因素	可能导致的后果	风险评价					控制措施
				L	E	C	D	风险程度	
5	解除备用闭冷泵联锁, 在 DCS 上停运运行闭冷泵	未解除备用闭冷泵联锁	导致系统停运时备用泵联启	6	0.5	15	45	2	(1) 确认目的, 防止弄错对象; (2) 工作中必须进行必要的沟通; (3) 必要时按规定执行操作监护
6	检查闭冷泵电动机电加热器自动投入	闭冷泵电动机电加热器未投入	导致闭冷泵电动机绝缘低	6	0.5	15	45	2	(1) 确认目的, 防止弄错对象; (2) 工作中必须进行必要的沟通; (3) 必要时按规定执行操作监护
7	关闭膨胀水箱补水调整门后手动门	未关闭手动门	导致闭冷水箱可能满水	6	0.5	15	45	2	(1) 确认目的, 防止弄错对象; (2) 工作中必须进行必要的沟通; (3) 必要时按规定执行操作监护
8	根据需要打开闭冷水系统各管道及冷却器水室放水门, 排尽存水	未开启放水门	(1) 导致设备异常; (2) 系统存水排不尽	6	0.5	15	45	2	(1) 确认目的, 防止弄错对象; (2) 工作中必须进行必要的沟通; (3) 必要时按规定执行操作监护
9	操作完毕, 汇报值长, 做好记录	未及时汇报	影响值长对下一步机组工作安排	6	0.5	15	45	2	(1) 确认目的, 防止弄错对象; (2) 工作中必须进行必要的沟通; (3) 必要时按规定执行操作监护
四	作业环境								
1	噪声较大, 周围管道复杂	(1) 通信不畅; (2) 绊倒、碰撞	(1) 误操作; (2) 人身伤害	3	0.5	1	1.5	1	(1) 使用对讲机; (2) 保证良好照明

4 抽真空系统启停操作

主要作业风险： 触电、烫伤、爆炸伤害、机械伤害、腐蚀伤害、其他伤害	控制措施： （1）正确核对系统、设备、标牌和名称； （2）操作时戴安全帽，穿绝缘鞋，正确佩戴安全防护用品； （3）携带良好的通信设备及操作工器具； （4）保持通信及操作确认； （5）严格执行监护制度

编号	作业步骤	危害因素	可能导致的后果	风险评价					控制措施
				L	E	C	D	风险程度	
一	操作前准备								
1	接收指令	工作对象不清楚	（1）导致人员伤害或设备异常； （2）物体打击、摔伤； （3）烫伤、化学伤害、碰撞、淹溺、坠落伤害、落物伤害	1	0.5	7	3.5	1	（1）确认目的，防止弄错对象； （2）工作中必须进行必要的沟通； （3）必要时按规定执行操作监护
2	操作对象核对	错误操作其他不该操作的设备		1	1	7	7	1	
3	选择合适的工器具	使用不当引起阀钩打滑		3	2	3	18	1	（1）使用合格的移动操作台； （2）使用合适的阀钩
4	准备合适的防护用具	（1）介质泄漏； （2）高处落物		1	2	7	14	1	（1）正确佩戴安全帽； （2）戴防护手套； （3）穿合适的长袖工作服，衣服和袖口必须扣好； （4）穿劳动保护鞋； （5）必要时带上手电筒； （6）必要时使用面罩

续表

编号	作业步骤	危害因素	可能导致的后果	L	E	C	D	风险程度	控制措施
二	启动操作								
1	得值长令，抽真空系统启动	工作对象不清楚	导致人员伤害或设备异常	1	0.5	7	3.5	1	（1）确认目的，防止弄错对象；（2）工作中必须进行必要的沟通；（3）必要时按规定执行操作监护
2	检查抽真空系统检修工作结束，工作票收回，具备投运条件	错误操作其他不该操作的设备	导致人员伤害或设备异常	1	0.5	7	3.5	1	（1）确认目的，防止弄错对象；（2）工作中必须进行必要的沟通；（3）必要时按规定执行操作监护；（4）认真梳理工作票
3	检查抽真空系统中所有电气设备、电动阀门及热工设备已送电	阀门未送电，实际未动作	（1）导致人员伤害或设备异常；（2）启动时间延长	3	0.5	3	4.5	1	（1）确认目的，防止弄错对象；（2）工作中必须进行必要的沟通；（3）必要时按规定执行操作监护；（4）查明工作票，及时送电
4	检查系统联锁试验正常，所有保护、热工仪表投入，热工表计一次门开启	（1）无保护运行；（2）联锁异常；（3）参数显示异常	导致设备异常	3	0.5	3	4.5	1	（1）严格执行联锁制度；（2）严格执行检查卡
5	按照抽真空系统检查卡检查系统阀门状态正确	（1）漏项；（2）有工作票未终结，相关阀门不能恢复	（1）导致人员伤害或设备异常；（2）启动时间延长	6	1	7	42	2	（1）确认目的，防止弄错对象；（2）工作中必须进行必要的沟通；（3）必要时按规定执行操作监护；（4）查明工作票，及时恢复；（5）严格执行检查卡

续表

编号	作业步骤	危害因素	可能导致的后果	风险评价					控制措施
				L	E	C	D	风险程度	
6	检查循环水系统运行正常	循环水不正常	影响凝汽器安全运行	3	0.5	7	10.5	1	(1) 确认目的,防止弄错对象; (2) 工作中必须进行必要的沟通
7	检查凝结水系统运行正常	凝结水不正常	真空泵无法运行	1	0.5	3	1.5	1	(1) 确认目的,防止弄错对象; (2) 工作中必须进行必要的沟通
8	检查辅助蒸汽系统正常	辅助蒸汽系统不正常	影响启动	1	0.5	3	1.5	1	(1) 确认目的,防止弄错对象; (2) 工作中必须进行必要的沟通
9	检查压缩空气系统正常	系统不正常	阀门动作不正常	1	0.5	3	1.5	1	(1) 确认目的,防止弄错对象; (2) 工作中必须进行必要的沟通
10	检查主机润滑油、密封油运行正常,盘车投入正常,盘车转速 48~54r/min	盘车不正常	影响启动时间	3	0.5	3	4.5	1	(1) 确认目的,防止弄错对象; (2) 工作中必须进行必要的沟通
11	主机轴封系统投入正常	系统不正常	系统不正常	1	0.5	3	1.5	1	(1) 确认目的,防止弄错对象; (2) 工作中必须进行必要的沟通
12	检查小机盘车运行正常	盘车不正常	影响启动时间	1	0.5	3	1.5	1	
13	关闭凝汽器两侧真空破坏门,开启真空破坏门密封水隔绝门,密封水溢流后关闭	未关闭	真空无法建立	1	0.5	3	1.5	1	严格执行操作票

编号	作业步骤	危害因素	可能导致的后果	风险评价					控制措施
				L	E	C	D	风险程度	
14	检查凝汽器抽真空隔绝门开启	未开启	真空无法建立	3	0.5	1	4.5	1	严格执行操作票
15	检查 A、C 真空泵入口隔绝门开启	未开启	真空泵无法运行	1	0.5	3	1.5	1	严格执行操作票
16	开启 B 真空泵至 A、B 凝汽器抽真空电动门	未开启	真空无法建立	1	0.5	3	1.5	1	严格执行操作票
17	检查 A、B、C 真空泵汽水分离器水位正常，自动补水正常	水位异常	损坏设备	6	1	3	18	1	加强检查、核对
18	检查真空泵启动允许条件：（1）真空泵入口气动门关；（2）凝汽器 A 真空破坏门关；（3）凝汽器 B 真空破坏门关；（4）真空泵温度允许（定子绕组温度小于 100℃，电动机轴承温度小于 75℃）；（5）无自停条件	条件不满足	无法启动真空泵	1	0.5	3	1.5	1	加强检查、核对

续表

编号	作业步骤	危害因素	可能导致的后果	风险评价					控制措施
				L	E	C	D	风险程度	
19	在 DCS 上依次启动 A、B、C 真空泵,检查真空泵密封水泵联启正常,真空泵入口气动门联开正常,真空泵密封水泵电流 6.2A,真空泵电流在 6s 内返回至 300A,真空泵冷却器出口电动门联开正常	启动时间长、过流	烧坏设备	1	0.5	7	3.5	1	按规定操作
20	就地检查真空泵出口排气正常,真空泵密封水压力,冷却器密封水进、出口温度正常	密封水状态	影响真空泵运行	6	0.5	3	9	1	加强检查
21	检查真空泵轴承及电机轴承温度正常	温度异常	损坏设备	1	0.5	7	3.5	1	加强监视、巡检
22	检查凝汽器 A、B 真空上升正常	真空无法建立	启动时间长	1	0.5	3	1.5	1	注意监视
23	当 A、B 凝汽器真空＞88kPa 时,停止 B 真空泵运行,注意凝汽器真空正常	凝汽器严密性不佳	真空下降较快	6	1	3	18	1	(1) 严格执行操作票;(2) 注意监视

编号	作业步骤	危害因素	可能导致的后果	L	E	C	D	风险程度	控制措施
24	投入真空泵B联锁	忘记投入	不能正常备用	1	0.5	3	1.5	1	按操作票操作
25	系统启动完毕，汇报值长，做好记录	未及时汇报	影响值长对下一步机组工作安排	1	0.5	1	0.5	1	(1) 确认目的，防止弄错对象；(2) 工作中必须进行必要的沟通；(3) 必要时按规定执行操作监护
三	停运操作								
1	得值长令，真空系统停运	工作对象不清楚	导致人员伤害或设备异常	1	0.5	1	0.5	1	(1) 确认目的，防止弄错对象；(2) 工作中必须进行必要的沟通；(3) 必要时按规定执行操作监护
2	确认机组已停运	工作对象不清楚	机组非停	1	0.5	3	1.5	1	(1) 确认目的，防止弄错对象；(2) 工作中必须进行必要的沟通；(3) 必要时按规定执行操作监护
3	确认进入凝汽器的热水、热气已隔离	工作对象不清楚	凝汽器排气隔膜破裂，钛管胀口撕裂	1	0.5	15	7.5	1	按操作票操作
4	远方解除备用真空泵联锁	忘记执行	备用泵联启	3	0.5	3	4.5	1	(1) 确认目的，防止弄错对象；(2) 工作中必须进行必要的沟通；(3) 必要时按规定执行操作监护
5	远方停止真空泵运行，检查密封水泵联锁停运	工作对象不清楚	设备异常	1	0.5	1	0.5	1	(1) 确认目的，防止弄错对象；(2) 工作中必须进行必要的沟通；(3) 必要时按规定执行操作监护
6	开启凝汽器两侧真空破坏门	忘记操作	凝汽器压力过高，凝汽器排气隔膜破裂	1	0.5	3	1.5	1	按操作票操作

编号	作业步骤	危害因素	可能导致的后果	风险评价					控制措施
				L	E	C	D	风险程度	
7	操作完毕，汇报值长，做好记录	未及时汇报	影响值长对下一步机组工作安排	6	0.5	15	45	2	加强沟通
四	作业环境								
1	室内设备多，环境较复杂	（1）未正确佩戴安全帽；（2）错误操作其他不该操作的设备	（1）人身伤害；（2）设备异常	3	0.5	3	4.5	1	（1）正确佩戴安全帽；（2）工作中必须进行必要的沟通，必要时按规定执行操作监护
五	以往发生的事件								
1	密封水供水手动门未开	未按检查卡认真执行	设备异常	3	0.5	3	4.5	1	严格执行设备启动前检查

5 低压给水加热器启停操作

主要作业风险：	控制措施：
烫伤、坠落伤害、机械伤害、其他伤害、设备误启停、低压加热器满水跳闸、管路汽水冲击	(1) 正确核对系统、设备、标牌和名称； (2) 操作时戴安全帽，正确佩戴安全防护用品； (3) 携带良好的通信设备及操作工器具； (4) 保持通信及操作确认； (5) 严格执行监护制度

编号	作业步骤	危害因素	可能导致的后果	风险评价					控制措施
				L	E	C	D	风险程度	
一	操作前准备								
1	低压加热器水、汽侧系统检修工作结束，工作票收回，具备投运条件	检修工作未结束情况下投运热力系统	导致人员伤害或设备异常	1	1	1	1	1	严格执行工作票、操作票制度
2	低压加热器水、汽侧系统中所有电气设备、电动阀门及热工设备已送电	设备无法操作	系统无法正常投入	6	1	1	6	1	系统投运前认真执行系统检查卡
3	低压加热器水、汽侧系统联锁试验正常，所有保护、热工仪表投入，热工表计一次门开启	测点显示不正确	系统无法正常投入	6	1	1	6	1	系统投运前认真执行系统检查卡

编号	作业步骤	危害因素	可能导致的后果	风险评价					控制措施
				L	*E*	*C*	*D*	风险程度	
4	按照凝结水系统、低压加热器疏水及放气系统、抽汽系统检查卡检查系统阀门状态正确	系统启动前状态不正确	（1）热水、热汽外泄伤人；（2）系统无法正常投运	6	1	1	6	1	（1）正确核对设备名称及标牌；（2）按规定执行操作监护
5	检查凝结水系统运行正常，凝结水走低压加热器旁路	系统启动前状态不正确	热力系统无法正常投入	1	1	1	1	1	严格按操作票执行
6	检查循环水系统运行正常	系统启动前状态不正确	热力系统无法正常投入	1	1	1	1	1	严格按操作票执行
7	检查辅助蒸汽系统正常	系统启动前状态不正确	热力系统无法正常投入	1	1	1	1	1	严格按操作票执行
8	检查压缩空气系统正常	系统启动前状态不正确	热力系统无法正常投入	1	1	1	1	1	严格按操作票执行
9	检查主机润滑油、密封油运行正常	系统启动前状态不正确	热力系统无法正常投入	1	1	1	1	1	严格按操作票执行
10	检查主机轴封系统投入正常	系统启动前状态不正确	热力系统无法正常投入	1	1	1	1	1	严格按操作票执行
11	检查真空系统运行正常	系统启动前状态不正确	热力系统无法正常投入	1	1	1	1	1	严格按操作票执行
12	检查低压加热器水侧所有放水门关闭，放气门开启	系统启动前状态不正确	热力系统无法正常投入	6	1	3	18	1	（1）严格按操作票执行；（2）正确核对设备名称及标牌

编号	作业步骤	危害因素	可能导致的后果	风险评价					控制措施
				L	E	C	D	风险程度	
二			试验内容						
1	就地开启疏水冷却器入口电动门2～3圈，8号低压加热器出口放空气一、二次门见水后关闭	(1) 操作过程中出现泄漏； (2) 操作中跌倒； (3) 操作中碰到周围热体	(1) 泄漏烫伤； (2) 跌伤； (3) 物体打击	3	1	3	9	1	(1) 尽量避免靠近或接触高温物体； (2) 选择合理的操作位置； (3) 缓慢均匀地开启阀门对管道和容器进行预暖，缓慢操作，避免管系冲击损坏； (4) 考虑好泄漏、爆裂时的撤离线路
2	就地开启7号低压加热器出口电动门2～3圈，5min后将7号低压加热器出口电动门切至远方全开	(1) 操作过程中出现泄漏； (2) 操作中跌倒； (3) 操作中碰到周围高温热体	(1) 烫伤； (2) 跌伤	3	1	3	9	1	(1) 尽量避免靠近或接触高温物体； (2) 选择合理的操作位置，不准站在阀杆的正面； (3) 考虑好泄漏、爆裂时的避让或撤离路线
3	将疏水冷却器入口电动门切至远方后全开	(1) 操作过程中出现泄漏； (2) 操作中跌倒； (3) 操作中碰到周围热体	(1) 泄漏烫伤； (2) 跌伤； (3) 物体打击	3	1	3	9	1	(1) 尽量避免靠近或接触高温物体； (2) 选择合理的操作位置； (3) 考虑好泄漏、爆裂时的撤离线路
4	疏水冷却器入口电动门、7号低压加热器出口电动门全开后检查疏水冷却器、7、8号低压加热器旁路电动门自动关闭	操作过程失去监控	系统无法正常启动	3	1	3	9	1	严肃监盘纪律

续表

编号	作业步骤	危害因素	可能导致的后果	风险评价					控制措施
				L	E	C	D	风险程度	
5	就地开启6号低压加热器入口电动门、5号低压加热器出口电动门2～3圈，低压加热器进行排空气	（1）操作过程中出现泄漏；（2）操作中跌倒；（3）操作中碰到周围热体	（1）泄漏烫伤；（2）跌伤；（3）物体打击	3	1	3	9	1	（1）尽量避免靠近或接触高温物体；（2）选择合理的操作位置；（3）缓慢均匀地开启阀门对管道和容器进行预暖缓慢操作，避免管系冲击损坏；（4）考虑好泄漏、爆裂时的撤离线路
6	5min后将6号低压加热器入口电动门、5号低压加热器出口电动门切至远方全开	（1）操作过程中出现泄漏；（2）操作中跌倒；（3）操作中碰到周围热体	（1）泄漏烫伤；（2）跌伤；（3）物体打击	3	1	3	9	1	（1）尽量避免靠近或接触高温物体；（2）选择合理的操作位置；（3）缓慢均匀地开启阀门对管道和容器进行预暖，缓慢操作，避免管系冲击损坏；（4）考虑好泄漏、爆裂时的撤离线路
7	6号低压加热器入口电动门、5号低压加热器出口电动门全开后，检查5号、6号低压加热器旁路电动门自动关闭	操作过程失去监控	系统无法正常启动	3	1	3	9	1	严肃监盘纪律
8	发电机并网后，投入低压加热器汽侧	操作漏项	影响机组启动速度	3	1	3	9	1	严格按操作票执行

35

编号	作业步骤	危害因素	可能导致的后果	L	E	C	D	风险程度	控制措施
				风险评价					
9	检查疏水冷却器和7号、8号低加热器汽侧放水门、放气门关闭	(1) 操作中碰到周围高温热体; (2) 高处落物	(1) 烫伤; (2) 物体打击	3	1	3	9	1	尽量避免靠近或接触高温物体
10	检查7号、8号低压加热器启动排气门关闭,连续排气门开2~3圈	(1) 操作中碰到周围高温热体; (2) 高处落物	(1) 烫伤; (2) 物体打击	3	1	3	9	1	尽量避免靠近或接触高温物体
11	检查7号、8号低压加热器汽侧水位正常	(1) 操作中碰到周围高温热体; (2) 高处落物	(1) 烫伤; (2) 物体打击	3	1	3	9	1	尽量避免靠近或接触高温物体
12	检查5号低压加热器正常疏水、危急疏水调门前、后隔绝门开启,6号低压加热器危急疏水调门前、后隔绝门开启	(1) 操作中碰到周围高温热体; (2) 高处落物	(1) 烫伤; (2) 物体打击	3	1	3	9	1	尽量避免靠近或接触高温物体
13	检查5号、6号低压加热器汽侧放水门、放气门关闭	(1) 操作中碰到周围高温热体; (2) 高处落物	(1) 烫伤; (2) 物体打击	3	1	3	9	1	尽量避免靠近或接触高温物体
14	检查5号、6号低压加热器启动排气门关闭,连续排气门开2~3圈	(1) 操作中碰到周围高温热体; (2) 高处落物	(1) 烫伤; (2) 物体打击	3	1	3	9	1	尽量避免靠近或接触高温物体

编号	作业步骤	危害因素	可能导致的后果	L	E	C	D	风险程度	控制措施
15	检查低压加热器充氮隔绝门、湿保护隔绝门关闭	(1) 操作中碰到周围高温热体; (2) 高处落物	(1) 烫伤; (2) 物体打击	3	1	3	9	1	尽量避免靠近或接触高温物体
16	检查低压加热器疏水泵入口电动门开启,出口电动门关闭	操作漏项	影响设备启动	3	1	3	9	1	严格按操作票执行
17	检查低压加热器疏水泵出口管放水门、放气门关闭	(1) 操作中碰到周围高温热体; (2) 高处落物	(1) 烫伤; (2) 物体打击	3	1	3	9	1	尽量避免靠近或接触高温物体
18	检查低压加热器疏水泵出口至5号低压加热器入口隔绝门开启	(1) 操作中碰到周围高温热体; (2) 高处落物	(1) 烫伤; (2) 物体打击	3	1	3	9	1	尽量避免靠近或接触高温物体
19	检查低压加热器疏水泵再循环电动调门、出口电动调门关闭	操作漏项	影响设备启动	3	1	3	9	1	严格按操作票执行
20	将5号低压加热器正常疏水调门、危急疏水调门和6号低压加热器危急疏水调门投自动	(1) 设定值错误; (2) 设定值不符合实际运行要求	(1) 低压加热器水位低造成管路汽水冲击; (2) 低压加热器满水	3	0.5	1	1.5	1	(1) 按规定执行操作监护; (2) 投入低压加热器汽侧时就地与盘面进行水位核对

编号	作业步骤	危害因素	可能导致的后果	风险评价					控制措施
				L	E	C	D	风险程度	
21	检查5号、6号低压加热器抽汽管路疏水电动门、气动门自动开启，放气门关闭	操作漏项	影响设备启动	3	1	3	9	1	严格按操作票执行
22	在DCS上依次点动开启6号、5号低压加热器抽汽电动门，保持低压加热器温升不大于2℃/min	(1) 操作过快，设备管路汽水两相流；(2) 低压加热器温度上升过快管板泄漏；(3) 控制不当低压加热器液位虚高高	(1) 低压加热器管板泄漏；(2) 低压加热器跳闸；(3) 设备管路汽水冲击	6	1	1	6	1	(1) 操作时根据温升控制开门时间；(2) 严格执行操作汇报制度；(3) 操作时严密监视各参数正常
23	6号、5号低压加热器抽汽电动门全开后，检查低压加热器汽侧水位正常，正常疏水、危急疏水调门自动好用，5号低压加热器正常疏水调门水位自动定值是50mm，危急疏水调门水位自动定值是80mm，检查5号低压加热器正常疏水调门逐渐开大，危急疏水调门逐渐关小至关闭	水位自动调节不正常	(1) 低压加热器水位低造成管路汽水冲击；(2) 低压加热器满水	6	1	1	6	1	就地与盘面进行水位核对

编号	作业步骤	危害因素	可能导致的后果	风险评价					控制措施
				L	E	C	D	风险程度	
24	低压加热器疏水泵启动允许条件： （1）6号低压加热器水位高于−100mm； （2）低压加热器疏水泵入口门开； （3）低压加热器疏水泵温度允许（电机绕组温度小于100℃，轴承温度小于100℃）； （4）低压加热器疏水泵出口门关或另外一台泵运行； （5）低压加热器疏水泵无自停条件	操作漏项	影响设备启动	3	1	3	9	1	严格按操作票执行
25	当机组负荷升至180MW时，检查低压加热器抽汽管路疏水电动门、气动门自动关闭	操作漏项	影响设备启动	3	1	3	9	1	严格按操作票执行
26	当机组负荷升至300MW时，检查低压加热器疏水泵具备启动条件	操作漏项	影响设备启动	3	1	3	9	1	严格按操作票执行

编号	作业步骤	危害因素	可能导致的后果	风险评价					控制措施
				L	E	C	D	风险程度	
27	在 DCS 上启动 1A 低压加热器疏水泵，开启出口电动调门，检查 1A 低压加热器疏水泵电流 18A	（1）转动部分上有异物； （2）转动部分上有人工作； （3）关联系统有人工作未隔离； （4）设备运转异常	（1）机械伤害； （2）扬尘伤害； （3）气流冲击摔伤； （4）淹溺	1	1	15	15	1	（1）按设备启动前检查卡进行检查； （2）不得触摸旋转或移动部位； （3）严禁在转动设备的靠背轮罩上行走、站立、跨越； （4）操作时看清平台结构，防止滑倒、绊倒或坠落； （5）转动设备启动时合理站位，站在转动设备轴向，禁止站在管道、栏杆、靠背轮罩壳上避免部件故障伤人； （6）及时清除地面冰雪； （7）出现异常情况及时与控制室联系，紧急情况及时按就地紧停按钮
28	在 DCS 上设定 6 号低压加热器危急疏水调门水位自动定值是 70mm，低压加热器疏水泵出口电动调门水位自动定值是 50mm，检查 6 号低压加热器危急疏水调门逐渐关小至关闭，低压加热器疏水泵出口电动调门逐渐开大，6 号低压加热器汽侧水位维持 50mm	水位自动调节不正常	（1）低压加热器水位低造成管路汽水冲击； （2）低压加热器满水	6	1	1	6	1	就地与盘面进行水位核对

编号	作业步骤	危害因素	可能导致的后果	风险评价					控制措施
				L	E	C	D	风险程度	
29	系统启动完毕，汇报值长，做好记录								
三			停运操作						
1	得值长令，1号机低压加热器系统停运	工作对象不清楚	导致人员伤害或设备异常	6	0.5	15	45	2	确认目的，防止弄错对象
2	依次关小5号、6号低压加热器抽汽电动门，控制5号低压加热器出口温度下降速度在 2℃/min 之内，保持疏水逐级自流，注意6号低压加热器水位变化	（1）操作过快，设备管路汽水两相流；（2）高压加热器温度上升过快，管板泄漏；（3）控制不当，高压加热器液位虚高高	（1）高压加热器管板泄漏；（2）高压加热器跳闸；（3）设备管路汽水冲击	6	1	1	6	1	（1）操作时根据温升控制开门时间；（2）严格执行操作汇报制度；（3）操作时严密监视各参数正常
3	低压加热器正常疏水和危急疏水调门投自动	水位自动调节不正常	（1）高压加热器水位低造成管路汽水冲击；（2）高压加热器满水	6	1	1	6	1	就地与盘面进行水位核对
4	当5号、6号低压加热器疏水压差接近 0.1MPa 时，检查5号低压加热器危急疏水调门正常开启，5号、6号低压加热器水位正常	水位自动调节不正常	（1）高加水位低造成管路汽水冲击；（2）高压加热器满水	6	1	1	6	1	就地与盘面进行水位核对

续表

编号	作业步骤	危害因素	可能导致的后果	风险评价					控制措施
				L	E	C	D	风险程度	
5	当6号低压加热器水位低于－100mm时，解除备用低压加热器疏水泵联锁，停运运行低压加热器疏水泵，检查6号低压加热器危急疏水调门正常开启	水位自动调节不正常	(1) 高压加热器水位低造成管路汽水冲击；(2) 高压加热器满水	6	1	1	6	1	就地与盘面进行水位核对
6	5号、6号低压加热器抽汽电动门全关后，开启5号、6号低压加热器水侧旁路门，全开后5号、6号低压加热器进、出口电动门关闭	误动非操作对象	设备误启停	1	1	1	1	1	按规定执行操作监护
7	根据需要，5号、6号低压加热器汽、水侧进行泄压、放水	(1) 操作过程中出现泄漏；(2) 操作中跌倒；(3) 阀钩滑脱；(4) 操作中碰到周围高温热体；(5) 高处落物	(1) 烫伤；(2) 跌伤；(3) 物体打击	1	3	3	9	1	(1) 检查周边高温管、阀保温完整；(2) 尽量避免靠近或接触高温物体；(3) 选择合理的操作位置，不准站在阀杆的正对面；(4) 考虑好泄漏、爆裂时的避让或撤离路线；(5) 不得正对或靠近泄漏点；

编号	作业步骤	危害因素	可能导致的后果	风险评价					控制措施
				L	E	C	D	风险程度	
7	根据需要，5号、6号低压加热器汽、水侧进行泄压、放水	（1）操作过程中出现泄漏； （2）操作中跌倒； （3）阀钩滑脱； （4）操作中碰到周围高温热体； （5）高处落物	（1）烫伤； （2）跌伤； （3）物体打击	1	3	3	9	1	（6）操作时远离疏放水口； （7）隔离已在泄漏的高温高压阀门时必须有两人进行； （8）在隔离已发生泄漏的阀门时首先确定汽流方向，在确定不被烫伤时方可进行操作； （9）在泄漏声较大或刺耳时应戴耳塞
8	系统操作完毕，汇报值长，做好记录	未及时汇报	影响值长对下一步机组工作安排	1	0.5	1	0.5	1	加强沟通
四	作业环境								
1	室内环境复杂且设备较分散	（1）未做好防护措施； （2）操作遗漏或错误操作其他设备	（1）人身伤害； （2）设备异常	6	1	1	6	1	（1）严格执行安规； （2）认真执行检查卡，必要时实行操作监护
五	以往发生的事件								
1	低压加热器汽侧放水门漏关	系统启动前状态不正确	热力系统无法正常投入	1	3	3	9	1	严格按操作票执行

6 定子冷却水系统启停操作

<table>
<tr>
<td colspan="2">
主要作业风险：
触电、烫伤、爆炸伤害、机械伤害、腐蚀伤害、其他伤害
</td>
<td colspan="2">
控制措施：
（1）正确核对系统、设备、标牌和名称；
（2）操作时戴安全帽，穿绝缘鞋，正确佩戴安全防护用品；
（3）携带良好的通信设备及操作工器具；
（4）保持通信及操作确认；
（5）严格执行监护制度
</td>
</tr>
</table>

编号	作业步骤	危害因素	可能导致的后果	风险评价 L	E	C	D	风险程度	控制措施
一			操作前准备						
1	接收指令	工作对象不清楚		3	0.5	7	10.5	2	（1）确认目的，防止弄错对象； （2）工作中必须进行必要的沟通； （3）必要时按规定执行操作监护
2	操作对象核对	错误操作其他不该操作的设备		3	0.5	15	22.5	2	
3	选择合适的工器具	使用不当引起阀钩打滑	（1）导致人员伤害或设备异常； （2）物体打击、摔伤、烫伤、化学伤害、碰撞、淹溺、坠落伤害、落物伤害	6	1	7	42	2	（1）使用合格的移动操作台； （2）使用合适的阀钩
4	准备合适的防护用具	（1）介质泄漏； （2）高处落物		3	0.5	15	22.5	2	（1）正确佩戴安全帽； （2）戴防护手套； （3）穿合适的长袖工作服，衣服和袖口必须扣好； （4）穿劳动保护鞋； （5）必要时带上手电筒； （6）必要时使用面罩

编号	作业步骤	危害因素	可能导致的后果	风险评价					控制措施
				L	E	C	D	风险程度	
二			启动操作						
1	得值长令，定子冷却水（以下简称定冷水）系统启动	工作对象不清楚	导致人员伤害或设备异常	3	0.5	7	10.5	1	(1) 确认目的，防止弄错对象；(2) 工作中必须进行必要的沟通；(3) 必要时按规定执行操作监护
2	检查发电机定冷水系统检修工作结束，工作票收回，具备投运条件	错误操作其他不该操作的设备	导致人员伤害或设备异常	3	0.5	15	22.5	2	(1) 确认目的，防止弄错对象；(2) 工作中必须进行必要的沟通；(3) 必要时按规定执行操作监护；(4) 认真梳理工作票
3	检查定冷水系统中所有电气设备、电动阀门及热工设备已送电	阀门未送电，实际未动作	(1) 导致人员伤害或设备异常；(2) 启动时间延长	3	0.5	15	22.5	2	(1) 确认目的，防止弄错对象；(2) 工作中必须进行必要的沟通；(3) 必要时按规定执行操作监护；(4) 查明工作票，及时送电
4	检查定冷水系统联锁试验正常，所有保护、热工仪表投入，热工表计一次门开启	(1) 无保护运行；(2) 联锁异常；(3) 参数显示异常	导致设备异常	3	0.5	7	10.5	1	(1) 严格执行联锁制度；(2) 严格执行检查卡
5	按照定冷水系统检查卡检查系统阀门状态正确	(1) 漏项；(2) 有工作票未终结，相关阀门不能恢复	(1) 导致人员伤害或设备异常；(2) 启动时间延长	3	0.5	15	22.5	2	(1) 确认目的，防止弄错对象；(2) 工作中必须进行必要的沟通；(3) 必要时按规定执行操作监护；(4) 查明工作票，及时恢复；(5) 严格执行检查卡

编号	作业步骤	危害因素	可能导致的后果	风险评价					控制措施
				L	*E*	*C*	*D*	风险程度	
6	检查闭冷水系统运行正常	系统不正常	定冷水温度高	3	0.5	3	4.5	1	按照启动要求执行
7	检查仪用压缩空气系统运行正常	系统不正常	阀门动作异常	1	0.5	3	1.5	1	按照启动要求执行
8	检查凝补水系统运行正常	系统不正常	定冷水水位低、水质差	3	0.5	3	4.5	1	按照启动要求执行
9	检查定冷水冷却器冷却水调门前、后放水门关闭	系统不正常	系统跑水，设备异常	3	0.5	3	4.5	1	严格执行检查卡
10	检查 A 定冷水冷却器冷却水出口门前放水门、B 定冷水冷却器冷却水出口门前放水门关闭	系统不正常	系统跑水，设备异常	3	0.5	3	4.5	1	严格执行检查卡
11	检查 A、B 定冷水冷却器冷却水进口门、出口门开启	系统不正常	闷泵	1	0.5	3	1.5	1	严格执行检查卡
12	检查定冷水冷却器冷却水调门进口门、出口门开启，定冷水冷却器冷却水调门旁路门关闭	系统不正常	水温异常	3	0.5	3	4.5	1	严格执行检查卡

编号	作业步骤	危害因素	可能导致的后果	风险评价					控制措施
				L	*E*	*C*	*D*	风险程度	
13	开启定冷水冷却器冷却水出口母管放气门，放气门见密实水流后关闭	系统空气未放尽	管道振动	3	0.5	3	4.5	1	严格执行检查卡
14	检查氢系统已投运，氢气压力＞0.47MPa（氢压未建立，定冷水可以走反冲洗，压力控制在0.1MPa以下）	水压大于气体压力	发电机漏水	3	0.5	15	22.5	2	严格执行检查卡
15	检查补水离子交换器出、入口门关闭，旁路门开启	系统不正常	跑树脂	3	0.5	15	22.5	2	严格执行检查卡
16	检查定冷水泵再循环手动门关闭	系统不正常	跑树脂	3	0.5	15	22.5	2	严格执行检查卡
17	联系检修接好氮气瓶，开启充氮隔绝门对定冷水箱充氮，排出水箱内空气	系统不正常	爆炸	1	0.5	7	3.5	1	严格执行检查卡
18	开启发电机定冷水进、出口管放气门	系统不正常	管道振动、设备损坏	1	0.5	3	1.5	1	严格执行检查卡

编号	作业步骤	危害因素	可能导致的后果	风险评价					控制措施
				L	E	C	D	风险程度	
19	开启凝补水至定冷水补水门,对定冷水系统注水排气	系统不正常	管道振动、设备损坏	1	0.5	3	1.5	1	严格执行检查卡
20	发电机定冷水进出口管放气门见密实水流后关闭	系统不正常	管道振动、设备损坏	1	0.5	3	1.5	1	严格执行检查卡
21	检查厂用蒸汽系统运行正常,根据水箱温度决定是否投入蒸汽加热系统	系统不正常	设备损坏	1	0.5	3	1.5	1	加强检查
22	检查定冷水泵进、出口门开启	系统不正常	管道振动、设备损坏	1	0.5	3	1.5	1	严格执行检查卡
23	检查定冷泵 A、B 轴承油位正常	油位异常	损坏设备	3	0.5	3	4.5	1	加强检查
24	检查定冷水系统充满水,定冷水箱水位大于 500mm	水位低	汽蚀	3	0.5	3	4.5	1	严格执行检查卡
25	检查定冷水滤网切换手柄指向 A 侧或 B 侧,备用滤网充满水,滤网入口联通阀开启,出口联通阀关闭	系统不正常	杂质进入发电机	3	0.5	7	10.5	1	严格执行检查卡

续表

编号	作业步骤	危害因素	可能导致的后果	风险评价					控制措施
				L	E	C	D	风险程度	
26	检查定冷水冷却器三通阀指向 A 侧或 B 侧，冷却器放水门关闭，放气门见水后关闭	系统不正常	水温高	3	0.5	3	4.5	1	严格执行检查卡
27	检查发电机定冷水出、入口门开启（或反冲洗出、入口门开启）	系统不正常	闷泵	3	0.5	3	4.5	1	严格执行检查卡
28	在 DCS 上启动 A 定冷泵，检查泵电流 80A，出口压力 1.0MPa	电流、压力不正常	设备损坏	3	0.5	3	4.5	1	严格执行检查卡
29	手动调节凝补水至定冷水补水门开度，维持定冷水箱水位大于 500mm	系统不正常	定冷水水位低、水质差	3	0.5	3	4.5	1	严格执行检查卡
30	检查 A 定冷泵声音振动正常，系统及泵体无漏水，轴承温度正常	振动大，声音异常	设备损坏	3	0.5	3	4.5	1	加强检查
31	记录定冷水箱水位（mm）、定冷水流量（t/h）、发电机进口水压（kPa）、定冷水滤网差压（kPa）、发电机进出口差压（kPa）	参数异常	设备损坏	3	0.5	3	4.5	1	及时分析

编号	作业步骤	危害因素	可能导致的后果	风险评价					控制措施
				L	E	C	D	风险程度	
32	定冷水流量达 108t/h 以上时,将定冷泵 B 备用投入	忘记投入联锁	失去备用	1	0.5	3	1.5	1	严格执行操作票
33	定冷水温度上升至 45℃,将冷却水调门投入自动,温度设定为 45℃	温度高	机组跳闸,设备损坏	1	0.5	15	7.5	1	严格执行操作票
34	定冷水系统运行正常后,可以投入离子交换器运行,关闭离子交换器旁路门,开启进、出口门,解列离子交换器时关闭进、出口门,开启旁路门,注意操作顺序不能颠倒	水质差	线圈腐蚀	1	0.5	3	1.5	1	严格执行操作票
35	启动完毕,汇报值长,做好记录	未及时汇报	影响值长对下一步机组工作安排	1	0.5	3	1.5	1	(1) 确认目的,防止弄错对象; (2) 工作中必须进行必要的沟通; (3) 必要时按规定执行操作监护
三	停运操作								
1	值长令,准备停运定冷水系统	工作对象不清楚	导致人员伤害或设备异常	1	0.5	15	7.5	1	(1) 确认目的,防止弄错对象; (2) 工作中必须进行必要的沟通; (3) 必要时按规定执行操作监护

编号	作业步骤	危害因素	可能导致的后果	风险评价					控制措施
				L	E	C	D	风险程度	
2	关闭定冷水补水离子交换器进出、口门	工作对象不清楚	导致人员伤害或设备异常	1	0.5	15	7.5	1	(1) 确认目的，防止弄错对象； (2) 工作中必须进行必要的沟通； (3) 必要时按规定执行操作监护
3	解除备用泵联锁	忘记解除	设备启动、伤人	1	0.5	7	3.5	1	(1) 确认目的，防止弄错对象； (2) 工作中必须进行必要的沟通； (3) 必要时按规定执行操作监护
4	停止定冷泵运行	工作对象不清楚	导致人员伤害或设备异常	1	0.5	7	3.5	1	(1) 确认目的，防止弄错对象； (2) 工作中必须进行必要的沟通； (3) 必要时按规定执行操作监护
5	关闭定冷水补水总门	工作对象不清楚	导致人员伤害或设备异常	3	0.5	7	10.5	1	(1) 确认目的，防止弄错对象； (2) 工作中必须进行必要的沟通； (3) 必要时按规定执行操作监护
6	根据需要系统放水	工作对象不清楚	导致人员伤害或设备异常	1	0.5	7	3.5	1	(1) 确认目的，防止弄错对象； (2) 工作中必须进行必要的沟通； (3) 必要时按规定执行操作监护
7	操作完毕，汇报值长，做好记录	工作对象不清楚	导致人员伤害或设备异常	1	0.5	7	3.5	1	(1) 确认目的，防止弄错对象； (2) 工作中必须进行必要的沟通； (3) 必要时按规定执行操作监护
四	作业环境								
1	系统分散，室内噪声大	(1) 错误操作其他不该操作的设备； (2) 未佩带耳塞	(1) 导致人员伤害或设备异常； (2) 听力受损	1	0.5	7	3.5	1	(1) 确认目的，防止弄错对象； (2) 工作中必须进行必要的沟通； (3) 必要时按规定执行操作监护； (4) 正确佩戴劳动防护用具

续表

编号	作业步骤	危害因素	可能导致的后果	风险评价					控制措施
				L	E	C	D	风险程度	
五	以往发生的事件								
1	发电机定冷水系统进入树脂	（1）阀门操作顺序有误； （2）系统检查漏项	（1）定冷水滤网压差高； （2）定冷水流量低，发电机保护动作	3	0.5	15	22.5	1	（1）严格规范作业流程； （2）工作中必须进行必要的沟通； （3）必要时按规定执行操作监护

7 辅汽系统启停操作

<table>
<tr>
<td colspan="2">主要作业风险：
　烫伤、爆炸伤害、坠落伤害、机械伤害、腐蚀伤害、淹溺伤害、其他伤害</td>
<td colspan="2">控制措施：
（1）正确核对系统、设备、标牌和名称；
（2）操作时戴安全帽，正确佩戴安全防护用品；
（3）携带良好的通信设备及操作工器具；
（4）保持通信及操作确认；
（5）严格执行监护制度</td>
</tr>
</table>

编号	作业步骤	危害因素	可能导致的后果	风险评价					控制措施
				L	E	C	D	风险程度	
一			操作前准备						
1	接收指令	工作对象不清楚	（1）导致人员伤害或设备异常；（2）物体打击、摔伤、烫伤、化学伤害、碰撞、淹溺、坠落伤害、落物伤害	6	0.5	15	45	2	（1）确认目的，防止弄错对象；（2）工作中必须进行必要的沟通（3）必要时按规定执行操作监护
2	操作对象核对	错误操作其他不该操作的设备		6	1	15	90	3	
3	选择合适的工器具	使用不当引起阀钩打滑		10	10	1	100	3	（1）使用合格的移动操作台；（2）使用合适的阀钩
4	准备合适的防护用具	（1）介质泄漏；（2）高处落物		6	10	15	900	5	（1）正确佩戴安全帽；（2）戴防护手套；（3）穿合适的长袖工作服，衣服和袖口必须扣好；（4）穿劳动保护鞋；（5）必要时带上手电筒；（6）必要时使用面罩

编号	作业步骤	危害因素	可能导致的后果	风险评价					控制措施
				L	E	C	D	风险程度	
二			启动操作						
1	得值长令,辅汽由厂用蒸汽母管供汽	工作对象不清楚	导致人员伤害或设备异常	6	0.5	15	45	2	(1) 确认目的,防止弄错对象; (2) 工作中必须进行必要的沟通; (3) 必要时按规定执行操作监护
2	检查辅汽系统检修结束,工作票收回,具备投运条件	错误操作其他不该操作的设备	导致人员伤害或设备异常	6	0.5	15	45	2	(1) 确认目的,防止弄错对象; (2) 工作中必须进行必要的沟通; (3) 必要时按规定执行操作监护
3	检查辅汽系统中所有电气设备、电动阀门及热工设备已送电	阀门未送电,实际未动作	(1) 导致人员伤害或设备异常; (2) 启动时间延长	6	0.5	15	45	2	(1) 确认目的,防止弄错对象; (2) 工作中必须进行必要的沟通; (3) 必要时按规定执行操作监护; (4) 查明工作票,及时送电
4	系统联锁试验正常,所有保护、热工仪表投入,热工表计一次门开启	(1) 无保护运行; (2) 联锁异常; (3) 参数显示异常	导致设备异常	6	0.5	15	45	2	(1) 严格执行联调制度; (2) 严格执行检查卡
5	按照辅汽系统检查卡检查系统阀门状态正确	(1) 漏项; (2) 有工作票未终结,相关阀门不能恢复	(1) 导致人员伤害或设备异常; (2) 启动时间延长	6	0.5	15	45	2	(1) 确认目的,防止弄错对象; (2) 工作中必须进行必要的沟通; (3) 必要时按规定执行操作监护; (4) 查明工作票,及时恢复; (5) 严格执行检查卡

编号	作业步骤	危害因素	可能导致的后果	风险评价					控制措施
				L	E	C	D	风险程度	
6	确认机组辅汽联箱上各用户均已隔离	漏项	（1）导致人员伤害或设备异常；（2）启动时间延长	6	0.5	15	45	2	（1）确认目的，防止弄错对象；（2）工作中必须进行必要的沟通；（3）必要时按规定执行操作监护；（4）查明工作票，及时恢复；（5）严格执行检查卡
7	确认辅汽母管运行正常，蒸汽压力0.8～1.0MPa、温度280～320℃，管路疏水器进出口门开启，旁路门开3圈，沿途疏水正常	疏水门未开启	导致疏水暖管不充分	6	0.5	15	45	2	（1）确认目的，防止弄错对象；（2）工作中必须进行必要的沟通；（3）必要时按规定执行操作监护
8	确认机组辅汽疏水扩容器无检修工作，具备投运条件，开启辅汽疏水扩容器至无压放水母管电动门，辅汽疏水扩容器至低压疏水扩容器的调门前隔离门及旁路门保持关闭	辅疏扩未切至无压	（1）导致辅汽疏水扩容器满水；（2）导致凝汽器起压	6	0.5	15	45	2	（1）确认目的，防止弄错对象；（2）工作中必须进行必要的沟通；（3）必要时按规定执行操作监护
9	确认机组辅汽联箱及各用户的疏水器前后隔离门开启，疏水器旁路门开启3圈	疏水门未开启	导致疏水暖管不充分	6	0.5	15	45	2	（1）确认目的，防止弄错对象；（2）工作中必须进行必要的沟通；（3）必要时按规定执行操作监护

编号	作业步骤	危害因素	可能导致的后果	风险评价					控制措施
				L	E	C	D	风险程度	
10	开启辅汽母管至机组辅汽联箱供汽手动门	未开启供汽手动门	导致辅汽联箱无汽源	6	0.5	15	45	2	(1) 确认目的，防止弄错对象； (2) 工作中必须进行必要的沟通； (3) 必要时按规定执行操作监护
11	缓慢打开辅汽母管至机组辅汽联箱电动门，保持开度 5%～10%，辅汽联箱开始暖管，控制联箱压力不大于 0.1MPa，就地检查所有管道无水击，否则关闭辅汽母管至机组辅汽联箱电动门，查明原因并消除后方可重新投入	联箱压力控制异常	(1) 导致管路振动； (2) 导致疏水暖管不充分	6	0.5	15	45	2	(1) 确认目的，防止弄错对象； (2) 工作中必须进行必要的沟通； (3) 必要时按规定执行操作监护
12	机组辅汽联箱充分暖管，温度上升至 200℃ 后，通知临机维持参数稳定，缓慢开大辅汽母管至辅汽联箱电动门	联箱温度低	导致管路振动	6	0.5	15	45	2	(1) 确认目的，防止弄错对象； (2) 工作中必须进行必要的沟通； (3) 必要时按规定执行操作监护
13	当机组辅汽联箱温度升至 280℃ 后，可缓慢全开辅汽母管至辅汽联箱电动门，注意管道无水击	电动门未全开	导致辅汽联箱压力不能满足用户	6	0.5	15	45	2	(1) 确认目的，防止弄错对象； (2) 工作中必须进行必要的沟通； (3) 必要时按规定执行操作监护

编号	作业步骤	危害因素	可能导致的后果	风险评价					控制措施
				L	E	C	D	风险程度	
14	根据需要，逐步投运各辅汽联箱用户，投运时，操作要缓慢，要注意充分疏水，避免发生管道水击，防止人员受到伤害和设备损坏	投运用户时操作过快	导致管路振动	6	0.5	15	45	2	(1) 确认目的，防止弄错对象； (2) 工作中必须进行必要的沟通； (3) 必要时按规定执行操作监护
15	确认辅汽系统各疏水器动作正常后，关闭管路疏水器旁路门，保持至辅汽疏水扩容器的疏水器旁路门开启 2 圈，密切监视辅汽联箱温度，如温度下降，要及时开大疏水器旁路门	未关闭管路疏水器旁路门	导致辅汽联箱平台大量冒汽	6	0.5	15	45	2	(1) 确认目的，防止弄错对象； (2) 工作中必须进行必要的沟通； (3) 必要时按规定执行操作监护
16	确认机组凝汽器真空系统运行正常，且辅汽疏水扩容器出水水质合格后，开启辅汽疏水扩容器至低压疏水扩容器调门前隔绝门和调门，关闭至无压放水母管电动门，将疏水回收到凝汽器。当辅汽疏水扩容器水位稳定时，将调门投自动，水位设定 450mm	未将辅助疏水扩容器疏水切至凝汽器	导致疏水浪费	6	0.5	15	45	2	(1) 确认目的，防止弄错对象； (2) 工作中必须进行必要的沟通； (3) 必要时按规定执行操作监护

续表

编号	作业步骤	危害因素	可能导致的后果	风险评价					控制措施
				L	E	C	D	风险程度	
17	关闭机组辅汽联箱及各用户的疏水器旁路门	未关闭管路疏水器旁路门	导致疏水箱大量漏汽	6	0.5	15	45	2	(1) 确认目的，防止弄错对象； (2) 工作中必须进行必要的沟通； (3) 必要时按规定执行操作监护
18	操作完毕，汇报值长，做好记录	未及时汇报	影响值长对下一步机组工作安排	6	0.5	15	45	2	(1) 确认目的，防止弄错对象； (2) 工作中必须进行必要的沟通； (3) 必要时按规定执行操作监护
三	停运操作								
1	得值长令，辅汽联箱停运	工作对象不清楚	导致人员伤害或设备异常	6	0.5	15	45	2	(1) 确认目的，防止弄错对象； (2) 工作中必须进行必要的沟通； (3) 必要时按规定执行操作监护
2	确认主机、给水泵汽轮机抽真空系统已经停运	未核实主机、给水泵汽轮机抽真空系统状态	导致主机、给水泵汽轮机吸入空气	6	0.5	15	45	2	(1) 确认目的，防止弄错对象； (2) 工作中必须进行必要的沟通； (3) 必要时按规定执行操作监护
3	确认主机、给水泵汽轮机轴封系统已经停运	未核实主机、给水泵汽轮机轴封系统状态	导致轴封意外失汽	6	0.5	15	45	2	(1) 确认目的，防止弄错对象； (2) 工作中必须进行必要的沟通； (3) 必要时按规定执行操作监护
4	检查辅汽系统已无用户，具备停运条件	未核实辅汽系统用户	导致重要用户意外失汽	6	0.5	15	45	2	(1) 确认目的，防止弄错对象； (2) 工作中必须进行必要的沟通； (3) 必要时按规定执行操作监护
5	关闭辅汽母管至机组辅汽联箱电动门	未关闭辅汽联箱电动门	导致辅汽联箱意外带汽起压	6	0.5	15	45	2	(1) 确认目的，防止弄错对象； (2) 工作中必须进行必要的沟通； (3) 必要时按规定执行操作监护

续表

编号	作业步骤	危害因素	可能导致的后果	风险评价					控制措施
				L	E	C	D	风险程度	
6	开启辅汽联箱各疏水器旁路门	未开启疏水器旁路门	导致辅汽联箱无法泄压	6	0.5	15	45	2	(1) 确认目的，防止弄错对象； (2) 工作中必须进行必要的沟通； (3) 必要时按规定执行操作监护
7	检查辅汽联箱压力、温度逐渐下降	未核实辅汽联箱压力、温度	导致人员伤害或设备异常	6	0.5	15	45	2	(1) 确认目的，防止弄错对象； (2) 工作中必须进行必要的沟通； (3) 必要时按规定执行操作监护
8	如辅汽母管至机组辅汽联箱电动门不严，关闭辅汽母管至机组辅汽联箱电动门前隔绝门	未核实辅汽联箱电动门是否内漏	导致辅汽联箱意外带汽起压	6	0.5	15	45	2	(1) 确认目的，防止弄错对象； (2) 工作中必须进行必要的沟通； (3) 必要时按规定执行操作监护
9	检查辅汽联箱压力到零	未核实辅汽联箱压力	导致人员伤害或设备异常	6	0.5	15	45	2	(1) 确认目的，防止弄错对象； (2) 工作中必须进行必要的沟通； (3) 必要时按规定执行操作监护
10	操作完毕，汇报值长，做好记录	未及时汇报	影响值长对下一步机组工作安排	6	0.5	15	45	2	(1) 确认目的，防止弄错对象； (2) 工作中必须进行必要的沟通； (3) 必要时按规定执行操作监护
四	作业环境								
1	高温高压区域	未严格佩戴防护用具	人身伤害	6	0.5	15	45	2	(1) 使用正确的工具； (2) 带隔热手套操作

8 高压给水加热器启停操作

主要作业风险：	控制措施：
烫伤、坠落伤害、机械伤害、其他伤害、设备误启停、高加满水跳闸、管路汽水冲击	（1）严格执行工作票、操作票制度； （2）按规定执行操作监护； （3）操作过程正确核对设备名称及标牌

编号	作业步骤	危害因素	可能导致的后果	L	E	C	D	风险程度	控制措施
一			操作前准备						
1	高压加热器水、汽侧系统检修工作结束，工作票收回，具备投运条件	检修工作未结束情况下投运热力系统	导致人员伤害或设备异常	1	1	1	1	1	严格执行工作票、操作票制度
2	高压加热器水、汽侧系统中所有电气设备、电动阀门及热工设备已送电	设备无法操作	系统无法正常投入	6	1	1	6	1	系统投运前认真执行系统检查卡
3	高压加热器水、汽侧系统联锁试验正常，所有保护、热工仪表投入，热工表计一次门开启	测点显示不正确	系统无法正常投入	6	1	1	6	1	系统投运前认真执行系统检查卡
4	按照凝结水系统、高压加热器疏水及放气系统、抽汽系统检查卡检查系统阀门状态正确	系统启动前状态不正确	（1）热水、热汽外泄伤人； （2）系统无法正常投运	6	1	1	6	1	（1）正确核对设备名称及标牌； （2）按规定执行操作监护

编号	作业步骤	危害因素	可能导致的后果	风险评价					控制措施
				L	*E*	*C*	*D*	风险程度	
5	检查给水系统运行正常，给水走高压加热器旁路	系统启动前状态不正确	热力系统无法正常投入	1	1	1	1	1	严格按操作票执行
6	检查循环水系统运行正常	系统启动前状态不正确	热力系统无法正常投入	1	1	1	1	1	严格按操作票执行
7	检查辅助蒸汽系统正常	系统启动前状态不正确	热力系统无法正常投入	1	1	1	1	1	严格按操作票执行
8	检查压缩空气系统正常	系统启动前状态不正确	热力系统无法正常投入	1	1	1	1	1	严格按操作票执行
9	检查主机润滑油、密封油运行正常	系统启动前状态不正确	热力系统无法正常投入	1	1	1	1	1	严格按操作票执行
10	检查主机轴封系统投入正常	系统启动前状态不正确	热力系统无法正常投入	1	1	1	1	1	严格按操作票执行
11	检查真空系统运行正常	系统启动前状态不正确	热力系统无法正常投入	1	1	1	1	1	严格按操作票执行
12	检查高压加热器水侧所有放水门关闭，3号高压加热器出口放空气一、二次门开启	系统启动前状态不正确	热力系统无法正常投入	6	1	3	18	1	(1) 严格按操作票执行；(2) 正确核对设备名称及标牌

编号	作业步骤	危害因素	可能导致的后果	风险评价					控制措施
				L	E	C	D	风险程度	
二	启动操作								
1	全开 3A、3B 高压加热器注水一次门,二次门开 3 圈,高压加热器开始注水	(1) 操作过程中出现泄漏; (2) 操作中跌倒; (3) 阀钩滑脱; (4) 操作中碰到周围热体	(1) 泄漏烫伤; (2) 跌伤; (3) 物体打击	3	1	3	9	1	(1) 尽量避免靠近或接触高温物体; (2) 选择合理的操作位置; (3) 缓慢均匀地开启阀门对管道和容器进行预暖,缓慢操作,避免管系冲击损坏; (4) 考虑好泄漏、爆裂时的撤离线路
2	3 号高压加热器出口放空气门见水后,关闭放空气一、二次门	(1) 操作过程中出现泄漏; (2) 操作中跌倒; (3) 阀钩滑脱; (4) 操作中碰到周围高温热体	(1) 烫伤; (2) 跌伤	3	1	3	9	1	(1) 尽量避免靠近或接触高温物体; (2) 选择合理的操作位置,不准站在阀杆的正对面; (3) 考虑好泄漏、爆裂时的避让或撤离路线
3	全开 3A、3B 高压加热器注水二次门	(1) 操作过程中出现泄漏; (2) 操作中跌倒; (3) 阀钩滑脱; (4) 操作中碰到周围热体	(1) 泄漏烫伤; (2) 跌伤; (3) 物体打击	3	1	3	9	1	(1) 尽量避免靠近或接触高温物体; (2) 选择合理的操作位置; (3) 缓慢均匀地开启阀门对管道和容器进行预暖,缓慢操作,避免管系冲击损坏; (4) 考虑好泄漏、爆裂时的撤离线路

续表

编号	作业步骤	危害因素	可能导致的后果	风险评价					控制措施
				L	*E*	*C*	*D*	风险程度	
4	当3号高压加热器就地压力表指示和给水泵出口压力相同时，注水结束	操作过程失去监控	系统无法正常启动	3	1	3	9	1	严肃监盘纪律
5	在 DCS 上开启 A、B 列高压加热器进、出口三通阀，水走高压加热器	误动非操作对象	设备误启停	1	1	1	1	1	按规定执行操作监护
6	关闭 3A、3B 高压加热器注水二次门、一次门	（1）操作过程中出现泄漏；（2）操作中跌倒；（3）阀钩滑脱；（4）操作中碰到周围高温热体	（1）烫伤；（2）跌伤	3	1	3	9	1	（1）尽量避免靠近或接触高温物体；（2）选择合理的操作位置，不准站在阀杆的正对面；（3）考虑好泄漏、爆裂时的避让或撤离路线
7	检查高压加热器水侧投入正常	操作过程失去监控	系统无法正常启动	3	1	3	9	1	严肃监盘纪律
8	检查 A、B 列 1 号、2 号、3 号高压加热器启动排气门关闭，连续排气门开启	（1）操作中碰到周围高温热体；（2）高处落物	（1）烫伤；（2）物体打击	3	1	3	9	1	尽量避免靠近或接触高温物体
9	检查 A、B 列 1 号、2 号、3 号高压加热器正常疏水、危急疏水调门前、后隔绝门开启	（1）操作中碰到周围高温热体；（2）高处落物	（1）烫伤；（2）物体打击	3	1	3	9	1	尽量避免靠近或接触高温物体

编号	作业步骤	危害因素	可能导致的后果	L	E	C	D	风险程度	控制措施
10	检查高压加热器充氮隔绝门、湿保护隔绝门关闭	(1) 操作中碰到周围高温热体；(2) 高处落物	(1) 烫伤；(2) 物体打击	3	1	3	9	1	尽量避免靠近或接触高温物体
11	检查高加汽侧放水一、二次门关闭	(1) 操作中碰到周围高温热体；(2) 高处落物	(1) 烫伤；(2) 物体打击	3	1	3	9	1	尽量避免靠近或接触高温物体
12	将 A、B 列 1 号、2 号、3 号高压加热器正常疏水、危急疏水调门投自动，正常疏水调门水位自动定值是 －30mm，危急疏水调门水位自动定值是 0mm	(1) 设定值错误；(2) 设定值不符合实际运行要求	(1) 高压加热器水位低，造成管路汽水冲击；(2) 高压加热器满水	3	0.5	1	1.5	1	(1) 按规定执行操作监护；(2) 投入高压加热器汽侧时就地与盘面进行水位核对
13	检查高压加热器抽汽管路疏水电动门、气动门自动开启	操作过程失去监控	系统无法正常启动	3	1	3	9	1	严肃监盘纪律
14	检查高压加热器进汽电动门后放气一、二次门关闭	操作过程失去监控	系统无法正常启动	3	1	3	9	1	严肃监盘纪律

续表

编号	作业步骤	危害因素	可能导致的后果	风险评价					控制措施
				L	E	C	D	风险程度	
15	检查 1 号、3 号高压加热器进汽电动门前至排水漏斗放水一、二次门关闭，2 号高压加热器进汽电动门前至排水漏斗放水门关闭，至高压疏水扩容器疏水器前后隔绝门开启，旁路门关闭	(1) 操作中碰到周围高温热体；(2) 高处落物	(1) 烫伤；(2) 物体打击	3	1	3	9	1	尽量避免靠近或接触高温物体
16	在 DCS 上依次点动开启 A、B 列 3 号、2 号、1 号高压加热器抽汽电动门，保持高压加热器温升不大于 1.7℃/min	(1) 操作过快，设备管路汽水两相流；(2) 高加温度上升过快管板泄漏；(3) 控制不当高加液位虚高高	(1) 高压加热器管板泄漏；(2) 高压加热器跳闸；(3) 设备管路汽水冲击	6	1	1	6	1	(1) 操作时根据温升控制开门时间；(2) 严格执行操作汇报制度；(3) 操作时严密监视各参数正常
17	当 1 号、2 号、3 号高压加热器汽侧压差满足疏水逐级自流时，检查危急疏水调门逐渐关小至关闭，正常疏水调门逐渐开大，各加热器汽侧水位正常	水位自动调节不正常	(1) 高压加热器水位低，造成管路汽水冲击；(2) 高压加热器满水	6	1	1	6	1	就地与盘面进行水位核对

续表

编号	作业步骤	危害因素	可能导致的后果	风险评价					控制措施
				L	E	C	D	风险程度	
18	3号、2号、1号高压加热器抽汽电动门全开后，检查高压加热器汽侧水位正常，正常疏水、危急疏水调门自动好用	水位自动调节不正常	（1）高压加热器水位低，造成管路汽水冲击；（2）高压加热器满水	6	1	1	6	1	就地与盘面进行水位核对
19	系统启动完毕，汇报值长，做好记录	未及时汇报	影响值长对下一步机组工作安排	6	0.5	15	45	2	工作中必须进行必要的沟通
三	停运操作								
1	得值长令，1号机A列高压加热器系统停运	工作对象不清楚	导致人员伤害或设备异常	6	0.5	15	45	2	确认目的，防止弄错对象
2	依次关小A列1号、2号、3号高压加热器抽汽电动门，控制A列高压加热器出口温度下降速度在1.7℃/min之内，保持疏水逐级自流，注意控制机组负荷的变化	（1）操作过快，设备管路汽水两相流；（2）高压加热器温度上升过快，管板泄漏；（3）控制不当，高压加热器液位虚高高	（1）高压加热器管板泄漏；（2）高压加热器跳闸；（3）设备管路汽水冲击	6	1	1	6	1	（1）操作时根据温升控制开门时间；（2）严格执行操作汇报制度；（3）操作时严密监视各参数正常
3	高压加热器正常疏水和危急疏水调门投自动	水位自动调节不正常	（1）高压加热器水位低，造成管路汽水冲击；（2）高压加热器满水	6	1	1	6	1	就地与盘面进行水位核对

编号	作业步骤	危害因素	可能导致的后果	风险评价					控制措施
				L	E	C	D	风险程度	
4	当高压加热器疏水压差及3号高压加热器疏水与除氧器压差接近0.2MPa时，继续关闭A列1号、2号、3号高压加热器抽汽电动门，检查A列高压加热器危急疏水正常开启，各高压加热器水位正常	水位自动调节不正常	（1）高压加热器水位低，造成管路汽水冲击；（2）高压加热器满水	6	1	1	6	1	就地与盘面进行水位核对
5	当A列高压加热器抽汽电动门全关时，注意除氧器和高压加热器水位变化	水位自动调节不正常	（1）高压加热器水位低，造成管路汽水冲击；（2）高压加热器满水	6	1	1	6	1	就地与盘面进行水位核对
6	关闭A列高压加热器入口三通阀，出口三通阀联动，给水母管切至旁路运行	误动非操作对象	设备误启停	1	1	1	1	1	按规定执行操作监护
7	根据需要，A列高压加热器汽、水侧进行泄压、放水	（1）操作过程中出现泄漏；（2）操作中跌倒；（3）阀钩滑脱；	（1）烫伤；（2）跌伤；（3）物体打击	1	3	3	9	1	（1）检查周边高温管、阀、保温完整；（2）尽量避免靠近或接触高温物体；

续表

编号	作业步骤	危害因素	可能导致的后果	风险评价					控制措施
				L	E	C	D	风险程度	
7	根据需要，A列高压加热器汽、水侧进行泄压、放水	(4) 操作中碰到周围高温热体； (5) 高处落物	(1) 烫伤； (2) 跌伤； (3) 物体打击	1	3	3	9	1	(3) 选择合理的操作位置，不准站在阀杆的正对面； (4) 考虑好泄漏、爆裂时的避让或撤离路线，必须通畅； (5) 不得正对或靠近泄漏点； (6) 操作时远离疏放水口； (7) 隔离已在泄漏的高温高压阀门时必须有两人进行； (8) 在隔离已发生泄漏的阀门时，首先确定汽流方向，在确定不被烫伤时方可进行操作； (9) 在泄漏声较大或刺耳时应戴耳塞； (10) 设置警示标识； (11) 操作平台装设防护栏，缺损格栅补全； (12) 高位阀门处无操作台的应尽快增设； (13) 环境恶劣处保证充足的照明； (14) 备置吸油棉
8	系统操作完毕，汇报值长，做好记录	未及时汇报	影响值长对下一步机组工作安排	6	0.5	15	45	2	工作中必须进行必要的沟通

编号	作业步骤	危害因素	可能导致的后果	风险评价					控制措施
				L	*E*	*C*	*D*	风险程度	
四	以往发生的事件								
1	高压加热器汽侧放水门漏关	系统启动前状态不正确	热力系统无法正常投入	6	1	7	42	2	严格按操作票执行
2	高压加热器正常疏水管路汽水冲击	设定值不符合实际运行要求，造成疏水管路汽水两相流	高压加热器水位低造成管路汽水冲击	6	1	7	42	2	(1) 就地与盘面进行水位核对； (2) 根据现场实际声音、振动、疏水温度，判断水位设定是否合适
3	高压加热器跳闸	控制不当，高压加热器液位虚高高	高压加热器跳闸	6	1	7	42	2	(1) 操作时根据温升控制开门时间； (2) 严格执行操作汇报制度； (3) 操作时严密监视各参数正常

9 给水泵汽轮机超速试验

主要作业风险：	控制措施：
触电、烫伤、机械伤害、噪声、其他伤害	(1) 严格操作监护制度； (2) 操作前核对设备名称； (3) 按规定检查设备保护正确投入； (4) 正确佩戴安全帽、规范着装

编号	作业步骤	危害因素	可能导致的后果	L	E	C	D	风险程度	控制措施
一			操作前准备						
1	接收指令	工作对象不清楚	导致人员伤害或设备异常	6	0.5	15	45	2	确认目的，防止弄错对象
2	操作对象核对	错误操作其他的设备	导致人员伤害或设备异常	6	1	15	90	3	(1) 正确核对设备名称及标牌； (2) 按规定执行操作监护； (3) 明确操作人、监护人及现场检查人，以便对口联系
3	准备合适的防护用具	(1) 设备现场有空中落物； (2) 转动设卷绞衣服； (3) 小汽机外壳不完整； (4) 介质泄漏（漏汽、漏油）； (5) 地面滑跌	(1) 物体打击； (2) 机械伤害； (3) 触电； (4) 高压蒸汽伤害； (5) 滑跌摔伤	6	10	15	900	5	(1) 正确佩戴安全帽； (2) 规范着装（袖口扣好、衣服钮好）； (3) 穿劳动保护鞋； (4) 携带通信工具，加强操作员与巡检员联系； (5) 携带手电筒，电源要充足，亮度要足够； (6) 必要时戴好耳塞

编号	作业步骤	危害因素	可能导致的后果	风险评价					控制措施
				L	E	C	D	风险程度	
4	准备合适的用具	启动中发生强烈振动或设备损坏	机械伤害	6	10	3	180	4	(1) 根据检查内容，携带必需的工具，如对讲机、测振仪、听棒、测温仪等； (2) 检查并测试所带的工具必须完好； (3) 操作时加强操作员与巡检员联系； (4) 按规定检查设备保护正确投入
5	给水泵汽轮机与给水泵、前置泵连接的靠背轮必须拆开	(1) 设备现场有高处落物； (2) 介质泄漏（漏油）； (3) 地面滑跌； (4) 地面有孔洞	(1) 物体打击； (2) 机械伤害； (3) 滑跌摔伤	1	0.5	40	20	1	(1) 正确佩戴安全帽； (2) 规范着装（袖口扣好、衣服钮好）； (3) 穿劳动保护鞋； (4) 携带手电筒，电源要充足，亮度要足够
6	前置泵和给水泵脱扣保护临时解除	错误操作其他的设备	导致人员伤害或设备异常	1	1	1	1	1	(1) 正确核对设备名称及KKS码； (2) 按规定执行操作监护； (3) 明确操作人、监护人及现场检查人，以便对口联系
7	辅汽系统、给水泵汽轮机润滑油系统、液压油系统、轴封、真空系统及盘车等已投入运行	(1) 辅汽温度过热度偏低； (2) 真空偏低	(1) 给水泵汽轮机进冷汽； (2) 给水泵汽轮机排汽温度高	1	1	1	1	1	(1) 开启辅汽联箱疏水，保证蒸汽有足够过热度； (2) 按真空系统检查卡，隔绝不必要的系统或阀门

续表

编号	作业步骤	危害因素	可能导致的后果	风险评价					控制措施
				L	E	C	D	风险程度	
8	超速试验前，必须进行现场脱扣试验和控制室脱扣试验，且试验合格	未进行该试验就进行给水泵汽轮机超速保护试验	导致人员伤害或设备异常	1	1	40	40	2	必须先进行现场脱扣试验和控制室脱扣试验
9	修改给水泵汽轮机超速设定值为2000r/min	修改错误	设备损坏	3	1	15	45	2	（1）正确核对设备名称及KKS码；（2）按规定执行操作监护；（3）明确操作人、监护人及现场检查人，以便对口联系
二	操作内容								
1	设备静止检查	（1）现场管道未连接好；（2）系统有漏油点；（3）设备外壳未恢复	（1）人员烫伤；（2）机械伤害；（3）设备损坏	3	1	15	45	2	（1）检查现场管道已连接好；（2）进行外观检查时禁止触摸转动部分或移动部位；（3）加强与控制室联系，保持通信畅通；（4）熟悉紧急停运按钮位置；（5）通知检修消除漏油点
2	设备启动	（1）转动部分上有异物；（2）转动部分上有人工作；（3）相关系统有人工作未隔离；	（1）机械伤害；（2）高温、高压蒸汽冲击摔伤；（3）噪声伤害	3	1	15	45	2	（1）按设备启动前检查卡进行检查；（2）不得触摸旋转或移动部位；（3）严禁在转动设备的靠背轮罩上行走、站立、跨越；（4）操作时看清平台结构，防止滑倒、绊倒或坠落；

续表

编号	作业步骤	危害因素	可能导致的后果	风险评价					控制措施
				L	E	C	D	风险程度	
2	设备启动	(4) 设备运转异常； (5) 检查相关阀门动作正常	(1) 机械伤害； (2) 高温、高压蒸汽冲击摔伤； (3) 噪声伤害	3	1	15	45	2	(5) 转动设备启动时合理站位，站在转动设备轴向，禁止站在管道、栏杆、靠背轮罩壳上，避免部件故障伤人； (6) 出现异常情况及时与控制室联系，紧急情况及时按就地紧停按钮
3	升速	(1) 转速急剧上升； (2) 给水泵汽轮机转速、振动、轴向位移、轴承温度出现异常	设备损坏	1	1	40	40	2	立即手动脱扣
4	保护动作	保护未动作	设备损坏	1	1	40	40	2	立即手动脱扣
5	恢复超速保护原定值	修改错误	设备损坏	1	1	40	40	2	(1) 正确核对设备名称及KKS码； (2) 按规定执行操作监护； (3) 明确操作人、监护人及现场检查人，以便对口联系

10 给水泵汽轮机高调门及高、低压主汽门活动试验

主要作业风险： 烫伤、机械伤害、噪声、其他伤害				控制措施： 严格操作监护制度、操作前核对设备名称、按规定检查设备 保护正确投入、正确佩戴安全帽、规范着装				

编号	作业步骤	危害因素	可能导致的后果	风险评价					控制措施
				L	E	C	D	风险 程度	
一	操作前准备								
1	接收指令	工作对象不清楚	导致人员伤害或 设备异常	6	0.5	15	45	2	确认目的，防止弄错对象
2	操作对象核对	错误操作其他的设备	导致人员伤害或设备异常	6	1	15	90	3	(1) 正确核对设备名称及标牌； (2) 按规定执行操作监护； (3) 明确操作人、监护人及现场检查人，以便对口联系
3	准备合适的防护用具	(1) 设备现场有高处落物； (2) 转动设备卷绞衣服； (3) 给水泵汽轮机外壳、管道不完整； (4) 介质泄漏（漏汽、漏油）； (5) 地面滑跌	(1) 物体打击； (2) 机械伤害； (3) 触电； (4) 高压蒸汽伤害； (5) 滑跌摔伤	6	10	15	900	5	(1) 正确佩戴安全帽； (2) 规范着装（袖口扣好、衣服钮好）； (3) 穿劳动保护鞋； (4) 携带通信工具，操作时加强操作员与巡检员联系； (5) 携带手电筒，电源要充足，亮度要足够； (6) 必要时戴好耳塞

编号	作业步骤	危害因素	可能导致的后果	风险评价					控制措施
				L	E	C	D	风险程度	
4	准备合适的用具	启动中发生强烈振动或设备损坏	机械伤害	6	10	3	180	4	(1) 根据检查内容，携带必需的工具，如对讲机、测振仪、听棒、测温仪等； (2) 检查并测试所带的工具必须完好； (3) 操作时加强操作员与巡检员联系； (4) 按规定检查设备保护正确投入
5	给水泵汽轮机与给水泵、前置泵联接的靠背轮必须拆开	(1) 设备现场有高处落物； (2) 介质泄漏（漏油）； (3) 地面滑跌； (4) 地面有孔洞	(1) 物体打击； (2) 机械伤害； (3) 滑跌摔伤	1	0.5	40	20	1	(1) 正确佩戴安全帽； (2) 规范着装（袖口扣好、衣服钮好）； (3) 穿劳动保护鞋； (4) 携带手电筒，电源要充足，亮度要足够
6	前置泵和给水泵脱扣保护临时解除	错误操作其他的设备	导致人员伤害或设备异常	1	1	1	1	1	(1) 正确核对设备名称及KKS码； (2) 按规定执行操作监护； (3) 明确操作人、监护人及现场检查人，以便对口联系
7	辅汽系统、给水泵汽轮机润滑油系统、液压油系统、轴封、真空系统及盘车等已投入运行	(1) 辅汽温度过热度偏低； (2) 真空偏低	(1) 给水泵汽轮机进冷汽； (2) 给水泵汽轮机排汽温度高	1	1	1	1	1	(1) 开启辅汽联箱疏水，保证蒸汽有足够过热度； (2) 按真空系统检查卡，隔绝不必要的系统或阀门

续表

编号	作业步骤	危害因素	可能导致的后果	风险评价					控制措施
				L	E	C	D	风险程度	
8	超速试验前，必须进行现场脱扣试验和控制室脱扣试验，且试验合格	未进行该试验就进行给水泵汽轮机超速保护试验	导致人员伤害或设备异常	1	1	40	40	2	必须先进行现场脱扣试验和控制室脱扣试验
二		操作内容							
1	设备静止检查	(1) 现场管道未连接好； (2) 系统有漏油点； (3) 设备外壳未恢复	(1) 人员烫伤； (2) 机械伤害； (3) 设备损坏	3	1	15	45	2	(1) 检查现场管道已连接好； (2) 进行外观检查时禁止触摸转动部分或移动部位； (3) 加强与控制室联系，保持通信畅通； (4) 熟悉紧急停运按钮位置； (5) 通知检修消除漏油点
2	设备启动	(1) 转动部分上有异物； (2) 转动部分上有人工作； (3) 相关系统有人工作未隔离； (4) 设备运转异常； (5) 检查相关阀门动作正常	(1) 机械伤害； (2) 高温、高压蒸汽冲击摔伤； (3) 噪声伤害	3	1	15	45	2	(1) 按设备启动前检查卡进行检查； (2) 不得触摸旋转或移动部位； (3) 严禁在转动设备的靠背轮罩上行走、站立、跨越； (4) 操作时看清平台结构，防止滑倒、绊倒或坠落； (5) 转动设备启动时合理站位，站在转动设备轴向，禁止站在管道、栏杆、靠背轮壳上，避免部件故障伤人； (6) 出现异常情况及时与控制室联系，紧急情况及时按就地紧停按钮

编号	作业步骤	危害因素	可能导致的后果	风险评价					控制措施
				L	E	C	D	风险程度	
3	升速	（1）转速急剧上升；（2）给水泵汽轮机转速、振动、轴向位移、轴承温度出现异常	设备损坏	1	1	40	40	2	立即手动脱扣

11 给水泵汽轮机油系统启停操作

主要作业风险:	控制措施:
(1) 烫伤;	(1) 严格操作监护制度;
(2) 爆炸伤害;	(2) 操作前核对设备名称;
(3) 坠落伤害;	(3) 按规定检查设备保护正确投入;
(4) 机械伤害;	(4) 正确佩戴安全帽
(5) 腐蚀伤害;	
(6) 淹溺伤害;	
(7) 其他伤害	

编号	作业步骤	危害因素	可能导致的后果	风险评价					控制措施
				L	E	C	D	风险程度	
一		操作前准备							
1	接收指令	工作对象不清楚	(1) 导致人员伤害或设备异常; (2) 物体打击; (3) 摔伤、烫伤、化学伤害、碰撞、淹溺、坠落伤害、落物伤害	6	0.5	15	45	2	(1) 确认目的,防止弄错对象; (2) 工作中必须进行必要的沟通; (3) 必要时按规定执行操作监护
2	操作对象核对	错误操作其他不该操作的设备		6	1	15	90	3	
3	选择合适的工器具	使用不当引起阀钩打滑		10	10	1	100	3	(1) 使用合格的移动操作台; (2) 使用合适的阀钩
4	准备合适的防护用具	(1) 介质泄漏; (2) 高处落物; (3) 穿戴不合适的劳动保护用品		6	10	15	900	5	(1) 正确佩戴安全帽; (2) 戴防护手套; (3) 穿合适的长袖工作服,衣服和袖口必须扣好; (4) 穿劳动保护鞋; (5) 必要时带上手电筒; (6) 必要时使用面罩

编号	作业步骤	危害因素	可能导致的后果	风险评价					控制措施
				L	E	C	D	风险程度	
5	通信联系	通信不畅或错误引起误操作、人员受到伤害时延误施救时间	扩大事故,加重人员伤害程度						(1) 携带可靠通信工具,操作时保持联系; (2) 就地设置固定电话
二	启动操作								
1	得值长令,1A 汽动给水泵汽轮机润滑油系统投运	工作对象不清楚	导致人员伤害或设备异常	6	0.5	15	45	2	(1) 正确核对现场设备名称及标牌,确认目的,防止弄错对象; (2) 工作中必须进行必要的沟通; (3) 必要时按规定执行操作监护
2	检查 1A 汽动给水泵汽轮机润滑油系统检修结束,工作票收回,具备投运条件	错误操作其他不该操作的设备	导致人员伤害或设备异常	6	0.5	15	45	2	(1) 确认目的,防止弄错对象; (2) 工作中必须进行必要的沟通; (3) 必要时按规定执行操作监护; (4) 认真检查工作票是否终结
3	检查 1A 汽动给水泵汽轮机交流润滑油泵 A 绝缘合格后送电正常	(1) 实际泵未送电; (2) 送电但未测绝缘; (3) 送电时走错间隔	(1) 导致设备异常; (2) 启动时间延长; (3) 导致人员伤害	6	0.5	15	45	2	(1) 严格执行检查卡和操作票; (2) 按测绝缘规定,测绝缘; (3) 严格执行停送电联系单
4	检查 1A 汽动给水泵汽轮机交流润滑油泵 B 绝缘合格后送电正常	(1) 实际泵未送电; (2) 送电但未测绝缘; (3) 送电时走错间隔	(1) 导致设备异常; (2) 启动时间延长; (3) 导致人员伤害	6	0.5	15	45	2	(1) 严格执行检查卡和操作票; (2) 按测绝缘规定,测绝缘; (3) 严格执行停送电联系单

续表

编号	作业步骤	危害因素	可能导致的后果	风险评价					控制措施
				L	*E*	*C*	*D*	风险程度	
5	检查 1A 汽动给水泵汽轮机直流润滑油泵绝缘合格后送电正常	（1）实际泵未送电；（2）送电但未测绝缘；（3）送电时走错间隔	（1）导致设备异常；（2）启动时间延长；（3）导致人员伤害	6	0.5	15	45	2	（1）严格执行检查卡和操作票；（2）按测绝缘规定，测绝缘；（3）严格执行停送电联系单
6	1A 汽动给水泵汽轮机润滑油系统中所有电气设备、电动阀门及热工设备已送电	（1）阀门未送电，实际未动作；（2）送电时走错间隔	（1）导致设备异常；（2）启动时间延长；（3）导致人员伤害	6	0.5	15	45	2	（1）确认目的，防止弄错对象；（2）工作中必须进行必要的沟通；（3）必要时按规定执行操作监护；（4）查明工作票，及时送电
7	1A 汽动给水泵汽轮机润滑油系统联锁试验正常，所有保护、热工仪表投入	（1）无保护运行；（2）联锁异常；（3）参数显示异常	导致设备异常	6	0.5	15	45	2	（1）严格执行联调制度；（2）严格执行检查卡
8	检查 1A 汽动给水泵汽轮机润滑油系统内的所有电动机绝缘合格，已送电	（1）实际设备未送电；（2）送电但未测绝缘；（3）送电时走错间隔	（1）导致设备异常；（2）启动时间延长；（3）导致人员伤害	6	0.5	15	45	2	（1）严格执行检查卡和操作票；（2）按测绝缘规定，测绝缘；（3）严格执行停送电联系单

编号	作业步骤	危害因素	可能导致的后果	风险评价					控制措施
				L	E	C	D	风险程度	
9	1A 汽动给水泵汽轮机润滑油系统已按《汽动给水泵汽轮机润滑油系统检查卡》检查完毕	漏项	（1）导致设备异常； （2）启动时间延长	6	0.5	15	45	2	（1）确认目的，防止弄错对象； （2）工作中必须进行必要的沟通； （3）必要时按规定执行操作监护； （4）认真执行检查卡制度
10	检查冷油器闭冷水系统投运正常	（1）油温过高； （2）走错间隔，未正确确认	导致设备异常	6	0.5	15	45	2	（1）确认目的，防止弄错对象； （2）工作中必须进行必要的沟通； （3）必要时按规定执行操作监护
11	确认 1A 汽动给水泵汽轮机润滑油箱油位正常，油质合格	（1）油质不合格； （2）油位不正常	导致设备异常	6	0.5	15	45	2	（1）确认目的，防止弄错对象； （2）工作中必须进行必要的沟通； （3）必要时按规定执行操作监护
12	送上 1A 汽动给水泵汽轮机润滑油箱电加热器电源，并根据油温投入电加热器自动	（1）油温异常； （2）送电时走错间隔	导致设备异常	6	0.5	15	45	2	（1）确认目的，防止弄错对象； （2）工作中必须进行必要的沟通； （3）必要时按规定执行操作监护； （4）严格执行停送电联系单
13	若 1A 汽动给水泵汽轮机润滑油箱油温低于10℃，不得启动任一油泵，应先投用油箱电加热器提高油温，当油温达到要求后停用油箱电加热器	（1）启动条件不满足； （2）未检查参数是否正常	（1）导致设备异常； （2）启动时间延长	6	0.5	15	45	2	（1）确认目的，防止弄错对象； （2）工作中必须进行必要的沟通； （3）必要时按规定执行操作监护

编号	作业步骤	危害因素	可能导致的后果	风险评价					控制措施
				L	E	C	D	风险程度	
14	启动 1A 汽动给水泵汽轮机润滑油箱排油烟机 A（B），检查运行正常，并调节排油烟风机出口阀，使 1A 汽动给水泵汽轮机润滑油箱真空在 −490Pa 左右	未检查油烟风机运行参数	导致设备异常	6	0.5	15	45	2	（1）确认目的，防止弄错对象； （2）工作中必须进行必要的沟通； （3）必要时按规定执行操作监护
15	投入 1A 汽动给水泵汽轮机润滑油箱排油烟机 B（A）联锁	备用风机联锁未投	（1）导致设备异常； （2）失去备用	6	0.5	15	45	2	（1）确认目的，防止弄错对象； （2）工作中必须进行必要的沟通； （3）必要时按规定执行操作监护
16	启动交流润滑油泵 1（2），检查运行情况，出口压力及 1A 汽动给水泵汽轮机润滑油箱油位正常	未检查泵运行参数	导致设备异常	6	0.5	15	45	2	（1）确认目的，防止弄错对象； （2）工作中必须进行必要的沟通； （3）必要时按规定执行操作监护； （4）设备启动后监视运行参数
17	检查润滑油管路无漏油、渗油现象，润滑油压力正常	漏油	导致设备异常	6	0.5	15	45	2	（1）确认目的，防止弄错对象； （2）工作中必须进行必要的沟通； （3）必要时按规定执行操作监护； （4）检查消防设备正常
18	投入交流润滑油泵 2（1）和直流润滑油泵联锁	备用泵联锁未投	（1）导致设备异常； （2）失去备用	6	0.5	15	45	2	（1）确认目的，防止弄错对象； （2）工作中必须进行必要的沟通； （3）必要时按规定执行操作监护

编号	作业步骤	危害因素	可能导致的后果	风险评价					控制措施
				L	E	C	D	风险程度	
19	检查无误，汇报值长	(1) 未认真检查； (2) 未及时汇报	影响值长对下一步机组工作安排	6	0.5	1	3	1	(1) 确认目的，防止弄错对象； (2) 工作中必须进行必要的沟通； (3) 必要时按规定执行操作监护
三			停运操作						
1	得值长令，停运1A汽动给水泵汽轮机润滑油系统	工作对象不清楚	(1) 导致人员伤害； (2) 导致设备异常	6	0.5	15	45	2	(1) 确认目的，防止弄错对象； (2) 工作中必须进行必要的沟通； (3) 必要时按规定执行操作监护
2	检查1A汽动给水泵汽轮机已停运	(1) 工作对象不清楚； (2) 未认真检查	(1) 导致人员伤害； (2) 导致设备异常	6	0.5	15	45	2	(1) 确认目的，防止弄错对象； (2) 工作中必须进行必要的沟通； (3) 必要时按规定执行操作监护
3	检查1A汽动给水泵汽轮机转速为零	(1) 工作对象不清楚； (2) 未认真检查	(1) 导致人员伤害； (2) 导致设备异常	6	0.5	15	45	2	(1) 确认目的，防止弄错对象； (2) 工作中必须进行必要的沟通； (3) 必要时按规定执行操作监护
4	解除1A汽动给水泵汽轮机直流润滑油泵联锁	未解除备用泵联锁	导致系统停运时备用泵联锁启动	6	0.5	15	45	2	(1) 确认目的，防止弄错对象； (2) 工作中必须进行必要的沟通； (3) 必要时按规定执行操作监护
5	解除1A汽动给水泵汽轮机备用交流润滑油泵联锁，停运运行交流润滑油泵	未解除备用泵联锁	导致系统停运时备用泵联启	6	0.5	15	45	2	(1) 确认目的，防止弄错对象； (2) 工作中必须进行必要的沟通； (3) 必要时按规定执行操作监护

编号	作业步骤	危害因素	可能导致的后果	风险评价					控制措施
				L	E	C	D	风险程度	
6	解除备用 1A 汽动给水泵汽轮机油箱排烟风机联锁，停运运行排烟风机	未解除备用风机联锁	导致系统停运时备用风机联锁启动	6	0.5	15	45	2	(1) 确认目的，防止弄错对象； (2) 工作中必须进行必要的沟通； (3) 必要时按规定执行操作监护
7	系统操作完毕，汇报值长，做好记录	(1) 未及时汇报； (2) 汇报之前未全面检查	影响值长对下一步机组工作安排	6	0.5	15	45	2	(1) 确认目的，防止弄错对象； (2) 工作中必须进行必要的沟通； (3) 必要时按规定执行操作监护

12 给水系统启停、并泵操作

主要作业风险：	控制措施：
烫伤、爆炸伤害、坠落伤害、机械伤害、腐蚀伤害、淹溺伤害、其他伤害	(1) 严格操作监护制度； (2) 正确佩戴安全帽，规范着装

编号	作业步骤	危害因素	可能导致的后果	风险评价					控制措施
				L	E	C	D	风险程度	
一			操作前准备						
1	接收指令	工作对象不清楚	(1) 导致人员伤害或设备异常； (2) 物体打击、摔伤； (3) 烫伤、化学伤害、碰撞、淹溺、坠落伤害、落物伤害	6	0.5	15	45	2	(1) 确认目的，防止弄错对象； (2) 工作中必须进行必要的沟通； (3) 必要时，按规定执行操作监护
2	操作对象核对	错误操作其他不该操作的设备		6	1	15	90	3	
3	选择合适的工器具	使用不当引起阀钩打滑		10	10	1	100	3	(1) 使用合格的移动操作台； (2) 使用合适的阀钩
4	准备合适的防护用具	(1) 介质泄漏； (2) 高处落物		6	10	15	900	5	(1) 正确佩戴安全帽； (2) 戴防护手套，穿劳动保护鞋； (3) 穿合适的长袖工作服，衣服和袖口必须扣好； (4) 必要时带上手电筒； (5) 必要时使用面罩
二			启动操作						
1	得值长令，给水系统启动	工作对象不清楚	导致人员伤害或设备异常	6	0.5	15	45	2	(1) 确认目的，防止弄错对象； (2) 工作中必须进行必要的沟通； (3) 必要时按规定执行操作监护

编号	作业步骤	危害因素	可能导致的后果	风险评价					控制措施
				L	E	C	D	风险程度	
2	检查给水系统及电泵油系统检修工作结束、工作票终结,具备投运条件	错误操作其他不该操作的设备	导致人员伤害或设备异常	6	0.5	15	45	2	(1) 确认目的,防止弄错对象; (2) 工作中必须进行必要的沟通; (3) 必要时按规定执行操作监护; (4) 认真检查工作票是否终结
3	系统中所有电气设备、电动阀门及热工设备已送电	设备未送电	(1) 导致设备异常; (2) 启动时间延长	6	0.5	15	45	2	(1) 严格执行检查卡和操作票; (2) 按测绝缘规定,测绝缘
4	系统联锁试验正常,所有保护、热工仪表投入,热工表计一次门开启	(1) 无保护运行; (2) 参数显示异常	(1) 导致设备异常; (2) 启动时间延长	6	0.5	15	45	2	(1) 严格执行检查卡和操作票; (2) 按测绝缘规定,测绝缘
5	按照给水系统和电泵油系统检查卡检查系统阀门状态正确	阀门未能正常动作	(1) 导致设备异常; (2) 启动时间延长	6	0.5	15	45	2	(1) 严格执行检查卡和操作票; (2) 按测绝缘规定,测绝缘
6	按照给水泵密封水及暖泵系统检查卡检查系统阀门状态正确	(1) 给水泵启动后漏水; (2) 未能及时暖泵	(1) 导致人员伤害或设备异常; (2) 启动时间延长	6	0.5	15	45	2	(1) 确认目的,防止弄错对象; (2) 工作中必须进行必要的沟通; (3) 必要时按规定执行操作监护
7	检查闭冷水系统运行正常	各冷却设备温度异常升高	(1) 电泵绕组温度异常升高; (2) 润滑油温度异常升高	6	0.5	15	45	2	(1) 启动后系统加强监视; (2) 严格执行检查卡; (3) 启动后系统复查

编号	作业步骤	危害因素	可能导致的后果	风险评价					控制措施
				L	*E*	*C*	*D*	风险程度	
8	检查辅汽系统运行正常	首台汽泵启动缺少辅汽汽源	影响启动进程	6	0.5	15	45	2	(1) 确认目的，防止弄错对象；(2) 工作中必须进行必要的沟通；(3) 必要时按规定执行操作监护；(4) 认真检查工作票是否终结
9	检查仪用压缩空气系统运行正常	各气动门不能正常动作	(1) 导致设备异常；(2) 启动时间延长	6	0.5	15	45	2	严格执行检查卡和操作票
10	检查凝结水系统运行正常，凝汽器补水正常	(1) 给水系统启动条件不满足；(2) 除氧器水位异常	(1) 给水系统跳闸；(2) 启动时间延长	6	0.5	15	45	2	(1) 确认目的，防止弄错对象；(2) 工作中必须进行必要的沟通；(3) 必要时按规定执行操作监护
11	检查除氧器水位（3000 ± 100）mm，水温 104℃、压力 0.147MPa	水位、温度、压力偏低或偏高	(1) 给水泵汽蚀；(2) 水温过高不满足上水条件，启动时间延长	6	0.5	15	45	2	严格执行检查卡和操作票
12	检查电泵液力耦合器油箱油位 1/2～2/3，油温 35～45℃，油质合格	油位、油温异常	(1) 电泵液力耦合器操作失灵；(2) 油质恶化	6	0.5	15	45	2	(1) 启动后系统加强监视；(2) 严格执行检查卡和操作票
13	检查电泵勺管位置在 5%	未核实	启动条件不满足	6	0.5	15	45	2	严格执行检查卡和操作票

编号	作业步骤	危害因素	可能导致的后果	风险评价					控制措施
				L	E	C	D	风险程度	
14	在 DCS 上启动辅助油泵，电流 21A，润滑油压力 0.12～0.14MPa，检查系统无漏油	辅助油泵、油压正常	(1) 电泵轴承损坏； (2) 电泵异常跳闸	6	0.5	15	45	2	(1) 启动后系统加强监视； (2) 严格执行检查卡、操作票； (3) 启动后系统复查
15	检查电泵润滑油冷却器、工作油冷却器、机械密封冷却器和电机冷却器闭冷水供水、回水门开启	冷却水门未开启	设备异常	6	0.5	15	45	2	(1) 启动后系统加强监视； (2) 严格执行检查卡； (3) 启动后系统复查
16	开启电泵前置泵滤网放气门，电泵前置泵出口管路放气一、二次门，电泵出口管路放气一、二次门，电泵出口门旁路门，电泵出口旁路调门前、后隔绝门	未放气	电泵气蚀，产生水冲击	6	0.5	15	45	2	(1) 启动后系统加强监视； (2) 严格执行检查卡； (3) 启动后系统复查
17	就地开启电泵前置泵进口门至 10%，给水系统进行注水	未注水	电泵气蚀，产生水冲击	6	0.5	15	45	2	(1) 启动后系统加强监视； (2) 严格执行检查卡； (3) 启动后系统复查

编号	作业步骤	危害因素	可能导致的后果	L	E	C	D	风险程度	控制措施
18	检查电泵前置泵滤网放气门，电泵前置泵出口放气一、二次门见水后关闭	未关闭	大量漏水	6	0.5	15	45	2	（1）启动后系统加强监视； （2）严格执行检查卡； （3）启动后系统复查
19	将电泵前置泵进口门由就地切至远方，在 DCS 上开启前置泵进口门	误动非操作对象	设备误启停	1	1	1	1	1	按规定执行操作监护
20	开启电泵再循环前、后隔绝门	未开启	电泵打闷泵，导致电泵跳闸或损坏	6	0.5	15	45	2	严格执行检查卡
21	检查电泵再循环调门开度 100％	未开启	启动条件不满足	6	0.5	15	45	2	严格执行检查卡
22	检查电泵前置泵驱动端密封水滤网前、后手动门（10LAC30AA021）、（10LAC30AA022）开启，旁路门（10LAC30AA023）关闭	未投入滤网	电泵前置泵驱动端进异物	6	0.5	15	45	2	严格执行检查卡和操作票
23	开启电泵前置泵驱动端密封水放空气门（10LAC30AA932），见密实水流后关闭	漏项	（1）导致设备异常； （2）启动时间延长	6	0.5	15	45	2	（1）确认目的，防止弄错对象； （2）工作中必须进行必要的沟通； （3）必要时按规定执行操作监护； （4）认真执行检查卡制度

编号	作业步骤	危害因素	可能导致的后果	L	E	C	D	风险程度	控制措施
24	检查电泵前置泵非驱动端密封水滤网前后手动门（10LAC30AA024）、（10LAC30AA025）开启，旁路门（10LAC30AA026）关闭	油温过高	导致设备异常	6	0.5	15	45	2	（1）确认目的，防止弄错对象；（2）工作中必须进行必要的沟通；（3）必要时按规定执行操作监护
25	开启电泵前置泵非驱动端密封水放空气门（10LAC30AA931），见密实水流后关闭	未放气	导致设备异常	6	0.5	15	45	2	（1）确认目的，防止弄错对象；（2）工作中必须进行必要的沟通；（3）必要时按规定执行操作监护
26	开启电泵前置泵机械密封冷却器供水总门（10PGB53AA001）、供水隔绝门（10PGB53AA003）	未投入冷却水	导致设备异常	6	0.5	15	45	2	（1）确认目的，防止弄错对象；（2）工作中必须进行必要的沟通；（3）必要时按规定执行操作监护
27	开启电泵前置泵机械密封冷却器回水总门（10PGB53AA002）、回水隔绝门（10PGB53AA004）	未开启电泵前置泵机械密封冷却器回水总门、回水隔绝门	导致设备异常	6	0.5	15	45	2	（1）确认目的，防止弄错对象；（2）工作中必须进行必要的沟通；（3）必要时按规定执行操作监护
28	开启电泵前置泵驱动端密封冷却器出口隔绝门（10PGB53AA007）、前置泵驱动端密封冷却器回水隔绝门（10PGB53AA008）	未开启	导致设备异常	6	0.5	15	45	2	（1）确认目的，防止弄错对象；（2）工作中必须进行必要的沟通；（3）必要时按规定执行操作监护

编号	作业步骤	危害因素	可能导致的后果	风险评价					控制措施
				L	E	C	D	风险程度	
29	开启电泵前置泵非驱动端密封冷却器出口隔绝门（10PGB53AA005）、前置泵非驱动端密封冷却器回水隔绝门（10PGB53AA006）	未开启	导致设备异常	6	0.5	15	45	2	（1）确认目的，防止弄错对象；（2）工作中必须进行必要的沟通；（3）必要时按规定执行操作监护
30	检查电泵驱动端密封水滤网前（10LAC30AA027）、后（10LAC30AA028）手动门开启，旁路门（10LAC30AA029）关闭	投入滤网	导致设备异常	6	0.5	15	45	2	（1）确认目的，防止弄错对象；（2）工作中必须进行必要的沟通；（3）必要时按规定执行操作监护；（4）设备启动后监视运行参数
31	开启电泵驱动端密封水放空气门（10LAC30AA933），见密实水流后关闭	未放气	导致设备异常	6	0.5	15	45	2	（1）确认目的，防止弄错对象；（2）工作中必须进行必要的沟通；（3）必要时按规定执行操作监护；（4）检查消防设备正常
32	检查电泵非驱动端密封水滤网前（10LAC30AA030）、后（10LAC30AA031）手动门开启，旁路门（10LAC30AA032）关闭	投入滤网	导致设备异常	6	0.5	15	45	2	（1）确认目的，防止弄错对象；（2）工作中必须进行必要的沟通；（3）必要时按规定执行操作监护

编号	作业步骤	危害因素	可能导致的后果	风险评价					控制措施
				L	E	C	D	风险程度	
33	开启电泵非驱动端密封水放空气门（10LAC30AA934），见密实水流后关闭	未放气	导致设备异常	6	0.5	15	45	2	(1) 确认目的，防止弄错对象；(2) 工作中必须进行必要的沟通；(3) 必要时按规定执行操作监护
34	开启电泵机械密封冷却器供水总门（10PGB53AA011）、供水隔绝门（10PGB53AA013）	未开启	电泵运行后漏水	6	0.5	15	45	2	(1) 确认目的，防止弄错对象；(2) 工作中必须进行必要的沟通；(3) 必要时按规定执行操作监护
35	开启电泵机械密封冷却器回水总门（10PGB53AA012）、回水隔绝门（10PGB53AA014）	未开启	导致设备异常	6	0.5	15	45	2	(1) 确认目的，防止弄错对象；(2) 工作中必须进行必要的沟通；(3) 必要时按规定执行操作监护
36	开启电泵驱动端密封冷却器出口隔绝门（10PGB53AA017）、电泵驱动端密封冷却器回水隔绝门（10PGB53AA018）	未开启	导致设备异常	6	0.5	15	45	2	(1) 确认目的，防止弄错对象；(2) 工作中必须进行必要的沟通；(3) 必要时按规定执行操作监护
37	开启电泵非驱动端密封冷却器出口隔绝门（10PGB53AA015）、电泵驱动端密封冷却器回水隔绝门（10PGB53AA016）	未开启	导致设备异常	6	0.5	15	45	2	(1) 确认目的，防止弄错对象；(2) 工作中必须进行必要的沟通；(3) 必要时按规定执行操作监护

编号	作业步骤	危害因素	可能导致的后果	风险评价					控制措施
				L	E	C	D	风险程度	
38	检查密封水管路无泄露			6	0.5	15	45	2	
39	1.电泵启动条件： （1）电泵出口门关或任一汽泵运行； （2）电泵液力耦合器开度小于5％； （3）电泵前置泵滤网差压不高； （4）电泵再循环前后隔绝门开且电泵再循环调门开度大于85％或全开信号； （5）电泵前置泵进口门开； （6）电泵润滑油母管压力大于0.12MPa且辅助油泵在运行； （7）除氧器水位大于3080mm； （8）电泵无自停条件； （9）电泵泵壳上下壳体温度差≤±75℃；	启动条件不满足	启动时间延长	6	0.5	15	45	2	（1）确认目的，防止弄错对象； （2）工作中必须进行必要的沟通； （3）必要时按规定执行操作监护

93

编号	作业步骤	危害因素	可能导致的后果	风险评价					控制措施
				L	E	C	D	风险程度	
39	（10）电泵温度允许。 2. 电泵跳闸条件： （1）润滑油母管油压低； （2）除氧器水位小于 800mm； （3）温度保护跳闸； （4）电泵最小流量小于 210t/h，延时 30s 或者电泵最小流量小于 210t/h 且电泵再循环调门小于 5%； （5）电泵运行，电泵前置泵进口门关； （6）润滑油温高； （7）电泵振动大于 0.1mm； （8）电泵入口压力小于除氧器压力加上 0.65MPa； （9）电机轴承回油温度大于 85%	启动条件不满足	启动时间延长	6	0.5	15	45	2	（1）确认目的，防止弄错对象； （2）工作中必须进行必要的沟通； （3）必要时按规定执行操作监护

续表

编号	作业步骤	危害因素	可能导致的后果	风险评价					控制措施
				L	E	C	D	风险程度	
40	在 DCS 上检查电泵启动条件满足后，启动电泵，检查电泵电机电流返回正常，轴承振动、温度正常	电泵过电流	电泵线圈损坏	6	0.5	15	45	2	（1）确认目的，防止弄错对象； （2）工作中必须进行必要的沟通； （3）必要时按规定执行操作监护
41	电泵启动后润滑油压大于 0.22MPa，延时 10s，辅助油泵应自停，否则手动停止辅助油泵	油压异常或辅助油泵未自停	导致设备异常	6	0.5	15	45	2	（1）确认目的，防止弄错对象； （2）工作中必须进行必要的沟通； （3）必要时按规定执行操作监护
42	检查润滑油压力在 0.15～0.25MPa，耦合器工作油压力在 0.2～0.22MPa，油系统运行正常	油压异常	轴承损坏或耦合器不能正常工作	6	0.5	15	45	2	（1）确认目的，防止弄错对象； （2）工作中必须进行必要的沟通； （3）必要时按规定执行操作监护
43	在 30s 内增加勺管开度，调节电泵出口流量大于 210t/h	低流量运行	电泵异常跳闸	6	0.5	15	45	2	（1）确认目的，防止弄错对象； （2）工作中必须进行必要的沟通； （3）必要时按规定执行操作监护
44	就地检查电泵再循环管道振动正常	管道振动	管道损坏	6	0.5	15	45	2	（1）确认目的，防止弄错对象； （2）工作中必须进行必要的沟通； （3）必要时按规定执行操作监护

编号	作业步骤	危害因素	可能导致的后果	L	E	C	D	风险程度	控制措施
45	对高压加热器进行注水，锅炉上水时水走高压加热器	未注水	产生水冲击，产水剧烈振动，导致管道损坏	6	0.5	15	45	2	(1) 确认目的，防止弄错对象；(2) 工作中必须进行必要的沟通；(3) 必要时按规定执行操作监护
46	根据锅炉要求，通过电泵出口旁路调门进行上水	旁路调门前后压差大	设备损坏	6	0.5	15	45	2	(1) 确认目的，防止弄错对象；(2) 工作中必须进行必要的沟通；(3) 必要时按规定执行操作监护
47	启动完毕，汇报值长，做好记录	未及时汇报	影响值长对下一步机组工作安排	6	0.5	15	45	2	工作中必须进行必要的沟通
三		停运操作							
1	得值长令，1号机给水系统停运	工作对象不清楚	导致人员伤害或设备异常	6	0.5	15	45	2	(1) 确认目的，防止弄错对象；(2) 工作中必须进行必要的沟通；(3) 必要时按规定执行操作监护
2	确认给水系统已无用户，具备停运条件	工作对象不清楚	导致人员伤害或设备异常	6	0.5	15	45	2	(1) 确认目的，防止弄错对象；(2) 工作中必须进行必要的沟通；(3) 必要时按规定执行操作监护
3	在DCS上停止电泵运行，检查电泵出口门自动关闭，辅助油泵自启动，否则手动启动，检查油压正常	工作对象不清楚	导致人员伤害或设备异常	6	0.5	15	45	2	(1) 确认目的，防止弄错对象；(2) 工作中必须进行必要的沟通；(3) 必要时按规定执行操作监护
4	电泵停用后，检查电动机电加热器自动投入	电加热未投入	导致电泵绝缘不合格	6	0.5	15	45	2	(1) 确认目的，防止弄错对象；(2) 工作中必须进行必要的沟通；(3) 必要时按规定执行操作监护

编号	作业步骤	危害因素	可能导致的后果	风险评价					控制措施
				L	E	C	D	风险程度	
5	关闭电泵电机冷却器、润滑油冷却器，工作油冷却器，机械密封冷却器冷却水供、回水门	未及时关闭	（1）闭冷式冷却水流量大；（2）润滑油过冷；（3）冷却水漏入油系统	6	0.5	15	45	2	（1）确认目的，防止弄错对象；（2）工作中必须进行必要的沟通；（3）必要时按规定执行操作监护
6	高压加热器水侧放水、放空气门打开，排尽积水，根据需要采用湿式防腐或充氮保养	未及时保养	导致系统腐蚀	6	0.5	15	45	2	（1）确认目的，防止弄错对象；（2）工作中必须进行必要的沟通；（3）必要时按规定执行操作监护
7	根据需要开启系统放水、放气门，对系统进行放水	（1）操作过程中出现泄漏；（2）操作中跌倒；（3）阀钩滑脱；（4）操作中碰到周围热体	（1）泄漏烫伤；（2）跌伤；（3）物体打击	3	1	3	9	1	（1）尽量避免靠近或接触高温物体；（2）选择合理的操作位置；（3）缓慢均匀地开启阀门对管道和容器进行预暖，缓慢操作，避免管系冲击损坏；（4）考虑好泄漏、爆裂时的撤离线路
8	系统操作完毕，汇报值长，做好记录	未及时汇报	影响值长对下一步机组工作安排	6	0.5	15	45	2	（1）确认目的，防止弄错对象；（2）工作中必须进行必要的沟通；（3）必要时按规定执行操作监护

编号	作业步骤	危害因素	可能导致的后果	风险评价					控制措施
				L	E	C	D	风险程度	
四		汽动给水泵并泵操作							
1	得值长令，1号机汽动给水泵并泵	工作对象不清楚	导致人员伤害或设备异常	6	0.5	15	45	2	
2	确认机组负荷 500MW	低负荷并泵	省煤器大量进水	6	0.5	15	45	2	严格执行检查卡、操作票
3	确认 1A 汽泵运行正常，各轴承振动及轴承温度正常，汽泵汽源切至四抽供汽，控制在自动方式	工作对象不清楚	导致人员伤害或设备异常	6	0.5	15	45	2	严格执行检查卡、操作票
4	确认 1B 汽泵转速 2850r/min，各轴承振动及轴承温度正常，汽泵汽源由四抽供汽，再循环调门投自动	工作对象不清楚	导致人员伤害或设备异常	6	0.5	15	45	2	严格执行检查卡、操作票
5	开启 1B 汽泵出口电动门	开启异常	时间延长	6	0.5	15	45	2	严格执行检查卡、操作票
6	在 DCS 上缓慢提高 1B 汽泵的转速，观察 1B 汽泵出口压力缓慢上升，1A 汽泵转速逐渐下降，控制总给水流量不变	给水流量大幅度的变化	(1) 汽泵跳闸；(2) 设备损坏	6	0.5	15	45	2	(1) 确认目的，防止弄错对象；(2) 工作中必须进行必要的沟通；(3) 必要时按规定执行操作监护

编号	作业步骤	危害因素	可能导致的后果	风险评价					控制措施
				L	E	C	D	风险程度	
7	1A 汽泵和 1B 汽泵的转速相同时，将 1B 汽泵投自动	转速偏差大	导致设备异常	6	0.5	15	45	2	(1) 确认目的，防止弄错对象； (2) 工作中必须进行必要的沟通； (3) 必要时按规定执行操作监护
8	操作完毕，汇报值长，做好记录	及时汇报	影响值长对下一步机组工作安排	6	0.5	15	45	2	(1) 确认目的，防止弄错对象； (2) 工作中必须进行必要的沟通； (3) 必要时按规定执行操作监护
五		以往发生的事件							
1	给水泵汽轮机倒换汽源时跳闸	汽源暖管不充分	(1) 设备损坏； (2) 影响负荷	6	1	15	90	3	严格按操作票执行

13 开式冷却水水系统启停操作

<table>
<tr><td colspan="2">主要作业风险：
烫伤、爆炸伤害、坠落伤害、机械伤害、腐蚀伤害、淹溺伤害、其他伤害</td><td colspan="2">控制措施：
(1) 正确核对系统、设备、标牌和名称；
(2) 操作时戴安全帽，穿绝缘鞋；
(3) 携带良好的通信设备及操作工器具；
(4) 保持通信及操作确认</td></tr>
</table>

编号	作业步骤	危害因素	可能导致的后果	L	E	C	D	风险程度	控制措施
一			操作前准备						
1	接收指令	工作对象不清楚		1	6	7	42	2	(1) 确认目的，防止弄错对象； (2) 正确核对设备名称及标牌； (3) 按规定执行操作监护； (4) 明确操作人、监护人及现场检查人，以便对口联系
2	操作对象核对	错误操作其他的设备	(1) 导致人员伤害或设备异常； (2) 导致人员伤害或设备异常； (3) 物体打击； (4) 机械伤害； (5) 触电； (6) 化学伤害； (7) 滑跌摔伤； (8) 机械伤害	3	6	3	54	2	
3	准备合适的防护用具	(1) 设备现场有空中落物； (2) 转动设卷绞衣服； (3) 电动机金属外壳接地装置不完整； (4) 介质泄漏（漏油）； (5) 地面滑跌		1	6	3	18	1	(1) 正确佩戴安全帽； (2) 规范着装（袖口扣好、衣服钮好）； (3) 穿劳动保护鞋； (4) 携带通信工具； (5) 携带手电筒，电源要充足，亮度要足够； (6) 必要时戴好耳塞

续表

编号	作业步骤	危害因素	可能导致的后果	风险评价					控制措施
				L	E	C	D	风险程度	
4	准备合适的用具	启动中发生强烈振动或设备损坏	（1）导致人员伤害或设备异常；（2）导致人员伤害或设备异常；（3）物体打击；（4）机械伤害；（5）触电；（6）化学伤害；（7）滑跌摔伤；（8）机械伤害	1	6	3	18	1	（1）根据检查内容，携带必需的工具，如对讲机、测振仪、听棒、测温仪等；（2）检查并测试所带的工具必须完好
5	通信联系	通信不畅或错误引起误操作，人员受到伤害时延误施救时间	扩大事故，加重人员伤害程度	1	6	7	42	2	（1）携带可靠通信工具，操作时并保持联系；（2）就地设置固定电话
二	启动操作								
1	得值长令，开式冷却水（开冷水）系统投运	工作对象不清楚	导致人员伤害或设备异常	3	3	3	27	2	（1）确认目的，防止弄错对象；（2）工作中必须进行必要的沟通；（3）必要时按规定执行操作监护
2	开冷水系统检修工作结束，工作票收回，具备投运条件	错误操作其他不该操作的设备	导致人员伤害或设备异常	3	3	3	27	2	（1）确认目的，防止弄错对象；（2）工作中必须进行必要的沟通；（3）必要时按规定执行操作监护

编号	作业步骤	危害因素	可能导致的后果	风险评价					控制措施
				L	E	C	D	风险程度	
3	开冷水系统中所有电气设备及热工设备已送电	阀门未送电，实际未动作	(1) 导致人员伤害或设备异常； (2) 启动时间延长	3	3	3	27	2	(1) 确认目的，防止弄错对象； (2) 工作中必须进行必要的沟通； (3) 必要时按规定执行操作监护； (4) 查明工作票，及时送电
4	系统联锁试验正常，所有保护、热工仪表投入，热工表计一次门开启	(1) 无保护运行； (2) 联锁异常； (3) 参数显示异常	导致设备异常	3	3	3	27	2	(1) 严格执行联调制度； (2) 严格执行检查卡
5	开冷水系统已按照检查卡检查系统阀门状态正确	(1) 检查漏项； (2) 有工作票未终结，相关阀门不能恢复	(1) 导致人员伤害或设备异常； (2) 启动时间延长	3	3	3	27	2	(1) 确认目的，防止弄错对象； (2) 工作中必须进行必要的沟通； (3) 必要时按规定执行操作监护； (4) 查明工作票，及时恢复； (5) 严格执行检查卡
6	检查循环水系统已投运正常	未核实循环水系统状态	导致设备异常	3	3	3	27	2	(1) 确认目的，防止弄错对象； (2) 工作中必须进行必要的沟通； (3) 必要时按规定执行操作监护
7	检查开冷水泵入口电动门开启，出口电动门关闭	开冷泵进出口电动门状态不对	导致设备异常	3	3	3	27	2	(1) 确认目的，防止弄错对象； (2) 工作中必须进行必要的沟通； (3) 必要时按规定执行操作监护

编号	作业步骤	危害因素	可能导致的后果	L	E	C	D	风险程度	控制措施
8	检查开冷水滤网 A 或 B 至少有一组正常投入，滤网进、出口电动门开启	未建立通路	导致设备异常	3	3	3	27	2	(1) 确认目的，防止弄错对象；(2) 工作中必须进行必要的沟通；(3) 必要时按规定执行操作监护
9	检查闭冷水冷却器开冷水侧进、出口门开启	未建立通路	导致设备异常	3	3	3	27	2	(1) 确认目的，防止弄错对象；(2) 工作中必须进行必要的沟通；(3) 必要时按规定执行操作监护
10	开启开冷水旁路电动门，投入开冷水系统运行	未开启开冷水旁路电动门	导致开冷水系统无通路	3	3	3	27	2	(1) 确认目的，防止弄错对象；(2) 工作中必须进行必要的沟通；(3) 必要时按规定执行操作监护
11	开启真空泵冷却器冷却水进口门	未开启手动门	(1) 导致设备异常；(2) 导致真空泵冷却器无冷却水通过	3	3	3	27	2	(1) 确认目的，防止弄错对象；(2) 工作中必须进行必要的沟通；(3) 必要时按规定执行操作监护
12	当闭冷水温>35℃，循环水温>30℃，投入 2 组闭冷水换热器运行	为及时投入 2 组闭冷水换热器运行	(1) 导致设备异常；(2) 导致闭冷水温度高	3	3	3	27	2	(1) 确认目的，防止弄错对象；(2) 工作中必须进行必要的沟通；(3) 必要时按规定执行操作监护
13	当 1 组闭冷水换热器检修，闭冷水温>35℃，循环水温>30℃时，投入开冷水泵运行	为及时投入开冷水泵运行	(1) 导致设备异常；(2) 导致闭冷水温度高	3	3	3	27	2	(1) 确认目的，防止弄错对象；(2) 工作中必须进行必要的沟通；(3) 必要时按规定执行操作监护

续表

编号	作业步骤	危害因素	可能导致的后果	L	E	C	D	风险程度	控制措施
14	检查开冷水泵启动条件满足：（1）开冷水电动滤水器出口循环水母管压力大于50kPa；（2）温度允许（电机线圈温度小于100℃，轴承温度小于75℃）；（3）无跳闸条件	启动条件不满足	导致启动时间推迟	3	3	3	27	2	（1）确认目的，防止弄错对象；（2）工作中必须进行必要的沟通；（3）必要时按规定执行操作监护
15	解除B开冷水泵联锁，在DCS上启动A开冷水泵，出口门联锁打开，关闭开冷水旁路电动门	开冷水旁路电动门未关闭	导致开冷泵打循环，系统不起压	3	3	3	27	2	（1）确认目的，防止弄错对象；（2）工作中必须进行必要的沟通；（3）必要时按规定执行操作监护
16	检查开冷泵出口压力、电流正常	泵运行参数异常	导致设备异常	3	3	3	27	2	（1）确认目的，防止弄错对象；（2）工作中必须进行必要的沟通；（3）必要时按规定执行操作监护
17	投入B开冷水泵联锁	备用泵联锁未投	（1）导致设备异常；（2）开冷水泵失去备用	3	3	3	27	2	（1）确认目的，防止弄错对象；（2）工作中必须进行必要的沟通；（3）必要时按规定执行操作监护

续表

编号	作业步骤	危害因素	可能导致的后果	风险评价					控制措施
				L	E	C	D	风险程度	
18	系统启动完毕，汇报值长，做好记录	未及时汇报	影响值长对下一步机组工作安排	3	3	3	27	2	（1）确认目的，防止弄错对象； （2）工作中必须进行必要的沟通； （3）必要时按规定执行操作监护
三	停运操作								
1	得值长令，开冷水系统停运	工作对象不清楚	导致人员伤害或设备异常	3	3	3	27	2	（1）确认目的，防止弄错对象； （2）工作中必须进行必要的沟通； （3）必要时按规定执行操作监护
2	确认主机、给水泵汽轮机抽真空系统已经停运	未核实主机、给水泵汽轮机抽真空系统状态	导致人员伤害或设备异常	3	3	3	27	2	（1）确认目的，防止弄错对象； （2）工作中必须进行必要的沟通； （3）必要时按规定执行操作监护
3	确认闭冷水系统已经停运	未核实闭冷水系统状态	导致人员伤害或设备异常	3	3	3	27	2	（1）确认目的，防止弄错对象； （2）工作中必须进行必要的沟通； （3）必要时按规定执行操作监护
4	解除备用泵联锁，停运运行开冷水泵	未解除备用闭冷水泵联锁	导致系统停运时备用泵联启	3	3	3	27	2	（1）确认目的，防止弄错对象； （2）工作中必须进行必要的沟通； （3）必要时按规定执行操作监护
5	检查开冷水泵出口电动门联锁关闭，电流指示到零，泵不倒转	泵参数异常	导致设备异常	3	3	3	27	2	（1）确认目的，防止弄错对象； （2）工作中必须进行必要的沟通； （3）必要时按规定执行操作监护
6	操作完毕，汇报值长，做好记录	未及时汇报	影响值长对下一步机组工作安排	3	3	3	27	2	（1）确认目的，防止弄错对象； （2）工作中必须进行必要的沟通； （3）必要时按规定执行操作监护

编号	作业步骤	危害因素	可能导致的后果	风险评价					控制措施
				L	E	C	D	风险程度	
四		作业环境							
1	室内环境复杂	(1) 地面积水; (2) 地面积油; (3) 噪声; (4) 管路布置复杂	(1) 火灾、滑倒; (2) 滑倒、触电; (3) 滑倒; (4) 噪声伤害; (5) 绊跌、碰撞	1	3	7	21	2	(1) 行走时看清路面状况; (2) 及时清理油污、积水; (3) 照明良好,并携带足够亮度的手电筒; (4) 正确佩戴安全帽、隔音耳塞、手套、工作鞋等

14 密封油系统启停操作

主要作业风险： 触电、烫伤、爆炸伤害、机械伤害、腐蚀伤害、其他伤害	控制措施： (1) 正确核对系统、设备、标牌和名称； (2) 操作时戴安全帽，穿绝缘鞋； (3) 携带良好的通信设备及操作工器具； (4) 保持通信及操作确认

编号	作业步骤	危害因素	可能导致的后果	风险评价					控制措施
				L	E	C	D	风险程度	
一		操作前准备							
1	接收指令	工作对象不清楚	导致人员伤害或设备异常	1	6	7	42	2	(1) 确认目的，防止弄错对象； (2) 正确核对设备名称及标牌； (3) 按规定执行操作监护；
2	操作对象核对	错误操作其他的设备	导致人员伤害或设备异常	3	6	3	54	2	(4) 明确操作人、监护人及现场检查人，以便对口联系
3	准备合适的防护用具	(1) 设备现场有高处落物； (2) 转动设卷绞衣服； (3) 电动机金属外壳接地装置不完整； (4) 介质泄漏（漏油）； (5) 地面滑跌	(1) 物体打击； (2) 机械伤害； (3) 触电； (4) 化学伤害； (5) 滑跌摔伤	1	6	3	18	1	(1) 正确佩戴安全帽； (2) 规范着装（袖口扣好、衣服钮好）； (3) 穿劳动保护鞋； (4) 携带通信工具； (5) 携带手电筒，电源要充足，亮度要足够； (6) 必要时戴好耳塞

编号	作业步骤	危害因素	可能导致的后果	L	E	C	D	风险程度	控制措施
4	准备合适的用具	启动中发生强烈振动或设备损坏	机械伤害	1	6	3	18	1	（1）根据检查内容，携带必需的工具，如对讲机、测振仪、听棒、测温仪等； （2）检查并测试所带的工具必须完好
5	通信联系	通信不畅或错误引起误操作，人员受到伤害时延误施救时间	扩大事故，加重人员伤害程度	1	6	7	42	2	（1）携带可靠通信工具，操作时保持联系； （2）就地设置固定电话
二	启动操作								
1	得值长令，密封油系统启动	工作对象不清楚	导致人员伤害或设备异常	3	3	3	27	2	（1）确认目的，防止弄错对象； （2）工作中必须进行必要的沟通； （3）必要时按规定执行操作监护
2	发电机密封油系统检修工作结束，工作票终结，具备投运条件	错误操作其他不该操作的设备	导致人员伤害或设备异常	3	3	3	27	2	（1）确认目的，防止弄错对象； （2）工作中必须进行必要的沟通； （3）必要时按规定执行操作监护； （4）认真梳理工作票
3	系统中所有电气设备、电动阀门及热工设备已送电（直流密封油泵除外）	阀门未送电，实际未动作	（1）导致人员伤害或设备异常； （2）启动时间延长	3	3	3	27	2	（1）确认目的，防止弄错对象； （2）工作中必须进行必要的沟通； （3）必要时按规定执行操作监护； （4）查明工作票，及时送电

编号	作业步骤	危害因素	可能导致的后果	风险评价					控制措施
				L	E	C	D	风险程度	
4	系统联锁试验正常,所有保护、热工仪表投入,热工表计一次门开启	(1) 无保护运行; (2) 联锁异常; (3) 参数显示异常	导致设备异常	3	3	3	27	2	(1) 严格执行联锁制度; (2) 严格执行检查卡
5	按照密封油系统检查卡检查系统阀门状态正确	(1) 漏项; (2) 有工作票未终结,相关阀门不能恢复	(1) 导致人员伤害或设备异常; (2) 启动时间延长	3	3	3	27	2	(1) 确认目的,防止弄错对象; (2) 工作中必须进行必要的沟通; (3) 必要时按规定执行操作监护; (4) 查明工作票,及时恢复; (5) 严格执行检查卡
6	检查闭冷水系统运行正常	系统不正常	油温高	3	3	3	27	2	确认目的,防止弄错对象
7	检查仪用压缩空气系统运行正常	系统不正常	阀门动作不正常	3	3	3	27	2	工作中必须进行必要的沟通
8	检查主机润滑油系统已运行正常	系统不正常	(1) 导致人员伤害或设备异常; (2) 启动时间延长	3	3	3	27	2	确认目的,防止弄错对象
9	检查密封油储油箱供油隔绝门、密封油储油箱至直流密封油泵供油隔绝门开启	系统不正常	导致人员伤害或设备异常	3	3	3	27	2	(1) 确认目的,防止弄错对象; (2) 工作中必须进行必要的沟通; (3) 必要时按规定执行操作监护

编号	作业步骤	危害因素	可能导致的后果	风险评价					控制措施
				L	E	C	D	风险程度	
10	缓慢开启真空油箱液位调节阀进口门，观察真空油箱注油正常，油位上升至正常油位后液位调节阀动作正常	系统不正常	启动时间延长	3	3	3	27	2	(1) 确认目的，防止弄错对象； (2) 工作中必须进行必要的沟通； (3) 必要时按规定执行操作监护
11	开启氢侧回油箱液位调节阀出口门，关闭氢侧回油箱液位调节阀旁路门	系统不正常	导致人员伤害或设备异常	3	3	3	27	2	(1) 确认目的，防止弄错对象； (2) 工作中必须进行必要的沟通； (3) 必要时按规定执行操作监护
12	开启密封油冷却器冷却水回水调门前、后隔绝门，关闭旁路门，调门前放空气门见水后关闭	系统不正常	导致人员伤害或设备异常	3	3	3	27	2	(1) 确认目的，防止弄错对象； (2) 工作中必须进行必要的沟通； (3) 必要时按规定执行操作监护
13	解除B排烟风机联锁，在DCS上启动A密封油储油箱排烟风机，检查排烟风机运行正常，油箱负压—1.2kPa	系统不正常	油汽聚集	3	3	3	27	2	(1) 确认目的，防止弄错对象； (2) 工作中必须进行必要的沟通； (3) 必要时按规定执行操作监护

编号	作业步骤	危害因素	可能导致的后果	风险评价					控制措施
				L	E	C	D	风险程度	
14	将 2B 排烟风机投联锁	忘记投入	失去备用	3	3	3	27	2	(1) 确认目的，防止弄错对象； (2) 工作中必须进行必要的沟通； (3) 必要时按规定执行操作监护
15	在 DCS 上启动真空油箱真空泵，检查真空泵运行正常，电流 1.0A，调节真空泵入口门，维持真空油箱负压在－30～－20kPa	忘记检查	设备损坏	3	3	3	27	2	(1) 确认目的，防止弄错对象； (2) 工作中必须进行必要的沟通； (3) 必要时按规定执行操作监护
16	检查交、直流密封油泵进口门、出口门、再循环手动隔绝门开启	系统不正常	导致人员伤害或设备异常	3	3	3	27	2	(1) 确认目的，防止弄错对象； (2) 工作中必须进行必要的沟通； (3) 必要时按规定执行操作监护
17	检查主、备用差压阀前、后隔离阀，浮动油调压阀前、后隔离阀开启	系统不正常	导致人员伤害或设备异常	3	3	3	27	2	(1) 确认目的，防止弄错对象； (2) 工作中必须进行必要的沟通； (3) 必要时按规定执行操作监护
18	检查冷油器 A 侧运行，出入口门开启，B 侧备用，出入口门关闭，注油门开启，B 侧充满油	系统不正常	导致人员伤害或设备异常	3	3	3	27	2	(1) 确认目的，防止弄错对象； (2) 工作中必须进行必要的沟通； (3) 必要时按规定执行操作监护

编号	作业步骤	危害因素	可能导致的后果	风险评价					控制措施
				L	E	C	D	风险程度	
19	检查密封油滤网三通阀指向 A 侧或 B 侧，注油门开启，备用滤网充满油	系统不正常	导致人员伤害或设备异常	3	3	3	27	2	(1) 确认目的，防止弄错对象； (2) 工作中必须进行必要的沟通； (3) 必要时按规定执行操作监护
20	检查交流密封油泵启动条件满足：真空油箱油位不低	系统不正常	导致人员伤害或设备异常	3	3	3	27	2	(1) 确认目的，防止弄错对象； (2) 工作中必须进行必要的沟通； (3) 必要时按规定执行操作监护
21	解除 B 交流密封油泵联锁，在 DCS 上启动 A 交流密封油泵	系统不正常	油液外漏	3	3	3	27	2	(1) 确认目的，防止弄错对象； (2) 工作中必须进行必要的沟通； (3) 必要时按规定执行操作监护
22	检查 A 交流密封油泵运行正常，电机电流 86A，就地振动、声音无异常	系统不正常	导致人员伤害或设备异常	3	3	3	27	2	(1) 确认目的，防止弄错对象； (2) 工作中必须进行必要的沟通； (3) 必要时按规定执行操作监护
23	检查密封油系统充油正常，系统无漏油现象	系统不正常	导致人员伤害或设备异常	3	3	3	27	2	(1) 确认目的，防止弄错对象； (2) 工作中必须进行必要的沟通； (3) 必要时按规定执行操作监护
24	投入 B 交流密封油泵联锁	忘记投入	失去备用	3	3	3	27	2	(1) 确认目的，防止弄错对象； (2) 工作中必须进行必要的沟通； (3) 必要时按规定执行操作监护

续表

编号	作业步骤	危害因素	可能导致的后果	风险评价					控制措施
				L	*E*	*C*	*D*	风险程度	
25	检查发电机直流密封油泵绝缘合格，将发电机直流密封油泵送电	忘记投入	失去备用	3	3	3	27	2	(1) 确认目的，防止弄错对象； (2) 工作中必须进行必要的沟通； (3) 必要时按规定执行操作监护
26	投入发电机直流密封油泵联锁	忘记投入	失去备用	3	3	3	27	2	(1) 确认目的，防止弄错对象； (2) 工作中必须进行必要的沟通； (3) 必要时按规定执行操作监护
27	检查差压调节阀动作正常，发电机汽端、励端密封瓦进油压力与发电机内部气体压差正常，油氢压差为120kPa	系统不正常	导致人员伤害或设备异常	3	3	3	27	2	(1) 确认目的，防止弄错对象； (2) 工作中必须进行必要的沟通； (3) 必要时按规定执行操作监护
28	检查密封油储油箱、真空油箱、氢侧回油箱油位正常	系统不正常	导致人员伤害或设备异常	3	3	3	27	2	(1) 确认目的，防止弄错对象； (2) 工作中必须进行必要的沟通； (3) 必要时按规定执行操作监护
29	检查发电机各漏液检测观察窗内无液位	系统不正常	导致人员伤害或设备异常	3	3	3	27	2	(1) 确认目的，防止弄错对象； (2) 工作中必须进行必要的沟通； (3) 必要时按规定执行操作监护
30	将密封油冷却水调门投自动，油温设定40℃	温度异常	烧瓦	3	3	3	27	2	(1) 确认目的，防止弄错对象； (2) 工作中必须进行必要的沟通； (3) 必要时按规定执行操作监护

编号	作业步骤	危害因素	可能导致的后果	L	E	C	D	风险程度	控制措施
31	发电机密封油系统启动结束，汇报值长，做好记录	未及时汇报	影响值长对下一步机组工作安排	3	3	3	27	2	(1) 确认目的，防止弄错对象； (2) 工作中必须进行必要的沟通； (3) 必要时按规定执行操作监护
三			停运操作						
1	得值长令，密封油系统停运	工作对象不清楚	导致人员伤害或设备异常	3	3	3	27	2	(1) 确认目的，防止弄错对象； (2) 工作中必须进行必要的沟通； (3) 必要时按规定执行操作监护
2	检查机组已经停止运行	工作对象不清楚	机组非停	3	3	3	27	2	(1) 确认目的，防止弄错对象； (2) 工作中必须进行必要的沟通； (3) 必要时按规定执行操作监护
3	检查主机盘车已经停运，汽轮机转速为零	工作对象不清楚	烧瓦	3	3	3	27	2	(1) 确认目的，防止弄错对象； (2) 工作中必须进行必要的沟通； (3) 必要时按规定执行操作监护
4	检查发电机已排氢，发电机内介质为空气	未按操作票操作	爆炸	3	3	3	27	2	(1) 确认目的，防止弄错对象； (2) 工作中必须进行必要的沟通； (3) 必要时按规定执行操作监护
5	如密封油系统需要放油，开启密封油至主油箱排油门，关闭密封油储油箱供油隔绝门和密封油储油箱至直流密封油泵供油隔绝门，将密封油真空油箱排至主油箱	工作对象不清楚	导致人员伤害或设备异常	3	3	3	27	2	(1) 确认目的，防止弄错对象； (2) 工作中必须进行必要的沟通； (3) 必要时按规定执行操作监护

编号	作业步骤	危害因素	可能导致的后果	风险评价					控制措施
				L	E	C	D	风险程度	
6	将密封油直流油泵停电	直流油泵自启	跑油	10	3	3	27	2	(1) 确认目的，防止弄错对象； (2) 工作中必须进行必要的沟通； (3) 必要时按规定执行操作监护
7	解除备用交流密封油泵联锁，当交流密封油泵电流波动时，立即停运运行交流密封油泵	直流油泵自启	跑油	3	3	3	27	2	(1) 确认目的，防止弄错对象； (2) 工作中必须进行必要的沟通； (3) 必要时按规定执行操作监护
8	在 DCS 上停运密封油真空泵	工作对象不清楚	导致人员伤害或设备异常	3	3	3	27	2	(1) 确认目的，防止弄错对象； (2) 工作中必须进行必要的沟通； (3) 必要时按规定执行操作监护
9	解除备用密封油储油箱排烟风机联锁，在 DCS 上停运运行密封油储油箱排烟风机	工作对象不清楚	导致人员伤害或设备异常	3	3	3	27	2	(1) 确认目的，防止弄错对象； (2) 工作中必须进行必要的沟通； (3) 必要时按规定执行操作监护
10	系统操作完毕，汇报值长，做好记录	未及时汇报	影响值长对下一步机组工作的安排	3	3	3	27	2	(1) 确认目的，防止弄错对象； (2) 工作中必须进行必要的沟通； (3) 必要时按规定执行操作监护
四			作业环境						
1	室内环境复杂	(1) 地面积水； (2) 地面积油； (3) 噪声； (4) 管路布置复杂	(1) 火灾、滑倒； (2) 滑倒、触电； (3) 滑倒； (4) 噪声伤害； (5) 绊跌、碰撞	1	3	7	21	2	(1) 行走时看清路面状况； (2) 及时清理油污、积水； (3) 照明良好，并携带足够亮度的手电筒； (4) 正确佩戴安全帽、隔音耳塞、手套、工作鞋等

15 凝结水补充水系统启停操作

主要作业风险： 烫伤、爆炸伤害、坠落伤害、机械伤害、腐蚀伤害、淹溺伤害、其他伤害	**控制措施：** （1）正确核对系统、设备、标牌和名称； （2）操作时戴安全帽，穿绝缘鞋； （3）携带良好的通信设备及操作工器具； （4）保持通信及操作确认	

编号	作业步骤	危害因素	可能导致的后果	L	E	C	D	风险程度	控制措施
一			操作前准备						
1	接收指令	工作对象不清楚	导致人员伤害或设备异常	1	6	7	42	2	（1）确认目的，防止弄错对象； （2）正确核对设备名称及标牌； （3）按规定执行操作监护； （4）明确操作人、监护人及现场检查人，以便对口联系
2	操作对象核对	错误操作其他的设备	导致人员伤害或设备异常	3	6	3	54	2	
3	准备合适的防护用具	（1）设备现场有空中落物； （2）转动设卷绞衣服； （3）电动机金属外壳接地装置不完整； （4）介质泄漏（漏油）； （5）地面滑跌	（1）物体打击； （2）机械伤害； （3）触电； （4）化学伤害； （5）滑跌摔伤	1	6	3	18	1	（1）正确佩戴安全帽； （2）规范着装（袖口扣好、衣服钮好）； （3）穿劳动保护鞋； （4）携带通信工具； （5）携带手电筒，电源要充足，亮度要足够； （6）必要时戴好耳塞

116

编号	作业步骤	危害因素	可能导致的后果	风险评价					控制措施
				L	E	C	D	风险程度	
4	准备合适的用具	启动中发生强烈振动或设备损坏	机械伤害	1	6	3	18	1	(1) 根据检查内容，携带必需的工具，如对讲机、测振仪、听棒、测温仪等； (2) 检查并测试所带的工具必须完好
5	通信联系	通信不畅或错误引起误操作，人员受到伤害时延误施救时间	扩大事故，加重人员伤害程度	1	6	7	42	2	(1) 携带可靠通信工具，操作时并保持联系； (2) 就地设置固定电话
二	启动操作								
1	得值长令，凝结水补水（凝补水）系统投运	工作对象不清楚	导致人员伤害或设备异常	3	3	3	27	2	(1) 确认目的，防止弄错对象； (2) 工作中必须进行必要的沟通； (3) 必要时按规定执行操作监护
2	检查凝补水系统检修工作结束，工作票收回，具备投运条件	错误操作其他不该操作的设备	导致人员伤害或设备异常	3	3	3	27	2	(1) 确认目的，防止弄错对象； (2) 工作中必须进行必要的沟通； (3) 必要时按规定执行操作监护
3	凝补水系统中所有电气设备、电动阀门及热工设备已送电	阀门未送电，实际未动作	(1) 导致人员伤害或设备异常； (2) 启动时间延长	3	3	3	27	2	(1) 确认目的，防止弄错对象； (2) 工作中必须进行必要的沟通； (3) 必要时按规定执行操作监护； (4) 查明工作票，及时送电
4	凝补水系统联锁试验正常，所有保护、热工仪表投入，热工表计一次门开启	(1) 无保护运行； (2) 联锁异常； (3) 参数显示异常	导致设备异常	3	3	3	27	2	(1) 严格执行联调制度； (2) 严格执行检查卡

续表

编号	作业步骤	危害因素	可能导致的后果	风险评价					控制措施
				L	*E*	*C*	*D*	风险程度	
5	凝补水系统已按《凝结水系统检查卡》补水部分检查完毕	(1) 漏项; (2) 有工作票未终结,相关阀门不能恢复	(1) 导致人员伤害或设备异常; (2) 启动时间延长	3	3	3	27	2	(1) 确认目的,防止弄错对象; (2) 工作中必须进行必要的沟通; (3) 必要时按规定执行操作监护; (4) 查明工作票,及时恢复; (5) 严格执行检查卡
6	检查临机凝补水箱至本机凝补水箱联络手动门关闭	未核实联络手动门状态	导致设备异常	3	3	3	27	2	(1) 确认目的,防止弄错对象; (2) 工作中必须进行必要的沟通; (3) 必要时按规定执行操作监护
7	检查凝补水至各用户手动门关闭	未核实凝补水至各用户手动门状态	导致人员伤害或设备异常	3	3	3	27	2	(1) 确认目的,防止弄错对象; (2) 工作中必须进行必要的沟通; (3) 必要时按规定执行操作监护
8	检查化水车间至凝补水箱电动门前、后手动门开启	未核实手动门状态	导致凝补水箱无法进水	3	3	3	27	2	(1) 确认目的,防止弄错对象; (2) 工作中必须进行必要的沟通; (3) 必要时按规定执行操作监护
9	联系化学向凝补水箱补水,开启化水车间至凝补水箱电动门	未核实化水车间至凝补水箱电动门状态	导致凝补水箱无法进水	3	3	3	27	2	(1) 确认目的,防止弄错对象; (2) 工作中必须进行必要的沟通; (3) 必要时按规定执行操作监护
10	检查凝输泵入口电动门开启	未核实凝输泵入口电动门状态	导致设备异常	3	3	3	27	2	(1) 确认目的,防止弄错对象; (2) 工作中必须进行必要的沟通; (3) 必要时按规定执行操作监护
11	检查管路放空气门开启,凝输泵泵体放空气门开启,对凝补水系统注水排气	系统注水排气不彻底	导致设备异常	3	3	3	27	2	(1) 确认目的,防止弄错对象; (2) 工作中必须进行必要的沟通; (3) 必要时按规定执行操作监护

续表

编号	作业步骤	危害因素	可能导致的后果	风险评价					控制措施
				L	E	C	D	风险程度	
12	开启凝补水旁路补水电动门	未核实电动门状态	导致设备异常	3	3	3	27	2	(1) 确认目的，防止弄错对象； (2) 工作中必须进行必要的沟通； (3) 必要时按规定执行操作监护
13	汽机房凝补水系统所有放气门都已经有密实水流后关闭放气门，关闭凝补水旁路补水电动门	系统注水排气不彻底	导致设备异常	3	3	3	27	2	(1) 确认目的，防止弄错对象； (2) 工作中必须进行必要的沟通； (3) 必要时按规定执行操作监护
14	凝输泵泵体放空气门有密实水流后关闭放气门	(1) 系统注水排气不彻底； (2) 放空门未关	(1) 导致设备异常； (2) 系统补水量大	3	3	3	27	2	(1) 确认目的，防止弄错对象； (2) 工作中必须进行必要的沟通； (3) 必要时按规定执行操作监护
15	A凝输泵再循环手动门开启2~3圈	(1) 再循环手动门未开； (2) 再循环手动门开度大	导致凝输泵打闷泵或电流大	3	3	3	27	2	(1) 确认目的，防止弄错对象； (2) 工作中必须进行必要的沟通； (3) 必要时按规定执行操作监护
16	检查凝结水输送泵（凝输泵）启动条件满足： (1) 凝补水箱水位大于2000mm； (2) 凝输泵入口电动门开； (3) 无跳闸条件	启动条件不满足	导致启动时间推迟	3	3	3	27	2	(1) 确认目的，防止弄错对象； (2) 工作中必须进行必要的沟通； (3) 必要时按规定执行操作监护

编号	作业步骤	危害因素	可能导致的后果	风险评价					控制措施
				L	E	C	D	风险程度	
17	解除 B 凝输泵联锁，在 DCS 上启动 1A 凝输泵，凝输泵出口电动门联开，就地检查振动、声音、温度、出口压力等均正常，盘面检查电流（＜200A）、温度、出口压力等参数正常，进口滤网差压无报警	泵运行参数异常	导致设备异常	3	3	3	27	2	(1) 确认目的，防止弄错对象； (2) 工作中必须进行必要的沟通； (3) 必要时按规定执行操作监护
18	投入 B 凝输泵联锁	备用泵联锁未投	(1) 导致设备异常； (2) 凝输泵失去备用	3	3	3	27	2	(1) 确认目的，防止弄错对象； (2) 工作中必须进行必要的沟通； (3) 必要时按规定执行操作监护
19	逐渐投入凝补水用户	未及时投入凝补水用户	导致设备异常	3	3	3	27	2	(1) 确认目的，防止弄错对象； (2) 工作中必须进行必要的沟通； (3) 必要时按规定执行操作监护
20	启动完毕，汇报值长，做好记录	未及时汇报	影响值长对下一步机组工作安排	3	3	3	27	2	(1) 确认目的，防止弄错对象； (2) 工作中必须进行必要的沟通； (3) 必要时按规定执行操作监护

编号	作业步骤	危害因素	可能导致的后果	风险评价					控制措施
				L	E	C	D	风险程度	
三		停运操作							
1	得值长令，凝补水系统停运	工作对象不清楚	导致人员伤害或设备异常	3	3	3	27	2	(1) 确认目的，防止弄错对象； (2) 工作中必须进行必要的沟通； (3) 必要时按规定执行操作监护
2	确认机组已经停运	未核实机组状态	导致人员伤害或设备异常	3	3	3	27	2	(1) 确认目的，防止弄错对象； (2) 工作中必须进行必要的沟通； (3) 必要时按规定执行操作监护
3	确认凝结水系统已经停运	未核实凝结水系统状态	导致人员伤害或设备异常	3	3	3	27	2	(1) 确认目的，防止弄错对象； (2) 工作中必须进行必要的沟通； (3) 必要时按规定执行操作监护
4	确认定冷水系统已经停运	未核实定冷水系统状态	导致人员伤害或设备异常	3	3	3	27	2	(1) 确认目的，防止弄错对象； (2) 工作中必须进行必要的沟通； (3) 必要时按规定执行操作监护
5	确认闭冷水系统已经停运	未核实闭冷水系统状态	导致人员伤害或设备异常	3	3	3	27	2	(1) 确认目的，防止弄错对象； (2) 工作中必须进行必要的沟通； (3) 必要时按规定执行操作监护
6	确认凝补水其他用户已经停运	未核实凝补水用户状态	导致人员伤害或设备异常	6	0.5	15	45	2	(1) 确认目的，防止弄错对象； (2) 工作中必须进行必要的沟通； (3) 必要时按规定执行操作监护
7	解除备用凝输泵联锁，在 DCS 上停运运行凝输泵	未解除备用闭冷泵联锁	导致系统停运时备用泵联启	3	3	3	27	2	(1) 确认目的，防止弄错对象； (2) 工作中必须进行必要的沟通； (3) 必要时按规定执行操作监护

编号	作业步骤	危害因素	可能导致的后果	风险评价					控制措施
				L	E	C	D	风险程度	
8	根据需要对管路进行放水	错误操作其他不该操作的设备	导致人员伤害或设备异常	3	3	3	27	2	(1) 确认目的，防止弄错对象； (2) 工作中必须进行必要的沟通； (3) 必要时按规定执行操作监护
9	操作完毕，汇报值长，做好记录	未及时汇报	影响值长对下一步机组工作安排	3	3	3	27	2	(1) 确认目的，防止弄错对象； (2) 工作中必须进行必要的沟通； (3) 必要时按规定执行操作监护
四	作业环境								
1	室内环境复杂	(1) 地面积水； (2) 地面积油； (3) 噪声； (4) 管路布置复杂	(1) 火灾、滑倒； (2) 滑倒、触电； (3) 滑倒； (4) 噪声伤害； (5) 绊跌、碰撞	1	3	7	21	2	(1) 行走时看清路面状况； (2) 及时清理油污、积水； (3) 照明良好，并携带足够亮度的手电筒； (4) 正确佩戴安全帽、隔音耳塞、手套、工作鞋等

16 凝结水系统启动操作

<table>
<tr>
<td colspan="6">主要作业风险：
触电、烫伤、爆炸伤害、机械伤害、腐蚀伤害、其他伤害</td>
<td colspan="2">控制措施：
（1）正确核对系统、设备、标牌和名称；
（2）操作时戴安全帽，穿绝缘鞋；
（3）携带良好的通信设备及操作工器具；
（4）保持通信及操作确认</td>
</tr>
</table>

编号	作业步骤	危害因素	可能导致的后果	风险评价					控制措施
				L	E	C	D	风险程度	
一			操作前准备						
1	接收指令	工作对象不清楚	导致人员伤害或设备异常	1	6	7	42	2	确认目的，防止弄错对象
2	操作对象核对	错误操作其他的设备	导致人员伤害或设备异常	3	6	3	36	2	（1）正确核对设备名称及标牌； （2）按规定执行操作监护； （3）明确操作人、监护人及现场检查人，以便对口联系
3	准备合适的防护用具	（1）设备现场有高处落物； （2）转动设卷绞衣服； （3）电动机金属外壳接地装置不完整； （4）介质泄漏（漏油）； （5）地面滑跌	（1）物体打击； （2）机械伤害； （3）触电； （4）化学伤害； （5）滑跌摔伤	1	6	3	18	1	（1）正确佩戴安全帽； （2）规范着装（袖口扣好、衣服钮好）； （3）穿劳动保护鞋； （4）携带通信工具； （5）携带手电筒，电源要充足，亮度要足够； （6）必要时戴好耳塞

编号	作业步骤	危害因素	可能导致的后果	风险评价					控制措施
				L	E	C	D	风险程度	
4	准备合适的用具	启动中发生强烈振动或设备损坏	机械伤害	1	6	3	18	1	(1) 根据检查内容，携带必需的工具，如对讲机、测振仪、听棒、测温仪等； (2) 检查并测试所带的工具必须完好
5	通信联系	通信不畅或错误引起误操作、人员受到伤害时延误施救时间	扩大事故，加重人员伤害程度	1	6	7	42	2	(1) 携带可靠通信工具，操作时并保持联系； (2) 就地设置固定电话
二	操作内容								
1	得值长令，凝结水系统启动	操作票不熟悉	耽误时间	3	3	3	27	2	确认流程
2	检查凝结水系统检修结束，工作票收回，具备投运条件	系统状态不清楚	导致人员伤害或设备异常	3	3	3	27	2	确认系统状态
3	检查凝结水系统中所有电气设备、电动阀门及热工设备已送电	电气设备、电动阀门及热工设备电源不明确	走错间隔	3	3	3	27	2	明确名称及编号
4	系统联锁试验正常，所有保护、热工仪表投入，热工表计一次门开启	热工仪表未投入，热工表计一次门未开启	影响正常运行	3	3	3	27	2	所有保护、热工仪表投入，热工表计一次门开启

编号	作业步骤	危害因素	可能导致的后果	风险评价					控制措施
				L	E	C	D	风险程度	
5	按照凝结水系统检查卡检查系统阀门状态正确	系统阀门遗漏	影响正常运行	3	3	3	27	2	一个个检查
6	检查凝补水系统运行正常	凝补水泵不正常	影响凝泵运行	3	3	3	27	2	确保备用泵可靠备用
7	检查开冷水、闭冷水系统运行正常	闭冷水不正常	影响凝泵运行	3	3	3	27	2	确保闭冷水压力稳定
8	检查仪用压缩空气系统运行正常	仪用压缩空气系统运行不正常	影响凝泵运行	3	3	3	27	2	确保仪用空气压缩机良好备用
9	开启凝补水至凝汽器热井补水调门及喉部补水调门，将凝汽器水位补至1000mm后关闭补水调门	系统阀门较大，不易操作	影响凝泵运行	3	3	3	27	2	注意人身安全
10	通知检修就地准备好临时排水泵，开启凝汽器A、B热井放水一、二次门，检查凝汽器水质澄清后停止放水	泵坑水位及时关注	满水	3	3	3	27	2	排水泵联锁可靠

编号	作业步骤	危害因素	可能导致的后果	风险评价					控制措施
				L	E	C	D	风险程度	
11	开启凝泵出口母管放气一、二次门，精处理出口放气一、二次门，轴加小旁路放气一、二次门及凝杂水母管放气一、二次门	阀门易损坏	阀门损坏	3	3	3	27	2	合适的工具
12	开启凝输泵至凝结水系统注水门对凝结水系统注水排气	阀门易损坏	阀门损坏	3	3	3	27	2	合适的工具
13	上述放气门见密实水流后关闭	阀门易损坏	阀门损坏	3	3	3	27	2	合适的工具
14	当凝结水压力达到1MPa时关闭凝结水注水门	阀门易损坏	阀门损坏	3	3	3	27	2	合适的工具
15	开启凝输泵至凝泵密封水总门和凝泵密封水门，开启凝泵出口母管至凝泵密封水门，检查凝泵密封水压力正常	阀门易损坏	阀门损坏	3	3	3	27	2	合适的工具
16	开启闭冷水至凝泵轴承冷却水供、回水手动门	阀门易损坏	阀门损坏	3	3	3	27	2	合适的工具

编号	作业步骤	危害因素	可能导致的后果	风险评价					控制措施
				L	E	C	D	风险程度	
17	开启凝泵泵体抽空气门	（1）阀门易损坏；（2）灯光不好	阀门损坏	3	3	3	27	2	合适的工具带好手电
18	开启凝泵出口门旁路门，开启进口电动门	阀门易损坏	阀门损坏	3	3	3	27	2	合适的工具
19	检查凝泵再循环调节门投自动，开度100%。（如果凝汽器真空维持，启动第1台凝泵，联系热工强制凝泵启动条件后手动关闭凝泵再循环门，凝泵启动后立即开至100%，恢复启动条件）	（1）凝汽器真空维持；（2）启动第1台凝泵，维持真空	真空易破坏	3	3	3	27	2	做好事故预想
20	通知化学关闭精除盐进、出口门，在DCS上开启精除盐旁路门	容易遗忘	不要忘记	3	3	3	27	2	（1）确认目的，防止弄错对象；（2）工作中必须进行必要的沟通；（3）必要时按规定执行操作监护
21	凝泵启动允许条件：（1）凝汽器水位高于－100mm；	系统不正常	（1）导致人员伤害或设备异常；（2）启动时间延长	3	3	3	27	2	（1）确认目的，防止弄错对象；（2）工作中必须进行必要的沟通；（3）必要时按规定执行操作监护

续表

编号	作业步骤	危害因素	可能导致的后果	风险评价					控制措施
				L	E	C	D	风险程度	
21	（2）凝泵 A 再循环门开度大于 90％或者凝泵 B 运行（含跳闸小于 3s）； （3）凝泵温度允许（电机绕组温度小于 100℃，泵、电机推力轴承温度小于 90℃）； （4）凝泵 A 入口门开； （5）凝泵 A 无自停条件； （6）轴加旁路门开或者进出口门开	系统不正常	（1）导致人员伤害或设备异常； （2）启动时间延长	3	3	3	27	2	（1）确认目的，防止弄错对象； （2）工作中必须进行必要的沟通； （3）必要时按规定执行操作监护
22	解除 2A 凝泵联锁，在 DCS 上启动 2B 凝泵，检查 2B 凝泵出口电动门开至 10％后凝泵启动，出口电动门开启，凝泵电流 150A，电机及泵体声音、振动正常，轴承、绕组温度正常，凝泵滤网差压小于 10kPa，出口压力 3.7MPa	（1）转动部分上有异物； （2）转动部分上有人工作； （3）关联系统有人工作未隔离； （4）设备运转异常	导致人员伤害或设备异常	3	3	3	27	2	（1）正确核对设备名称及标牌； （2）按规定执行操作监护； （3）明确操作人、监护人及现场检查人，以便对口联系

编号	作业步骤	危害因素	可能导致的后果	风险评价					控制措施
				L	E	C	D	风险程度	
23	2B凝泵运行正常后，投入2A凝泵联锁	系统不正常	（1）导致人员伤害或设备异常；（2）启动时间延长	3	3	3	27	2	（1）确认目的，防止弄错对象；（2）工作中必须进行必要的沟通；（3）必要时按规定执行操作监护
24	开启疏水冷却器进口门前放气一、二次门，8号低压加热器出口放气一、二次门，凝结水至除氧器进口逆止门后放气一、二次门	阀门易损坏	阀门损坏	3	3	3	27	2	合适的工具
25	开启疏水冷却器进口门、7号低压加热器出口门、6号低压加热器进口门、5号低压加热器出口门	凝结水压力波动	管道振动	3	3	3	27	2	操作缓慢
26	开启除氧器上水副调门开度至5%，向低压加热器管路注水排气	凝结水压力波动	管道振动	3	3	3	27	2	操作缓慢
27	凝结水系统放气一、二次门见密实水流后关闭	阀门易损坏	阀门损坏	3	3	3	27	2	合适的工具

129

编号	作业步骤	危害因素	可能导致的后果	L	E	C	D	风险程度	控制措施
28	当凝结水流量大于600t/h时，检查凝泵再循环调门自动关闭	凝水流量不稳	凝结水流浪低	3	3	3	27	2	注意流量不低
29	开启除氧器上水副调开度至10%~20%，向除氧器上水	凝结水压力波动	管道振动	3	3	3	27	2	操作缓慢
30	除氧器水位达3000mm后，投入水位调节自动	系统不正常	(1) 导致人员伤害或设备异常；(2) 启动时间延长	3	3	3	27	2	(1) 确认目的，防止弄错对象；(2) 工作中必须进行必要的沟通；(3) 必要时按规定执行操作监护
31	凝结水含铁量大于500μg/L，开启除氧器至机组排水槽放水门，进行冲洗	凝结水压力波动	管道振动	3	3	3	27	2	操作缓慢
32	凝结水含铁量小于500μg/L，通知化学投入精除盐，关闭精除盐旁路门	系统不正常	(1) 导致人员伤害或设备异常；(2) 启动时间延长	3	3	3	27	2	(1) 确认目的，防止弄错对象；(2) 工作中必须进行必要的沟通；(3) 必要时按规定执行操作监护
三			作业环境						
1	室内环境复杂	(1) 地面积水；(2) 地面积油；(3) 噪声；(4) 管路布置复杂	(1) 火灾、滑倒；(2) 滑倒、触电；(3) 滑倒；(4) 噪声伤害；(5) 绊跌、碰撞	1	3	7	21	2	(1) 行走时看清路面状况；(2) 及时清理油污、积水；(3) 照明良好，并携带足够亮度的手电筒；(4) 正确佩戴安全帽、隔音耳塞、手套、工作鞋等

17 旁路油系统启停操作

主要作业风险：	控制措施：
烫伤、爆炸伤害、坠落伤害、机械伤害、腐蚀伤害、触电、其他伤害	（1）正确核对系统、设备、标牌和名称； （2）操作时戴安全帽，穿绝缘鞋； （3）携带良好的通信设备及操作工器具； （4）保持通信及操作确认

编号	作业步骤	危害因素	可能导致的后果	风险评价					控制措施
				L	E	C	D	风险程度	
一	操作前准备								
1	接收指令	工作对象不清楚	导致人员伤害或设备异常	1	6	7	42	2	（1）确认目的，防止弄错对象； （2）正确核对设备名称及标牌； （3）按规定执行操作监护； （4）明确操作人、监护人及现场检查人，以便对口联系
2	操作对象核对	错误操作其他的设备	导致人员伤害或设备异常	3	6	3	54	2	
3	准备合适的防护用具	（1）设备现场有高处落物； （2）转动设卷绞衣服； （3）电动机金属外壳接地装置不完整； （4）介质泄漏（漏油）； （5）地面滑跌	（1）物体打击； （2）机械伤害； （3）触电； （4）化学伤害； （5）滑跌摔伤	1	6	3	18	1	（1）正确佩戴安全帽； （2）规范着装（袖口扣好、衣服钮好）； （3）穿劳动保护鞋； （4）携带通信工具； （5）携带手电筒，电源要充足，亮度要足够； （6）必要时戴好耳塞

续表

编号	作业步骤	危害因素	可能导致的后果	风险评价 L	E	C	D	风险程度	控制措施
4	准备合适的用具	启动中发生强烈振动或设备损坏	机械伤害	1	6	3	18	1	（1）根据检查内容，携带必需的工具，如对讲机、测振仪、听棒、测温仪等； （2）检查并测试所带的工具必须完好
5	通信联系	通信不畅或错误引起误操作，人员受到伤害时延误施救时间	扩大事故，加重人员伤害程度	1	6	7	42	2	（1）携带可靠通信工具，操作时并保持联系； （2）就地设置固定电话
二		启动操作							
1	设备静止检查	（1）检查中跌倒、碰伤； （2）检查中从高处坠落； （3）电动机接地装置不完整； （4）设备误启动	（1）物体打击、摔伤； （2）化学伤害、碰撞、坠落伤害； （3）触电、机械伤害	3	3	3	27	2	（1）按规定着装； （2）操作前检查现场环境，高处操作平台安装合格操作平台； （3）检查电动机金属外壳的接地装置，必须完整牢固
2	系统启动操作	（1）操作中跌倒； （2）油泵、冷却风扇等设备上有异物； （3）油泵启动异常； （4）油管路连接处泄漏或软管由于压力高爆裂； （5）蓄能器异常	（1）跌伤； （2）转动机械伤害； （3）化学伤害	3	3	3	27	2	（1）按设备、系统检查卡进行检查； （2）环境较黑暗处保证充足照明； （3）严禁触摸油泵、风扇等的转动部分； （4）操作、检查时看清平台结构，防止滑倒、绊倒或坠落；

编号	作业步骤	危害因素	可能导致的后果	风险评价					控制措施
				L	E	C	D	风险程度	
2	系统启动操作	(1) 操作中跌倒； (2) 油泵、冷却风扇等设备上有异物； (3) 油泵启动异常； (4) 油管路连接处泄漏或软管由于压力高爆裂； (5) 蓄能器异常	(1) 跌伤； (2) 转动机械伤害； (3) 化学伤害	3	3	3	27	2	(5) 不得直接接触各种油类； (6) 口、眼、鼻溅入油类及时冲洗并就医； (7) 考虑好泄漏、爆裂时的撤离线路； (8) 设备异常及时与控制室联系，采取紧急措施防止人身和设备事故； (9) 设置警示标志
三	停运操作								
1	系统停运操作	(1) 高、低旁处位置较高，容易滑跌和碰撞； (2) 蓄能器阀门操作不当造成化学伤害和其他伤害	(1) 跌伤、碰伤； (2) 化学伤害	3	3	3	27	2	(1) 操作检查时看清操作平台、扶手，确认平台稳固； (2) 按相关操作技术措施执行
四	作业环境								
1	旁路油站处	(1) 现场光线不够充分； (2) 油泄漏造成滑跌和化学伤害	(1) 跌伤、碰伤； (2) 化学伤害	3	3	3	27	2	(1) 旁路油站处保持充足照明； (2) 携带手电筒等照明工具； (3) 戴防护手套

编号	作业步骤	危害因素	可能导致的后果	风险评价					控制措施
				L	E	C	D	风险程度	
2	高、低旁处	（1）位置较高造成高处坠落； （2）高、低旁处或周围有高温气体泄漏	（1）高处坠落； （2）烫伤	3	3	3	27	2	（1）操作检查时看清操作平台、扶手，确认平台稳固； （2）佩戴防护用品
五		以往发生的事件							
1	系统停运蓄能器隔离操作	蓄能器隔离操作不当导致设备超压对人体的伤害	（1）化学伤害； （2）机械伤害	3	1	1	3	1	（1）按相关操作技术措施执行； （2）佩戴防护手套

18 汽轮发电机组摩擦检查

主要作业风险： 触电、烫伤、机械伤害、噪声、其他伤害			控制措施： 严格操作监护制度、操作前核对设备名称、按规定检查设备保护正确投入、正确佩戴安全帽、规范着装、加强安全教育、强化安全意识						
编号	作业步骤	危害因素	可能导致的后果	风险评价					控制措施
				L	E	C	D	风险程度	
一		操作前准备							
1	接收指令	工作对象不清楚	导致人员伤害或设备异常	6	0.5	15	45	2	确认目的，防止弄错对象
2	操作对象核对	错误操作其他的设备	导致人员伤害或设备异常	6	1	15	90	3	(1) 正确核对设备名称及标牌； (2) 按规定执行操作监护； (3) 明确操作人、监护人及现场检查人，以便对口联系
3	准备合适的防护用具	(1) 设备现场有空中落物； (2) 转动设卷绞衣服； (3) 汽轮机外壳不完整； (4) 介质泄漏（漏汽、漏油）； (5) 地面滑跌	(1) 物体打击； (2) 机械伤害； (3) 触电； (4) 高压蒸汽伤害； (5) 滑跌摔伤	6	10	15	900	5	(1) 正确佩戴安全帽； (2) 规范着装（袖口扣好、衣服钮好）； (3) 穿劳动保护鞋； (4) 携带通信工具，操作时加强操作员与巡检员联系； (5) 携带手电筒，电源要充足，亮度要足够； (6) 必要时戴好耳塞

编号	作业步骤	危害因素	可能导致的后果	风险评价					控制措施
				L	E	C	D	风险程度	
4	准备合适的用具	启动中发生强烈振动或设备损坏	机械伤害	6	10	3	180	4	(1) 操作时加强操作员与巡检员联系； (2) 按规定检查设备保护正确投入； (3) 根据检查内容，携带必需的工具，如对讲机、测振仪、听棒、测温仪等； (4) 检查并测试所带的工具必须完好
5	锅炉已运行，压力8.5MPa	蒸汽外泄	(1) 人员伤害； (2) 设备异常	3	10	3	90	3	(1) 进入该区域前观察是否有泄漏； (2) 考虑好泄漏时的撤离路线； (3) 启动前检查盘根完好
6	润滑油系统、顶轴油系统、EH油系统、密封油系统、轴封系统、真空系统及盘车等已投入运行	(1) 油温过低、过高； (2) 顶轴油压偏低	(1) 油压不正常； (2) 动静摩擦	1	1	1	1	1	(1) 调整主机润滑油冷却器出口手动门，保证油温在50℃； (2) 油压低备用油泵启动，保证顶轴油压在130bar以上
二			操作内容						
1	设备静止检查	(1) 现场管道未连接好； (2) 系统有漏油点； (3) 设备外壳未恢复	(1) 人员烫伤； (2) 机械伤害； (3) 设备损坏	3	1	15	45	2	(1) 检查现场管道已连接好； (2) 进行外观检查时禁止触摸转动部分或移动部位； (3) 加强与控制室联系，保持通信畅通； (4) 熟悉紧急停运按钮位置； (5) 通知检修消除漏油点

续表

编号	作业步骤	危害因素	可能导致的后果	风险评价					控制措施
				L	E	C	D	风险程度	
2	启动汽轮机主SGC步序至21步	(1) 转动部分上有异物; (2) 转动部分上有人工作; (3) 相关系统有人工作未隔离; (4) 设备运转异常; (5) 检查相关阀门动作正常; (6) 转速急剧上升; (7) 油温不稳定	(1) 机械伤害; (2) 高温、高压蒸汽冲击摔伤; (3) 噪声伤害; (4) 损坏设备	3	1	15	45	2	(1) 按设备启动前检查卡进行检查; (2) 不得触摸旋转或移动部位; (3) 严禁在转动设备的靠背轮罩上行走、站立、跨越; (4) 操作时看清平台结构,防止滑倒、绊倒或坠落; (5) 转动设备启动时合理站位,站在转动设备轴向,禁止站在管道、栏杆、靠背轮罩壳上,避免部件故障伤人; (6) 出现转速急剧上升等异常情况及时与控制室联系,紧急情况及时按就地紧停按钮; (7) 投入主机冷油器水侧
3	就地进行听音和振动测量	(1) 高处落物; (2) 高处作业时传递工具; (3) 在边缘进行工作	(1) 人身伤害; (2) 设备异常,损害	3	1	15	45	2	(1) 进入生产现场,必须戴安全帽; (2) 注意现场警戒标志,不随意逗留穿越; (3) 高处作业时,传递工具及材料不允许上下投掷
4	在集控室和就地分别手动打闸	(1) 主机未跳闸; (2) 走错间隔	(1) 设备异常; (2) 误跳其他机组	1	1	1	1	1	(1) 立即通知热工检查处理; (2) 一站、二看、三核对

19 汽轮发电机轴系在线动平衡试验

主要作业风险：	控制措施：
触电、烫伤、机械伤害、噪声、其他伤害	严格操作监护制度、操作前核对设备名称、按规定检查设备保护正确投入、正确佩戴安全帽、规范着装、加强安全教育、强化安全意识。

编号	作业步骤	危害因素	可能导致的后果	L	E	C	D	风险程度	控制措施
一			操作前准备						
1	接收指令	工作对象不清楚	导致人员伤害或设备异常	6	0.5	15	45	2	确认目的，防止弄错对象
2	操作对象核对	错误操作其他的设备	导致人员伤害或设备异常	6	1	15	90	3	(1) 正确核对设备名称及标牌；(2) 按规定执行操作监护；(3) 明确操作人、监护人及现场检查人，以便对口联系
3	准备合适的防护用具	(1) 设备现场有空中落物；(2) 转动设备卷绞衣服；(3) 汽轮机外壳不完整；(4) 介质泄漏（漏汽、漏油）；(5) 地面滑跌	(1) 物体打击；(2) 机械伤害；(3) 触电；(4) 高压蒸汽伤害；(5) 滑跌摔伤	6	10	15	900	5	(1) 正确佩戴安全帽；(2) 规范着装（袖口扣好、衣服钮好）；(3) 穿劳动保护鞋；(4) 携带通信工具，操作时加强操作员及巡检员联系；(5) 携带手电筒，电源要充足，亮度要足够；(6) 必要时戴好耳塞

续表

编号	作业步骤	危害因素	可能导致的后果	风险评价					控制措施
				L	E	C	D	风险程度	
4	准备合适的用具	启动中发生强烈振动或设备损坏	机械伤害	6	10	3	180	4	（1）操作时加强操作员与巡检员联系； （2）按规定检查设备保护正确投入； （3）根据检查内容，携带必需的工具，如对讲机、测振仪、听棒、测温仪等； （4）检查并测试所带的工具必须完好
二	操作内容								
1	设备静止检查	（1）现场管道未连接好； （2）系统有漏油点	（1）人员烫伤； （2）机械伤害； （3）设备损坏	3	1	15	45	2	（1）检查现场管道已连接好； （2）进行外观检查时禁止触摸转动部分或移动部位； （3）加强与控制室联系，保持通信畅通； （4）熟悉紧急停运按钮位置； （5）通知检修消除漏油点
2	就地进行听音和振动测量	（1）高处落物； （2）高处作业时传递工具； （3）在边缘进行工作	（1）人身伤害； （2）设备异常，损害	3	1	15	45	2	（1）进入生产现场，必须戴安全帽； （2）注意现场警戒标志，不随意逗留、穿越； （3）高处作业时，传递工具及材料不允许上下投掷
3	出现异常，在集控室和就地分别手动打闸	（1）主机未跳闸； （2）走错间隔	（1）设备异常； （2）误跳其他机组	1	1	1	1	1	（1）立即通知热工检查处理； （2）一站、二看、三核对

139

20 汽轮发电机组轴系振动监测

主要作业风险： 触电、烫伤、机械伤害、噪音、其他伤害	控制措施： 严格操作监护制度、操作前核对设备名称、按规定检查设备保护正确投入、正确佩戴安全帽、规范着装、加强安全教育、强化安全意识

编号	作业步骤	危害因素	可能导致的后果	风险评价					控制措施
				L	E	C	D	风险程度	
一			操作前准备						
1	接收指令	工作对象不清楚	导致人员伤害或设备异常	6	0.5	15	45	2	确认目的，防止弄错对象
2	操作对象核对	错误操作其他的设备	导致人员伤害或设备异常	6	1	15	90	3	(1) 正确核对设备名称及标牌； (2) 按规定执行操作监护； (3) 明确操作人、监护人及现场检查人，以便对口联系
3	准备合适的防护用具	(1) 设备现场有空中落物； (2) 转动设卷绞衣服； (3) 汽轮机外壳不完整； (4) 介质泄漏（漏汽、漏油）； (5) 地面滑跌	(1) 物体打击； (2) 机械伤害； (3) 触电； (4) 高压蒸汽伤害； (5) 滑跌摔伤	6	10	15	900	5	(1) 正确佩戴安全帽； (2) 规范着装（袖口扣好、衣服钮扣好）； (3) 穿劳动保护鞋； (4) 携带通信工具，操作时加强操作员与巡检员联系； (5) 携带手电筒，电源要充足，亮度要足够； (6) 必要时戴好耳塞

编号	作业步骤	危害因素	可能导致的后果	风险评价					控制措施
				L	E	C	D	风险程度	
4	准备合适的用具	启动中发生强烈振动或设备损坏	机械伤害	6	10	3	180	4	(1) 根据检查内容，携带必需的工具，如对讲机、测振仪、听棒、测温仪等； (2) 检查并测试所带的工具必须完好； (3) 操作时加强操作员与巡检员联系； (4) 按规定检查设备保护正确投入
5	锅炉已运行，压力8.5MPa	蒸汽外泄	(1) 人员伤害； (2) 设备异常	3	10	3	90	3	(1) 进入该区域前观察是否有泄漏； (2) 考虑好泄漏时的撤离路线； (3) 启动前检查盘根完好
6	润滑油系统、顶轴油系统、EH油系统、密封油系统、轴封系统、真空系统及盘车等已投入运行	(1) 油温过低、过高； (2) 顶轴油压偏低	(1) 油压不正常； (2) 动静摩擦	1	1	1	1	1	(1) 调整主机润滑油冷却器出口手动门，保证油温在50℃； (2) 油压低备用油泵启动，保证顶轴油压在130bar以上
7	生产场所未戴安全帽或未正确戴安全帽	劳保用品使用不当	人身伤害	6	10	3	180	4	(1) 加强安全教育、强化安全意识，进行安全监督； (2) 进入生产现场，正确佩戴安全帽
8	未按规定着装	(1) 烫伤； (2) 转动部件缠绕衣服	人身伤害	3	10	7	210	4	(1) 必须正确着装； (2) 提高安全意识

编号	作业步骤	危害因素	可能导致的后果	风险评价					控制措施
				L	E	C	D	风险程度	
二			操作内容						
1	设备静止检查	（1）现场管道未连接好；（2）系统有漏油点；（3）设备外壳未恢复	（1）人员烫伤；（2）机械伤害；（3）设备损坏	3	1	15	45	2	（1）检查现场管道已连接好；（2）进行外观检查时禁止触摸转动部分或移动部位；（3）加强与控制室联系，保持通信畅通；（4）熟悉紧急停运按钮位置；（5）通知检修消除漏油点
2	启动汽轮机主 SGC 步序至 21 步	（1）转动部分上有异物；（2）转动部分上有人工作；（3）相关系统有人工作未隔离；（4）设备运转异常；（5）检查相关阀门动作正常；（6）转速急剧上升；（7）油温不稳定	（1）机械伤害；（2）高温、高压蒸汽冲击摔伤；（3）噪声伤害；（4）损坏设备	3	1	15	45	2	（1）按设备启动前检查卡进行检查；（2）不得触摸旋转或移动部位；（3）严禁在转动设备的靠背轮罩上行走、站立、跨越；（4）操作时看清平台结构，防止滑倒、绊倒或坠落；（5）转动设备启动时合理站位，站在转动设备轴向，禁止站在管道、栏杆、靠背轮罩壳上，避免部件故障伤人；（6）出现转速急剧上升等异常情况及时与控制室联系，紧急情况及时按就地紧停按钮；（7）投入主机冷油器水侧

编号	作业步骤	危害因素	可能导致的后果	风险评价					控制措施
				L	E	C	D	风险程度	
3	冷态启动汽轮机转速达到 360r/min 时暖机 60min	暖机时间不足	汽轮机应力不均，动静摩擦	1	1	1	1	1	保证足够的暖机时间
4	主机到 3000r/min 就地进行听音和振动测量	(1) 高处落物；(2) 高处作业时传递工具；(3) 在边缘进行工作	(1) 人身伤害；(2) 设备异常，损害	3	1	15	45	2	(1) 进入生产现场，必须戴安全帽；(2) 注意现场警戒标志，不随意逗留、穿越；(3) 高处作业时，传递工具及材料不允许上下投掷
5	在集控室和就地分别手动打闸	(1) 主机未跳闸；(2) 走错间隔	(1) 设备异常；(2) 误跳其他机组	1	1	1	1	1	(1) 立即通知热工检查处理；(2) 一站、二看、三核对

21 汽轮机超速试验

主要作业风险： 触电、烫伤、机械伤害、噪声、其他伤害								控制措施： 　严格操作监护制度、操作前核对设备名称、按规定检查设备保护正确投入、正确佩戴安全帽、规范着装

编号	作业步骤	危害因素	可能导致的后果	风险评价					控制措施
				L	E	C	D	风险程度	
一			操作前准备						
1	接收指令	工作对象不清楚	导致人员伤害或设备异常	6	0.5	15	45	2	确认目的，防止弄错对象
2	操作对象核对	错误操作其他的设备	导致人员伤害或设备异常	6	1	15	90	3	（1）正确核对设备名称及标牌； （2）按规定执行操作监护； （3）明确操作人、监护人及现场检查人，以便对口联系
3	准备合适的防护用具	（1）设备现场有高处落物； （2）转动设卷绞衣服； （3）给水泵汽轮机外壳不完整； （4）介质泄漏（漏汽、漏油）； （5）地面滑跌	（1）物体打击； （2）机械伤害； （3）触电； （4）高压蒸汽伤害； （5）滑跌摔伤	6	10	15	900	5	（1）正确佩戴安全帽； （2）规范着装（袖口扣好、衣服钮好）； （3）穿劳动保护鞋； （4）携带通信工具，操作时加强操作员与巡检员联系； （5）携带手电筒，电源要充足，亮度要足够； （6）必要时戴好耳塞

编号	作业步骤	危害因素	可能导致的后果	风险评价					控制措施
				L	E	C	D	风险程度	
4	准备合适的用具	启动中发生强烈振动或设备损坏	机械伤害	6	10	3	180	4	（1）根据检查内容，携带必需的工具，如对讲机、测振仪、听棒、测温仪等； （2）检查并测试所带的工具必须完好； （3）操作时加强操作员与巡检员联系； （4）按规定检查设备保护正确投入
5	润滑油系统、顶轴油系统、EH油系统、密封油系统、轴封系统、真空系统及盘车等已投入运行	（1）油温过低、过高； （2）顶轴油压偏低	（1）油压不正常； （2）动静摩擦	1	1	1	1	1	（1）调整主机润滑油冷却器出口手动门，保证油温在50℃； （2）油压低备用油泵启动，保证顶轴油压在130bar以上
6	超速试验前，必须进行现场脱扣试验和控制室脱扣试验，且试验合格	未进行该试验就进行超速保护试验	导致人员伤害或设备异常	1	1	40	40	2	必须先进行现场脱扣试验和控制室脱扣试验
7	修改超速设定值为2550r/min	修改错误	设备损坏	3	1	15	45	2	（1）正确核对设备名称及KKS码； （2）按规定执行操作监护； （3）明确操作人、监护人及现场检查人，以便对口联系

续表

编号	作业步骤	危害因素	可能导致的后果	L	E	C	D	风险程度	控制措施
二		操作内容							
1	设备静止检查	（1）现场管道未连接好；（2）系统有漏油点；（3）设备外壳未恢复	（1）人员烫伤；（2）机械伤害；（3）设备损坏	3	1	15	45	2	（1）检查现场管道已连接好；（2）进行外观检查时禁止触摸转动部分或移动部位；（3）加强与控制室联系，保持通信畅通；（4）熟悉紧急停运按钮位置；（5）通知检修消除漏油点
2	主机走步序	（1）转动部分上有异物；（2）转动部分上有人工作；（3）相关系统有人工作未隔离；（4）设备运转异常；（5）检查相关阀门动作正常	（1）机械伤害；（2）高温、高压蒸汽冲击摔伤；（3）噪声伤害	3	1	15	45	2	（1）按设备启动前检查卡进行检查；（2）不得触摸旋转或移动部位；（3）严禁在转动设备的靠背轮罩上行走、站立、跨越；（4）操作时看清平台结构，防止滑倒、绊倒或坠落；（5）转动设备启动时合理站位，站在转动设备轴向，禁止站在管道、栏杆、靠背轮罩壳上，避免部件故障伤人；（6）出现异常情况及时与控制室联系，紧急情况及时按就地紧停按钮
3	升速	（1）转速急剧上升；（2）转速、振动、轴向位移、轴承温度出现异常	设备损坏	1	1	40	40	2	立即手动脱扣

编号	作业步骤	危害因素	可能导致的后果	风险评价					控制措施
				L	E	C	D	风险程度	
4	超速保护动作	保护未动作	设备损坏	1	1	40	40	2	立即手动脱扣
5	恢复超速保护原定值	修改错误	设备损坏	1	1	40	40	2	(1) 正确核对设备名称及 KKS 码； (2) 按规定执行操作监护； (3) 明确操作人、监护人及现场检查人，以便对口联系

22 汽轮机冲转手动脱扣试验

主要作业风险: 触电、烫伤、机械伤害、噪声、其他伤害								控制措施: 严格操作监护制度、操作前核对设备名称、按规定检查设备保护正确投入、正确佩戴安全帽、规范着装、加强安全教育、强化安全意识

编号	作业步骤	危害因素	可能导致的后果	风险评价					控制措施
				L	*E*	*C*	*D*	风险程度	
一	操作前准备								
1	接收指令	工作对象不清楚	导致人员伤害或设备异常	6	0.5	15	45	2	确认目的,防止弄错对象
2	操作对象核对	错误操作其他的设备	导致人员伤害或设备异常	6	1	15	90	3	(1) 正确核对设备名称及标牌; (2) 按规定执行操作监护; (3) 明确操作人、监护人及现场检查人,以便对口联系
3	准备合适的防护用具	(1) 设备现场有空中落物; (2) 转动设备卷绞衣服; (3) 汽轮机外壳不完整; (4) 介质泄漏(漏汽、漏油); (5) 地面滑跌	(1) 物体打击; (2) 机械伤害; (3) 触电; (4) 高压蒸汽伤害; (5) 滑跌摔伤	6	10	15	900	5	(1) 正确佩戴安全帽; (2) 规范着装(袖口扣好、衣服钮好); (3) 穿劳动保护鞋; (4) 携带通信工具,操作时加强操作员与巡检员联系; (5) 携带手电筒,电源要充足,亮度要足够; (6) 必要时戴好耳塞

编号	作业步骤	危害因素	可能导致的后果	风险评价					控制措施
				L	E	C	D	风险程度	
4	准备合适的用具	启动中发生强烈振动或设备损坏	机械伤害	6	10	3	180	4	(1) 根据检查内容，携带必需的工具，如对讲机、测振仪、听棒、测温仪等； (2) 检查并测试所带的工具必须完好； (3) 操作时加强操作员与巡检员联系； (4) 按规定检查设备保护正确投入
5	强制汽轮机跳闸条件	错误操作其他的设备	导致人员伤害或设备异常	1	1	1	1	1	(1) 正确核对设备名称及KKS码； (2) 按规定执行操作监护； (3) 明确操作人、监护人及现场检查人，以便对口联系
6	润滑油系统、顶轴油系统、EH油系统、密封油系统、轴封系统、真空系统及盘车等已投入运行	(1) 油温过低、过高； (2) 顶轴油压偏低	(1) 油压不正常； (2) 动静摩擦	1	1	1	1	1	(1) 调整主机润滑油冷却器出口手动门，保证油温在50℃； (2) 油压低备用油泵启动，保证顶轴油压在130bar以上
二			操作内容						
1	设备静止检查	(1) 现场管道未连接好； (2) 系统有漏油点； (3) 设备外壳未恢复	(1) 人员烫伤； (2) 机械伤害； (3) 设备损坏	3	1	15	45	2	(1) 检查现场管道已连接好； (2) 进行外观检查时禁止触摸转动部分或移动部位； (3) 加强与控制室联系，保持通信畅通； (4) 熟悉紧急停运按钮位置； (5) 通知检修消除漏油点

编号	作业步骤	危害因素	可能导致的后果	风险评价					控制措施
				L	E	C	D	风险程度	
2	启动汽轮机主 SGC 步序至 15 步	（1）转动部分上有异物；（2）转动部分上有人工作；（3）相关系统有人工作未隔离；（4）设备运转异常；（5）检查相关阀门动作正常；（6）转速急剧上升	（1）机械伤害；（2）高温、高压蒸汽冲击摔伤；（3）噪声伤害；（4）损坏设备	3	1	15	45	2	（1）按设备启动前检查卡进行检查；（2）不得触摸旋转或移动部位；（3）严禁在转动设备的靠背轮罩上行走、站立、跨越；（4）操作时看清平台结构，防止滑倒、绊倒或坠落；（5）转动设备启动时合理站位，站在转动设备轴向，禁止站在管道、栏杆、靠背轮罩壳上，避免部件故障伤人；（6）出现转速急剧上升等异常情况及时与控制室联系，紧急情况及时按就地紧停按钮
3	在集控室和就地分别手动打闸	（1）主机未跳闸；（2）走错间隔	（1）设备异常；（2）误跳其他机组	1	1	1	1	1	（1）立即通知热工检查处理；（2）坚持"一站、二看、三核对"原则
4	恢复汽轮机跳闸条件	修改错误	设备损坏	1	1	40	40	2	（1）正确核对设备名称及 KKS 码；（2）按规定执行操作监护；（3）明确操作人、监护人及现场检查人，以便对口联系

23 汽轮机惰走试验

主要作业风险： 触电、烫伤、机械伤害、噪声、其他伤害								控制措施： 严格操作监护制度、操作前核对设备名称、按规定检查设备保护正确投入、正确佩戴安全帽、规范着装

编号	作业步骤	危害因素	可能导致的后果	风险评价					控制措施
				L	*E*	*C*	*D*	风险程度	
一	操作前准备								
1	接收指令	工作对象不清楚	导致人员伤害或设备异常	6	0.5	15	45	2	确认目的，防止弄错对象
2	操作对象核对	错误操作其他的设备	导致人员伤害或设备异常	6	1	15	90	3	(1) 正确核对设备名称及标牌； (2) 按规定执行操作监护； (3) 明确操作人、监护人及现场检查人，以便对口联系
3	准备合适的防护用具	(1) 设备现场有空中落物； (2) 转动设卷绞衣服； (3) 小汽机外壳不完整； (4) 介质泄漏（漏汽、漏油）； (5) 地面滑跌	(1) 物体打击； (2) 机械伤害； (3) 触电； (4) 高压蒸汽伤害； (5) 滑跌摔伤	6	10	15	900	5	(1) 正确佩戴安全帽； (2) 规范着装（袖口扣好、衣服钮好）； (3) 穿劳动保护鞋； (4) 携带通信工具，操作时加强操作员与巡检员联系； (5) 携带手电筒，电源要充足，亮度要足够； (6) 必要时戴好耳塞

编号	作业步骤	危害因素	可能导致的后果	风险评价					控制措施
				L	E	C	D	风险程度	
4	准备合适的用具	启动中发生强烈振动或设备损坏	机械伤害	6	10	3	180	4	(1) 根据检查内容，携带必需的工具，如对讲机、测振仪、听棒、测温仪等； (2) 检查并测试所带的工具必须完好； (3) 操作时加强操作员与巡检员联系； (4) 按规定检查设备保护正确投入
5	润滑油系统、顶轴油系统、EH 油系统、密封油系统、轴封系统、真空系统已投入运行	(1) 油温过低、过高； (2) 顶轴油压偏低	(1) 油压不正常； (2) 动静摩擦	1	1	1	1	1	(1) 调整主机润滑油冷却器出口手动门，保证油温在50℃； (2) 油压低备用油泵启动，保证顶轴油压在130bar以上
6	惰走试验前，已进行过超速试验，且试验合格	未进行该试验就进行惰走试验	导致人员伤害或设备异常	1	1	40	40	2	必须先进行超速试验
7	主机稳定在 3000 r/min	(1) 暖机不充分，振动大； (2) 控制系统故障，转速不稳	(1) 振动保护工作，机组跳闸； (2) 超速保护动作，机组跳闸；	3	1	15	45	2	严格执行操作票
二			操作内容						
1	设备静止检查	(1) 现场管道未连接好； (2) 系统有漏油点； (3) 设备外壳未恢复	(1) 人员烫伤； (2) 机械伤害； (3) 设备损坏	3	1	15	45	2	(1) 检查现场管道已连接好； (2) 进行外观检查时禁止触摸转动部分或移动部位；

编号	作业步骤	危害因素	可能导致的后果	风险评价					控制措施
				L	E	C	D	风险程度	
1	设备静止检查	(1) 现场管道未连接好; (2) 系统有漏油点; (3) 设备外壳未恢复	(1) 人员烫伤; (2) 机械伤害; (3) 设备损坏	3	1	15	45	2	(3) 加强与控制室联系,保持通信畅通; (4) 熟悉紧急停运按钮位置; (5) 通知检修消除漏油点
2	集控室按主机跳闸按钮	(1) 转动部分上有异物; (2) 转动部分上有人工作; (3) 相关系统有人工作未隔离; (4) 设备运转异常; (5) 检查相关阀门动作正常; (6) 误操作	(1) 机械伤害; (2) 高温、高压蒸汽冲击摔伤; (3) 噪声伤害	3	1	15	45	2	(1) 按设备启动前检查卡进行检查; (2) 不得触摸旋转或移动部位; (3) 严禁在转动设备的靠背轮罩上行走、站立、跨越; (4) 操作时看清平台结构,防止滑倒、绊倒或坠落; (5) 一站、二看、三核对; (6) 出现异常情况及时与控制室联系,紧急情况及时按就地紧停按钮
3	惰走	(1) 转速下降过程中,进行全面检查,倾听机组声音; (2) 转速、振动、轴向位移、轴承温度出现异常	设备损坏	1	1	40	40	2	(1) 振动出现异常,立即破坏真空; (2) 顶轴油泵未自启动,立即手动启动,保证顶轴油压 135bar 以上; (3) 盘车电磁阀未自开,应立即手动开启

续表

编号	作业步骤	危害因素	可能导致的后果	风险评价					控制措施
				L	E	C	D	风险程度	
3	惰走	（3）速降至540r/min时，顶轴油泵自启动；120r/min时，盘车马达自启动，超速离合器啮合，盘车转速48～54r/min	设备损坏	1	1	40	40	2	（1）振动出现异常，立即破坏真空；（2）顶轴油泵未自启动，立即手动启动，保证顶轴油压135bar以上；（3）盘车电磁阀未自开，应立即手动开启

24 汽轮机启停操作

主要作业风险：
烫伤、爆炸伤害、机械伤害、其他伤害

编号	作业步骤	危害因素	可能导致的后果	风险评价					控制措施
				L	E	C	D	风险程度	
一			操作前准备						
1	接收指令	工作对象不清楚	导致人员伤害或设备异常	6	0.5	15	45	2	确认目的，防止弄错对象
2	操作对象核对	错误操作其他的设备	（1）导致人员伤害； （2）导致设备异常	6	1	15	90	3	（1）正确核对设备名称及标牌； （2）按规定执行操作监护； （3）明确操作人、监护人及现场检查人，以便对口联系
3	准备合适的防护用具	（1）设备现场有高处落物； （2）转动设卷绞衣服； （3）电动机金属外壳接地装置不完整； （4）介质泄漏（漏油）； （5）地面滑跌	（1）物体打击； （2）机械伤害； （3）触电； （4）化学伤害； （5）滑跌摔伤	6	10	15	900	5	（1）正确佩戴安全帽； （2）规范着装（袖口扣好、衣服钮好）； （3）穿劳动保护鞋； （4）携带通信工具； （5）携带手电筒，电源要充足，亮度要足够； （6）必要时戴好耳塞

编号	作业步骤	危害因素	可能导致的后果	风险评价					控制措施
				L	*E*	*C*	*D*	风险程度	
4	准备合适的用具	启动中发生强烈振动或设备损坏	机械伤害	6	10	3	180	4	（1）根据检查内容，携带必需的工具，如对讲机、测振仪、听棒、测温仪等； （2）检查并测试所带的工具必须完好
二		启动操作							
1	汽轮机启动前检查	启动中发生强烈振动或设备损坏	大轴损坏	1	10	15	150	3	（1）确认在正常盘车转速下无摩擦声，保护投入正常、操作过程中严格执行启机操作票规定； （2）进行外观检查时禁止触摸转动部分或移动部位； （3）加强与控制室联系，保持通信畅通； （4）熟悉紧急停运按钮位置
2	设备启动	（1）转动部分上有异物； （2）转动部分上有人工作；	（1）机械伤害； （2）油系统漏油引起火灾； （3）大轴断裂	1	10	15	150	5	（1）按设备启动前检查卡进行检查； （2）不得触摸旋转或移动部位； （3）严禁在转动设备的靠背轮罩上行走、站立、跨越； （4）操作时看清平台结构，防止滑倒、绊倒或坠落；

编号	作业步骤	危害因素	可能导致的后果	风险评价					控制措施
				L	E	C	D	风险程度	
2	设备启动	（3）关联系统有人工作未隔离； （4）设备运转异常	（1）机械伤害； （2）油系统漏油引起火灾； （3）大轴断裂	1	10	15	150	5	（5）转动设备启动时合理站位，站在转动设备轴向，禁止站在管道、栏杆、靠背轮罩壳上，避免部件故障伤人； （6）及时清除转动部件的油污； （7）出现异常情况及时与控制室联系，紧急情况及时按就地紧停按钮
三	停运操作								
1	停运前准备	停运过程中发生强烈振动或设备损坏	大轴弯曲、断裂	1	10	15	150	3	（1）准备好停机操作票，按票执行； （2）控制好主要参数，为停机准备； （3）相关油泵测绝缘为联锁试验准备
2	停运操作	（1）转动部分上有异物； （2）转动部分上有人工作； （3）关联系统有人工作未隔离	（1）机械伤害； （2）油系统漏油引起火灾； （3）大轴断裂； （4）大轴抱死	1	10	15	150	5	（1）严格按照停运操作票进行； （2）停机参数严格按照停机曲线执行； （3）停机前试验相关油泵，确认油泵联锁正常； （4）不得触摸旋转或移动部位； （5）严禁在转动设备的靠背轮罩上行走、站立、跨越；

编号	作业步骤	危害因素	可能导致的后果	风险评价					控制措施
				L	E	C	D	风险程度	
2	停运操作	(4) 设备运转异常	(1) 机械伤害； (2) 油系统漏油引起火灾； (3) 大轴断裂； (4) 大轴抱死	1	10	15	150	5	(6) 转动设备启动时合理站位，站在转动设备轴向，禁止站在管道、栏杆、靠背轮罩壳上，避免部件故障伤人； (7) 出现异常情况及时与控制室联系，紧急情况及时按就地紧停按钮
四			作业环境						
1	注意力不集中	误操作致设备损坏	(1) 汽轮机跳闸； (2) 大轴断裂； (3) 大轴抱死	1	10	15	150	3	(1) 无关人员清出控制室； (2) 将需要停运操作机组用隔离带隔离，无关人员禁止靠近； (3) 保持控制室安静
五			以往发生事件						
1	汽轮机进冷水冷气	设备损坏	(1) 大轴抱死 (2) 盘车失效； (3) 轴封、汽封磨损	1	10	15	150	3	严格执行专业下发防大轴抱死措施

25 汽轮机润滑油系统启停操作

主要作业风险： 触电、烫伤、爆炸伤害、机械伤害、腐蚀伤害、其他伤害	控制措施： （1）按规定执行操作监护； （2）使用合适的阀钩； （3）正确使用劳动保护用品； （4）保证良好照明

编号	作业步骤	危害因素	可能导致的后果	风险评价					控制措施
				L	E	C	D	风险程度	
一			操作前准备						
1	接收指令	工作对象不清楚		6	0.5	15	45	2	（1）确认目的，防止弄错对象； （2）工作中必须进行必要的沟通，必要时按规定执行操作监护
2	操作对象核对	错误操作其他不该操作的设备		6	1	15	90	3	
3	选择合适的工器具	使用不当引起阀钩打滑	（1）导致人员伤害或设备异常； （2）物体打击、摔伤； （3）烫伤、化学伤害、碰撞、淹溺、坠落伤害、落物伤害	10	10	1	100	3	（1）操作时使用劳动手套； （2）定期检验操作工具； （3）使用合格的移动操作台，使用合适的阀钩
4	准备合适的防护用具	（1）介质泄漏； （2）高处落物		6	10	15	900	5	（1）正确佩戴安全帽； （2）戴防护手套； （3）穿合适的长袖工作服，衣服和袖口必须扣好； （4）穿劳动保护鞋； （5）必要时带上手电筒； （6）必要时使用面罩； （7）加强操作现场与操作员站的联系

编号	作业步骤	危害因素	可能导致的后果	风险评价					控制措施
				L	*E*	*C*	*D*	风险程度	
二		启动操作							
1	得值长令，主机润滑油系统启动	工作对象不清楚	导致人员伤害或设备异常	6	0.5	15	45	2	(1) 确认目的，防止弄错对象； (2) 工作中必须进行必要的沟通； (3) 必要时按规定执行操作监护
2	润滑油系统检修工作结束，工作票终结，具备投运条件	错误操作其他不该操作的设备	导致人员伤害或设备异常	6	0.5	15	45	2	(1) 确认目的，防止弄错对象； (2) 工作中必须进行必要的沟通； (3) 必要时按规定执行操作监护； (4) 认真梳理工作票
3	系统中所有电气设备、电动阀门及热工设备已送电（直流润滑油泵除外）	阀门未送电，实际未动作	(1) 导致人员伤害或设备异常； (2) 启动时间延长	6	0.5	15	45	2	(1) 确认目的，防止弄错对象； (2) 工作中必须进行必要的沟通； (3) 必要时按规定执行操作监护； (4) 查明工作票，及时送电
4	系统联锁试验正常，所有保护、热工仪表投入，热工表计一次门开启	(1) 无保护运行； (2) 联锁异常； (3) 参数显示异常	导致设备异常	6	0.5	15	45	2	(1) 严格执行联锁制度； (2) 严格执行检查卡
5	按照润滑油系统检查卡检查系统阀门状态正确	(1) 漏项； (2) 有工作票未终结，相关阀门不能恢复	(1) 导致人员伤害或设备异常； (2) 启动时间延长	6	0.5	15	45	2	(1) 确认目的，防止弄错对象； (2) 工作中必须进行必要的沟通； (3) 必要时按规定执行操作监护； (4) 查明工作票，及时恢复； (5) 严格执行检查卡

续表

编号	作业步骤	危害因素	可能导致的后果	风险评价					控制措施
				L	E	C	D	风险程度	
6	按照润滑油存储、净化、放油及排烟系统检查卡检查系统阀门状态正确	(1) 漏项； (2) 有工作票未终结，相关阀门不能恢复	(1) 导致人员伤害或设备异常； (2) 启动时间延长	6	0.5	15	45	2	(1) 确认目的，防止弄错对象； (2) 工作中必须进行必要的沟通； (3) 必要时按规定执行操作监护； (4) 查明工作票，及时恢复； (5) 严格执行检查卡
7	检查闭冷水系统运行正常	系统不正常	油温高	6	0.5	15	45	2	(1) 确认目的，防止弄错对象； (2) 工作中必须进行必要的沟通； (3) 必要时按规定执行操作监护
8	检查仪用压缩空气系统运行正常	系统不正常	阀门动作不正常	6	0.5	15	45	2	(1) 确认目的，防止弄错对象； (2) 工作中必须进行必要的沟通； (3) 必要时按规定执行操作监护
9	检查主机各轴瓦供油门开启，阀门位置正确	系统不正常	跑油	6	0.5	15	45	2	(1) 确认目的，防止弄错对象； (2) 工作中必须进行必要的沟通； (3) 必要时按规定执行操作监护
10	检查主机冷油器、润滑油滤网三通阀指向 A 侧（或 B 侧）	系统不正常	闷泵	6	0.5	15	45	2	(1) 确认目的，防止弄错对象； (2) 工作中必须进行必要的沟通； (3) 必要时按规定执行操作监护
11	开启主机冷油器冷却水调门进、出口隔绝门，调门手动开启 10%，调门后放气门见水后关闭，关闭冷油器冷却水调门	系统不正常	(1) 导致人员伤害或设备异常； (2) 启动时间延长	6	0.5	15	45	2	(1) 确认目的，防止弄错对象； (2) 工作中必须进行必要的沟通； (3) 必要时按规定执行操作监护

续表

编号	作业步骤	危害因素	可能导致的后果	风险评价					控制措施
				L	E	C	D	风险程度	
12	开启 A 侧（或 B 侧）冷油器油侧放气门，关闭放油门	系统不正常	（1）导致人员伤害或设备异常；（2）启动时间延长	6	0.5	15	45	2	（1）确认目的，防止弄错对象；（2）工作中必须进行必要的沟通；（3）必要时按规定执行操作监护
13	开启 A 侧（或 B 侧）润滑油滤网放气门，关闭放油门	系统不正常	（1）导致人员伤害或设备异常；（2）启动时间延长	6	0.5	15	45	2	（1）确认目的，防止弄错对象；（2）工作中必须进行必要的沟通；（3）必要时按规定执行操作监护
14	检查主油箱油位正常	系统不正常	（1）导致人员伤害或设备异常；（2）启动时间延长	6	0.5	15	45	2	（1）确认目的，防止弄错对象；（2）工作中必须进行必要的沟通；（3）必要时按规定执行操作监护
15	解除 B 油箱排烟风机联锁，在 DEH 上启动 A 油箱排烟风机，检查风机运行正常，油箱负压－14～－10mbar，B 排烟风机无倒转	系统不正常	（1）导致人员伤害或设备异常；（2）启动时间延长	6	0.5	15	45	2	（1）确认目的，防止弄错对象；（2）工作中必须进行必要的沟通；（3）必要时按规定执行操作监护
16	投入 B 油箱排烟风机联锁	忘记投入	失去备用	6	0.5	15	45	2	（1）确认目的，防止弄错对象；（2）工作中必须进行必要的沟通；（3）必要时按规定执行操作监护

续表

编号	作业步骤	危害因素	可能导致的后果	风险评价					控制措施
				L	E	C	D	风险程度	
17	在 DEH 上检查盘车电磁阀处于关闭状态	电磁阀卡涩	（1）盘车自启；（2）启动时间延长	6	0.5	15	45	2	（1）确认目的，防止弄错对象；（2）工作中必须进行必要的沟通；（3）必要时按规定执行操作监护
18	在 DEH 上选择 A 润滑油泵作为主泵	系统不正常	（1）导致人员伤害或设备异常；（2）启动时间延长	6	0.5	15	45	2	（1）确认目的，防止弄错对象；（2）工作中必须进行必要的沟通；（3）必要时按规定执行操作监护
19	检查油泵启动条件满足，即主机油箱油位不低	系统不正常	（1）导致人员伤害或设备异常；（2）启动时间延长	6	0.5	15	45	2	（1）确认目的，防止弄错对象；（2）工作中必须进行必要的沟通；（3）必要时按规定执行操作监护
20	解除 B 润滑油泵联锁，在 DEH 上启动 A 润滑油泵，检查 A 润滑油泵启动电流正常，电流 80～90A，润滑油母管压力 3.5bar	系统不正常	（1）导致人员伤害或设备异常；（2）启动时间延长	6	0.5	15	45	2	（1）确认目的，防止弄错对象；（2）工作中必须进行必要的沟通；（3）必要时按规定执行操作监护
21	检查主机各轴瓦回油正常，油窗油流正常	系统不正常	（1）导致人员伤害或设备异常；（2）启动时间延长	6	0.5	15	45	2	（1）确认目的，防止弄错对象；（2）工作中必须进行必要的沟通；（3）必要时按规定执行操作监护

编号	作业步骤	危害因素	可能导致的后果	L	E	C	D	风险程度	控制措施
22	检查主油箱油位正常，油温50℃，油位低及时补油，油位高将多余油排至脏/净油箱	系统不正常	（1）导致人员伤害或设备异常；（2）启动时间延长	6	0.5	15	45	2	（1）确认目的，防止弄错对象；（2）工作中必须进行必要的沟通；（3）必要时按规定执行操作监护
23	投入B交流润滑油泵联锁	忘记投入	失去备用	6	0.5	15	45	2	（1）确认目的，防止弄错对象；（2）工作中必须进行必要的沟通；（3）必要时按规定执行操作监护
24	主机直流油泵送电	忘记投入	失去备用	6	0.5	15	45	2	（1）确认目的，防止弄错对象；（2）工作中必须进行必要的沟通；（3）必要时按规定执行操作监护
25	根据主机油温上升情况，手动控制冷油器冷却水调门开度，检查温控阀调节主机油温在50℃	系统不正常	（1）导致人员伤害或设备异常；（2）启动时间延长	6	0.5	15	45	2	（1）确认目的，防止弄错对象；（2）工作中必须进行必要的沟通；（3）必要时按规定执行操作监护
26	润滑油系统启动结束，汇报值长、做好记录	未及时汇报	影响值长对下一步机组工作安排	6	0.5	15	45	2	（1）确认目的，防止弄错对象；（2）工作中必须进行必要的沟通；（3）必要时按规定执行操作监护
三		停运操作							
1	得值长令，主机润滑油系统停运	工作对象不清楚	导致人员伤害或设备异常	6	0.5	15	45	2	（1）确认目的，防止弄错对象；（2）工作中必须进行必要的沟通；（3）必要时按规定执行操作监护

编号	作业步骤	危害因素	可能导致的后果	风险评价					控制措施
				L	E	C	D	风险程度	
2	确认机组已停运	工作对象不清楚	机组非停	6	0.5	15	45	2	(1) 确认目的，防止弄错对象； (2) 工作中必须进行必要的沟通； (3) 必要时按规定执行操作监护
3	确认主机盘车已停运，主机转速为0	工作对象不清楚	烧毁轴瓦	6	0.5	15	45	2	(1) 确认目的，防止弄错对象； (2) 工作中必须进行必要的沟通； (3) 必要时按规定执行操作监护
4	确认主机转子温度小于100℃	工作对象不清楚	烧毁轴瓦	6	0.5	15	45	2	(1) 确认目的，防止弄错对象； (2) 工作中必须进行必要的沟通； (3) 必要时按规定执行操作监护
5	将主机直流油泵拉电挂牌	忘记拉电	油泵自启	6	0.5	15	45	2	(1) 确认目的，防止弄错对象； (2) 工作中必须进行必要的沟通； (3) 必要时按规定执行操作监护
6	解除润滑油泵联锁，停运润滑油系统运行	未解除联锁	油泵自启	6	0.5	15	45	2	(1) 确认目的，防止弄错对象； (2) 工作中必须进行必要的沟通； (3) 必要时按规定执行操作监护
7	汇报值长，操作完毕，做好记录	未及时汇报	影响值长对下一步机组工作的安排	3	3	3	27	2	(1) 确认目的，防止弄错对象； (2) 工作中必须进行必要的沟通； (3) 必要时按规定执行操作监护
四	作业环境								
1	地面油滑、管路多杂	滑跌、绊倒	摔伤、碰伤	3	0.5	15	22.5	2	(1) 正确使用劳动保护用品； (2) 保证良好照明

26 循环水进口滤网清污机启停操作

<table>
<tr><td colspan="2">主要作业风险：
坠落伤害、机械伤害、淹溺伤害、其他伤害</td><td colspan="2">控制措施：
(1) 放设明显的标识牌；
(2) 足够的照明；
(3) 运行人员就地携带手电及对讲机</td></tr>
</table>

编号	作业步骤	危害因素	可能导致的后果	L	E	C	D	风险程度	控制措施
一			操作前准备						
1	接收指令	工作对象不清楚		6	0.5	15	45	2	(1) 确认目的，防止弄错对象；(2) 工作中必须进行必要的沟通；(3) 必要时按规定执行操作监护
2	操作对象核对	错误操作其他不该操作的设备		6	1	15	90	3	
3	携带合适的工器具	(1) 光线暗；(2) 不能及时与盘面上联系	(1) 导致人员伤害或设备异常；(2) 物体打击、摔伤；(3) 碰撞、淹溺、坠落伤害	10	10	1	100	3	(1) 使用合格的操作操作台；(2) 使用合适的验电器
4	准备合适的防护用具	(1) 介质泄漏；(2) 高处落物；(3) 电气危害		6	10	15	900	5	(1) 正确佩戴安全帽；(2) 戴防护手套；(3) 穿合适的长袖工作服，衣服和袖口必须扣好；(4) 穿劳动保护鞋；(5) 必要时带上手电筒
5	环境熟悉	坠落、淹溺		6	10	15	900	5	每天中班、夜班禁止人员进入清污机围栏内

编号	作业步骤	危害因素	可能导致的后果	L	E	C	D	风险程度	控制措施
二		操作内容							
1	现场观察	清污机外观（有无被钢缆拴绑）、轨道有无异常情况（异常弯曲、限位堵头失效等）	(1) 设备损害； (2) 人员伤害	3	1	15	45	2	(1) 若已有被钢缆拴绑，停止操作，向上级汇报； (2) 轨道弯曲、限位堵头失效应停止操作，向上级汇报
2	再次核对操作对象	误动非操作对象	其他伤害	3	1	15	45	2	按规定执行操作监护
3	清污机启动操作	(1) 恶劣天气； (2) 操作中跌倒； (3) 轨道堵头失效； (4) 操作中碰到周围设备； (5) 脚底悬空	(1) 跌伤； (2) 物体打击； (3) 高处坠落	1	3	3	9	1	(1) 设置警示标识； (2) 检查周边栅栏完整，操作平台装设防护栏，缺损格栅补全，高位阀门处无操作台的应尽快增设； (3) 尽量避免靠近循环水进口水池； (4) 选择合理的操作位置，不准站在阀杆的正对面； (5) 不得正对或靠近泄漏点，考虑好发生意外时的避让或撤离路线； (6) 操作时远离循环水进口水池； (7) 操作人员须熟知该设备的操作方法，每次操作须执行操作监护制度； (8) 由于设备本身设计问题，暂不能采用自动方式操作，只能通过手动或分程等方式进行操作；

编号	作业步骤	危害因素	可能导致的后果	风险评价					控制措施
				L	E	C	D	风险程度	
3	清污机启动操作	(1) 恶劣天气； (2) 操作中跌倒； (3) 轨道堵头失效； (4) 操作中碰到周围设备； (5) 脚底悬空	(1) 跌伤； (2) 物体打击； (3) 高处坠落	1	3	3	9	1	(9) 清污机采用机电互锁系统，只有当耙斗上升到位，触动行程开关后才可行走； (10) 当清污机耙斗下降时，须严密监视耙斗有无卡涩或耙齿有无自动张开等现象，否则紧急停止； (11) 当缺陷无法排除且威胁设备安全时，及时入缺，通知相关人员处理，并汇报专业，严禁强行操作而损坏设备； (12) 环境恶劣处保证充足的照明
4	清污机停运操作	(1) 恶劣天气； (2) 操作中跌倒； (3) 轨道堵头失效； (4) 操作中碰到周围设备； (5) 脚底悬空	(1) 跌伤； (2) 物体打击； (3) 高处坠落	1	3	15	45	2	(1) 清理工作完毕； (2) 检查清污机已停至规定滤网处； (3) 检查耙斗已升至最高位置； (4) 检查推杆在收回位置； (5) 检查夹轨器在放松位置； (6) 拉开操作台下方柜内所有小空气断路器

编号	作业步骤	危害因素	可能导致的后果	风险评价					控制措施
				L	E	C	D	风险程度	
三		作业环境							
1	现场环境	（1）恶劣天气； （2）晚上照明暗； （3）现场环境复杂； （4）周围存在转动设备； （5）脚底悬空	人身伤害	1	3	15	45	2	（1）操作人员须熟知该设备的操作方法，每次操作须执行操作监护制度； （2）对运行循泵拦污栅清理时，各值应选择在海水低潮位（−2m～0m）运行清污机，保证清污效果

27 循环水系统启停操作

| 主要作业风险: 烫伤、爆炸伤害、坠落伤害、机械伤害、腐蚀伤害、淹溺伤害、其他伤害 | | | | 控制措施: (1) 按规定执行操作监护; (2) 使用合适的阀钩; (3) 正确使用劳动保护用品; (4) 保证良好照明 | | | | | | |

编号	作业步骤	危害因素	可能导致的后果	风险评价					控制措施
				L	E	C	D	风险程度	
一	操作前准备								
1	接收指令	工作对象不清楚	(1) 导致人员伤害或设备异常; (2) 物体打击、摔伤; (3) 烫伤、化学伤害、碰撞、淹溺、坠落伤害、落物伤害	6	0.5	15	45	2	(1) 确认目的,操作前核对设备名称,防止弄错对象; (2) 工作中必须进行必要的沟通; (3) 必要时按规定执行操作监护; (4) 严格操作监护制度
2	操作对象核对	错误操作其他不该操作的设备		6	1	15	90	3	
3	选择合适的工器具	使用不当引起阀钩打滑		10	10	1	100	3	(1) 使用合格的移动操作台; (2) 使用合适的阀钩; (3) 操作时使用劳动手套; (4) 定期检验操作工具

编号	作业步骤	危害因素	可能导致的后果	风险评价					控制措施
				L	E	C	D	风险程度	
4	准备合适的防护用具	(1) 介质泄漏； (2) 高处落物	(1) 导致人员伤害或设备异常； (2) 物体打击、摔伤； (3) 烫伤、化学伤害、碰撞、淹溺、坠落伤害、落物伤害	6	10	15	900	5	(1) 加强操作现场与操作员站的联系； (2) 正确佩戴安全帽； (3) 戴防护手套； (4) 穿合适的长袖工作服，衣服和袖口必须扣好； (5) 穿劳动保护鞋； (6) 必要时带上手电筒； (7) 必要时使用面罩
二	启动操作								
1	得值长令，B循环水泵启动	工作对象不清楚	导致人员伤害或设备异常	6	0.5	15	45	2	(1) 确认目的，防止弄错对象； (2) 工作中必须进行必要的沟通； (3) 必要时按规定执行操作监护
2	检查循环水系统检修结束，工作票收回，具备投运条件	错误操作其他不该操作的设备	导致人员伤害或设备异常	6	0.5	15	45	2	(1) 确认目的，防止弄错对象； (2) 工作中必须进行必要的沟通； (3) 必要时按规定执行操作监护
3	循环水系统中所有电气设备、电动阀门及热工设备已送电	阀门未送电，实际未动作	(1) 导致人员伤害或设备异常； (2) 启动时间延长	6	0.5	15	45	2	(1) 确认目的，防止弄错对象； (2) 工作中必须进行必要的沟通； (3) 必要时按规定执行操作监护； (4) 查明工作票，及时送电
4	系统联锁试验正常，所有保护、热工仪表投入，热工表计一次门开启	(1) 无保护运行； (2) 联锁异常； (3) 参数显示异常	导致设备异常	6	0.5	15	45	2	(1) 严格执行联调制度； (2) 严格执行检查卡

编号	作业步骤	危害因素	可能导致的后果	风险评价					控制措施
				L	*E*	*C*	*D*	风险程度	
5	检查闭冷水系统运行正常	错误操作其他不该操作的设备	导致人员伤害或设备异常	6	0.5	15	45	2	(1) 确认目的，防止弄错对象； (2) 工作中必须进行必要的沟通； (3) 必要时按规定执行操作监护
6	按照循环水系统检查卡检查系统阀门状态正确	(1) 漏项； (2) 有工作票未终结，相关阀门不能恢复	(1) 导致人员伤害或设备异常； (2) 启动时间延长	6	0.5	15	45	2	(1) 确认目的，防止弄错对象； (2) 工作中必须进行必要的沟通； (3) 必要时按规定执行操作监护； (4) 查明工作票，及时恢复； (5) 严格执行检查卡
7	检查 B 钢闸板升起	未核实 B 钢闸板状态	(1) 导致循泵入口无水； (2) 导致设备异常	6	0.5	15	45	2	(1) 确认目的，防止弄错对象； (2) 工作中必须进行必要的沟通； (3) 必要时按规定执行操作监护
8	检查旋转滤网后水位逐渐正常	未核实旋转滤网后水位	(1) 导致循泵入口无水； (2) 导致设备异常	6	0.5	15	45	2	(1) 确认目的，防止弄错对象； (2) 工作中必须进行必要的沟通； (3) 必要时按规定执行操作监护
9	检查 B 循环水泵出口液控蝶阀油站运行正常，油压 14.5～17.0MPa，油箱油位 1/2～2/3	出口液控蝶阀油站异常	导致循泵出口阀无法开启	6	0.5	15	45	2	(1) 确认目的，防止弄错对象； (2) 工作中必须进行必要的沟通； (3) 必要时按规定执行操作监护

编号	作业步骤	危害因素	可能导致的后果	风险评价					控制措施
				L	E	C	D	风险程度	
10	检查循泵电机轴承润滑油位、油质、油温正常	未核实循泵电机轴承润滑油状态	导致循泵运行异常	6	0.5	15	45	2	(1) 确认目的，防止弄错对象； (2) 工作中必须进行必要的沟通； (3) 必要时按规定执行操作监护
11	检查循环水泵 B 冷却水进、回水电动门，投入循泵电机冷却水，检查冷却水压力大于 0.3MPa	未核实循泵电机冷却水油状态	导致循泵运行异常	6	0.5	15	45	2	(1) 确认目的，防止弄错对象； (2) 工作中必须进行必要的沟通； (3) 必要时按规定执行操作监护
12	检查 B 循泵电机冷却风扇 A、B，检查冷却风扇运行正常	未核实冷却风扇运行状态	导致循泵运行异常	6	0.5	15	45	2	(1) 确认目的，防止弄错对象； (2) 工作中必须进行必要的沟通； (3) 必要时按规定执行操作监护
13	检查冲洗水流量正常，远方手动启动旋转滤网 A 和 B，旋转滤网投入低速运行	未投入旋转滤网运行	导致设备异常	6	0.5	15	45	2	(1) 确认目的，防止弄错对象； (2) 工作中必须进行必要的沟通； (3) 必要时按规定执行操作监护
14	检查 B 循环水泵启动条件满足： (1) 凝汽器循环水侧入口门开且出口门开或出口门开度大于30%；	启动条件不满足	导致启动时间推迟	6	0.5	15	45	2	(1) 确认目的，防止弄错对象； (2) 工作中必须进行必要的沟通； (3) 必要时按规定执行操作监护

编号	作业步骤	危害因素	可能导致的后果	风险评价					控制措施
				L	E	C	D	风险程度	
14	（2）循泵温度允许（定子线圈温度小于125℃，电机非驱动端推力、导向轴承温度小于83℃，电机驱动端推力、导向轴承温度小于75℃）； （3）旋转滤网后水位大于−5.2m； （4）两台循泵冷却风扇运行； （5）电机冷却水压力大于0.3MPa； （6）无循泵跳闸条件； （7）泵体排空气门开启； （8）两台机循环水入口联络门至少有一个关闭或另一台循泵在运行	启动条件不满足	导致启动时间推迟	6	0.5	15	45	2	（1）确认目的，防止弄错对象； （2）工作中必须进行必要的沟通； （3）必要时按规定执行操作监护
15	解除B循泵联锁，在DCS上选择空管启动"INTR ON"，启动B循环水泵，检查液控蝶阀自动开启	液控蝶阀未开启	导致启动失败	6	0.5	15	45	2	（1）确认目的，防止弄错对象； （2）工作中必须进行必要的沟通； （3）必要时按规定执行操作监护

编号	作业步骤	危害因素	可能导致的后果	风险评价					控制措施
				L	E	C	D	风险程度	
16	检查 B 循泵电流、振动、声音、出口压力等参数正常	泵运行参数异常	导致设备异常	6	0.5	15	45	2	(1) 确认目的，防止弄错对象； (2) 工作中必须进行必要的沟通； (3) 必要时按规定执行操作监护
17	检查 B 循泵电机电流正常并记录，各轴承温度正常，线圈温度，冷却水流量正常	泵运行参数异常	导致设备异常	6	0.5	15	45	2	(1) 确认目的，防止弄错对象； (2) 工作中必须进行必要的沟通； (3) 必要时按规定执行操作监护
18	根据 B 循泵振动，循环水母管压力，可适当调整凝汽器循环水出口电动蝶阀	未及时调整凝汽器循环水出口电动蝶阀开度	(1) 导致循泵振动大； (2) 导致循环水母管压力过高或过低	6	0.5	15	45	2	(1) 确认目的，防止弄错对象； (2) 工作中必须进行必要的沟通； (3) 必要时按规定执行操作监护
19	旋转滤网连续运行 8h 后，投入程控，每天白班运行一次耙草机	旋转滤网运行方式不正确	导致旋转滤网链条拉断	6	0.5	15	45	2	(1) 确认目的，防止弄错对象； (2) 工作中必须进行必要的沟通； (3) 必要时按规定执行操作监护
20	系统启动完毕，汇报值长，做好记录	未及时汇报	影响值长下一步对机组工作安排	6	0.5	15	45	2	(1) 确认目的，防止弄错对象； (2) 工作中必须进行必要的沟通； (3) 必要时按规定执行操作监护
三	停运操作								
1	得值长令，循环水系统停运	工作对象不清楚	导致人员伤害或设备异常	6	0.5	15	45	2	(1) 确认目的，防止弄错对象； (2) 工作中必须进行必要的沟通； (3) 必要时按规定执行操作监护

编号	作业步骤	危害因素	可能导致的后果	风险评价					控制措施
				L	E	C	D	风险程度	
2	确认机组已经停运	未核实机组状态	导致人员伤害或设备异常	6	0.5	15	45	2	(1) 确认目的, 防止弄错对象; (2) 工作中必须进行必要的沟通; (3) 必要时按规定执行操作监护
3	确认循环水入口联络门已关闭	未核实循环水入口联络门状态	导致人员伤害或设备异常	6	0.5	15	45	2	(1) 确认目的, 防止弄错对象; (2) 工作中必须进行必要的沟通; (3) 必要时按规定执行操作监护
4	确认主机、给水泵汽轮机抽真空系统已经停运	未核实主机、给水泵汽轮机抽真空系统状态	导致人员伤害或设备异常	6	0.5	15	45	2	(1) 确认目的, 防止弄错对象; (2) 工作中必须进行必要的沟通; (3) 必要时按规定执行操作监护
5	确认低压缸排汽温度小于40℃	未核实低压缸排汽温度	导致设备异常	6	0.5	15	45	2	(1) 确认目的, 防止弄错对象; (2) 工作中必须进行必要的沟通; (3) 必要时按规定执行操作监护
6	确认开冷水系统已经停运	未核实开冷水系统状态	导致人员伤害或设备异常	6	0.5	15	45	2	(1) 确认目的, 防止弄错对象; (2) 工作中必须进行必要的沟通; (3) 必要时按规定执行操作监护
7	解除备用循泵联锁, 在 DCS 上按运行循泵停运按钮, 检查出口蝶阀关至 15⁰ 后, 循泵停运, 停运后关闭蝶阀	未解除备用闭冷泵联锁	导致系统停运时备用泵联启	6	0.5	15	45	2	(1) 确认目的, 防止弄错对象; (2) 工作中必须进行必要的沟通; (3) 必要时按规定执行操作监护

续表

编号	作业步骤	危害因素	可能导致的后果	风险评价					控制措施
				L	E	C	D	风险程度	
8	检查循环水泵电机电加热器自动投入	循泵电机电加热器未投入	导致闭冷泵电机绝缘低	6	0.5	15	45	2	(1) 确认目的，防止弄错对象； (2) 工作中必须进行必要的沟通； (3) 必要时按规定执行操作监护
9	关闭电机冷却水进、出水电动门	错误操作其他不该操作的设备	导致人员伤害或设备异常	6	0.5	15	45	2	(1) 确认目的，防止弄错对象； (2) 工作中必须进行必要的沟通； (3) 必要时按规定执行操作监护
10	循环水泵电机线圈温度降低后停运冷却风扇	未及时停运冷却风扇	浪费厂用电	6	0.5	15	45	2	(1) 确认目的，防止弄错对象； (2) 工作中必须进行必要的沟通； (3) 必要时按规定执行操作监护
11	视情况停运循泵油站	错误操作其他不该操作的设备	导致人员伤害或设备异常	6	0.5	15	45	2	(1) 确认目的，防止弄错对象； (2) 工作中必须进行必要的沟通； (3) 必要时按规定执行操作监护
12	操作完毕，汇报值长，做好记录	未及时汇报	影响值长下一步对机组工作安排	6	0.5	15	45	2	(1) 确认目的，防止弄错对象； (2) 工作中必须进行必要的沟通； (3) 必要时按规定执行操作监护
四	作业环境								
	附近有深水池及旋转设备	(1) 跌落深水池； (2) 旋转设备卷带衣物、头发	(1) 淹溺伤害； (2) 机械伤害	3	0.5	15	22.5	2	(1) 加强深水池护拦维护； (2) 加强旋转设备防护设备维护； (3) 旋转设备带电时禁止检修操作

28 压缩空气系统启停操作

<table>
<tr>
<td colspan="2">主要作业风险:
触电、爆炸伤害、机械伤害、腐蚀伤害、其他伤害</td>
<td colspan="2">控制措施:
(1) 正确核对系统、设备、标牌和名称;
(2) 操作时戴安全帽,穿绝缘鞋;
(3) 携带良好的通信设备及操作工器具;
(4) 保持通讯及操作确认</td>
</tr>
</table>

编号	作业步骤	危害因素	可能导致的后果	风险评价					控制措施
				L	E	C	D	风险程度	
一			操作前准备						
1	接收指令	工作对象不清楚	导致人员伤害或设备异常	1	6	7	42	2	确认目的,防止弄错对象
2	操作对象核对	错误操作其他的设备	导致人员伤害或设备异常	3	6	3	36	2	(1) 正确核对设备名称及标牌; (2) 按规定执行操作监护; (3) 明确操作人、监护人及现场检查人,以便对口联系
3	准备合适的防护用具	(1) 设备现场有高处落物; (2) 转动设卷绞衣服; (3) 电动机金属外壳接地装置不完整; (4) 介质泄漏(漏油); (5) 地面滑跌	(1) 物体打击; (2) 机械伤害; (3) 触电; (4) 化学伤害; (5) 滑跌摔伤	1	6	3	18	1	(1) 正确佩戴安全帽; (2) 规范着装(袖口扣好、衣服钮好); (3) 穿劳动保护鞋; (4) 携带通信工具; (5) 携带手电筒,电源要充足,亮度要足够; (6) 必要时戴好耳塞

编号	作业步骤	危害因素	可能导致的后果	风险评价					控制措施
				L	E	C	D	风险程度	
4	准备合适的用具	启动中发生强烈振动或设备损坏	机械伤害	1	6	3	18	1	（1）根据检查内容，携带必需的工具，如对讲机、测振仪、听棒、测温仪等； （2）检查并测试所带的工具必须完好
5	通信联系	通信不畅或错误引起误操作，人员受到伤害时延误施救时间	扩大事故，加重人员伤害程度	1	6	7	42	2	（1）携带可靠通信工具，操作时并保持联系； （2）就地设置固定电话
二	操作内容								
1	设备静止检查	（1）电动机接地装置不完整； （2）设备误启动； （3）系统中所有电气设备、电动阀门及热工设备； （4）系统阀门状态不正确； （5）阀门的操作	（1）触电； （2）机械伤害； （3）导致人员伤害或设备异常； （4）其他伤害； （5）物体打击	3	3	3	27	2	（1）检查电动机的金属外壳的接地装置必须完整牢固； （2）进行外观检查时禁止触摸转动部分或移动部位； （3）加强与控制室联系，保持通信畅通；熟悉紧急停运按钮位置； （4）熟悉紧急停运按钮位置； （5）严格按设备启动前检查卡进行检查和操作
2	设备启动	（1）转动部分上有异物； （2）转动部分上有人工作；	（1）机械伤害； （2）气流冲击摔伤； （3）导致人员伤害或设备损坏；	3	3	3	27	2	（1）按设备启动前检查卡进行检查； （2）不得触摸旋转或移动部位； （3）严禁在转动设备的靠背轮罩上行走、站立、跨越；

179

编号	作业步骤	危害因素	可能导致的后果	风险评价					控制措施
				L	E	C	D	风险程度	
2	设备启动	(3) 关联系统有人工作未隔离； (4) 设备运转异常； (5) 油位检查； (6) 安全阀动作时有尖锐的气流声； (7) 容器超压爆炸； (8) 储气罐疏水阀门位置不便操作	(4) 人机工程伤害； (5) 噪声伤害； (6) 物理性爆炸； (7) 作业环境伤害	3	3	3	27	2	(4) 操作时看清平台结构，防止滑倒、绊倒或坠落； (5) 转动设备启动时合理站位，站在转动设备轴向，禁止站在管道、栏杆、靠背轮罩壳上避免部件故障伤人； (6) 及时清除地面积水； (7) 出现异常情况及时与控制室联系，紧急情况及时按就地紧停按钮
3	设备停止	错误操作其他的设备	导致人员伤害或设备异常	3	3	3	27	2	(1) 正确核对设备名称及标牌； (2) 按规定执行操作监护； (3) 明确操作人、监护人及现场检查人，以便对口联系
三			作业环境						
1	室内环境复杂	(1) 空压机漏油； (2) 地面积水； (3) 地面积油； (4) 噪声； (5) 管路布置复杂	(1) 火灾、滑倒； (2) 滑倒、触电； (3) 滑倒； (4) 噪音伤害； (5) 绊跌、碰撞	1	3	7	21	2	(1) 行走时看清路面状况； (2) 及时清理油污、积水； (3) 照明良好，并携带足够亮度的手电筒； (4) 正确佩戴安全帽、隔音耳塞、手套、工作鞋等

29 真空严密性试验

主要作业风险：	控制措施：
真空快速下降	（1）试验前确认备用真空泵启、停动作正常，运行状态良好； （2）试验过程中就地及集控室严密监视真空的变化情况； （3）试验过程中，若发现真空下降过快，真空严密性明显不合格或凝汽器真空低于设计值，应立即停止试验； （4）关阀试验时，若出现异常应立即启动备用真空泵，再开启运行真空泵的进口隔离阀

编号	作业步骤	危害因素	可能导致的后果	L	E	C	D	风险程度	控制措施
一			操作前准备						
1	真空泵联锁保护动作正常	联锁未投	（1）设备异常； （2）真空泵失去备用	6	0.5	1	3	1	（1）严格执行操作票； （2）按规定执行备用设备试启动操作
2	机组能维持在额定真空运行	试验中真空快速下降	机组低真空跳闸	6	0.5	7	21	2	机组低于额定真空时，暂不进行严密性试验
3	就地与集控室间的通信已建立	就地设备状态不可控	人员伤害、设备损坏	3	0.5	1	1.5	1	加强通信联系
二			试验内容						
1	维持机组负荷在80%额定负荷运行，检查机组及各辅助系统运行正常	试验状态不稳定	参数调节不稳	1	0.5	1	0.5	1	严格按操作票执行

编号	作业步骤	危害因素	可能导致的后果	风险评价					控制措施
				L	E	C	D	风险程度	
2	确认备用真空泵启、停动作正常，运行状态良好	试验过程失去备用	真空快速下降，机组低真空跳闸	0.5	0.5	7	1.75	1	按规定执行备用设备试启动操作
3	维持一组真空泵运行，关闭该组真空泵进口抽真空气动阀	气动阀关闭后开启失败	真空快速下降，机组低真空跳闸	3	1	1	3	1	(1) 试验过程中就地及集控室严密监视真空的变化情况； (2) 立即启动备用真空泵； (3) 快速降负荷
4	就地及集控室严密监视真空的变化情况，并记录凝汽器真空和低压缸排汽温度	试验过程失去监控	真空快速下降，机组低真空跳闸	0.5	0.5	7	1.75	1	(1) 严肃值班纪律； (2) 按规定执行操作监护
5	从进口气动阀全关30s后开始记录，连续记录8min，统计后5min内真空的下降值，对比上表试验标准，得出结论	真空快速下降	机组低真空跳闸	3	2	7	42	2	严格按操作票执行

30 轴封系统启停操作

主要作业风险： 烫伤、爆炸伤害、坠落伤害、机械伤害、腐蚀伤害、淹溺伤害、其他伤害				控制措施： (1) 使用合格的移动操作台； (2) 正确使用劳动保护用品； (3) 按规定着装					

编号	作业步骤	危害因素	可能导致的后果	L	E	C	D	风险程度	控制措施
一			操作前准备						
1	接收指令	工作对象不清楚		6	0.5	15	45	2	(1) 确认目的，操作前核对设备名称，防止弄错对象； (2) 工作中必须进行必要的沟通； (3) 按规定执行操作监护
2	操作对象核对	错误操作其他不该操作的设备	(1) 导致人员伤害或设备异常； (2) 物体打击、摔伤； (3) 烫伤、化学伤害、碰撞、淹溺、坠落伤害、落物伤害	6	1	15	90	3	
3	选择合适的工器具	使用不当引起阀钩打滑		10	10	1	100	3	(1) 使用合格的移动操作台； (2) 使用合适的阀钩； (3) 操作时使用劳动手套； (4) 定期检验操作工具
4	准备合适的防护用具	(1) 介质泄漏； (2) 高处落物		6	10	15	900	5	(1) 正确佩戴安全帽； (2) 戴防护手套； (3) 穿合适的长袖工作服，衣服和袖口必须扣好； (4) 穿劳动保护鞋； (5) 必要时带上手电筒； (6) 必要时使用面罩； (7) 加强操作现场与操作员站的联系

编号	作业步骤	危害因素	可能导致的后果	风险评价					控制措施
				L	E	C	D	风险程度	
二		启动操作							
1	得值长令，主机轴封系统启动	工作对象不清楚	导致人员伤害或设备异常	6	0.5	15	45	2	(1) 确认目的，防止弄错对象； (2) 工作中必须进行必要的沟通； (3) 必要时按规定执行操作监护
2	检查主机轴封系统检修工作结束，工作票收回，具备投运条件	错误操作其他不该操作的设备	导致人员伤害或设备异常	6	0.5	15	45	2	(1) 确认目的，防止弄错对象； (2) 工作中必须进行必要的沟通； (3) 必要时按规定执行操作监护
3	检查主机轴封系统中所有电气设备、电动阀门及热工设备已送电	阀门未送电，实际未动作	(1) 导致人员伤害或设备异常； (2) 启动时间延长	6	0.5	15	45	2	(1) 确认目的，防止弄错对象； (2) 工作中必须进行必要的沟通； (3) 必要时按规定执行操作监护； (4) 查明工作票，及时送电
4	检查主机轴封系统联锁试验正常，所有保护、热工仪表投入，热工表计一次门开启	(1) 无保护运行； (2) 联锁异常； (3) 参数显示异常	导致设备异常	6	0.5	15	45	2	(1) 严格执行联调制度； (2) 严格执行检查卡
5	按照轴封系统检查卡检查系统阀门状态正确	(1) 漏项； (2) 有工作票未终结，相关阀门不能恢复	(1) 导致人员伤害或设备异常； (2) 启动时间延长	6	0.5	15	45	2	(1) 确认目的，防止弄错对象； (2) 工作中必须进行必要的沟通； (3) 必要时按规定执行操作监护； (4) 查明工作票，及时恢复； (5) 严格执行检查卡

续表

编号	作业步骤	危害因素	可能导致的后果	风险评价					控制措施
				L	E	C	D	风险程度	
6	检查循环水系统正常	未核实循环水系统状态	导致设备异常	6	0.5	15	45	2	(1) 确认目的，防止弄错对象； (2) 工作中必须进行必要的沟通； (3) 必要时按规定执行操作监护
7	检查凝结水系统运行正常	未核实凝结水系统状态	导致设备异常	6	0.5	15	45	2	(1) 确认目的，防止弄错对象； (2) 工作中必须进行必要的沟通； (3) 必要时按规定执行操作监护
8	检查辅汽系统运行正常	未核实辅汽系统状态	导致轴封无汽源	6	0.5	15	45	2	(1) 确认目的，防止弄错对象； (2) 工作中必须进行必要的沟通； (3) 必要时按规定执行操作监护
9	检查主机润滑油、密封油运行正常，盘车投入正常，盘车转速 48~54r/min	未投入盘车	导致汽轮机大轴弯曲	6	0.5	15	45	2	(1) 确认目的，防止弄错对象； (2) 工作中必须进行必要的沟通； (3) 必要时按规定执行操作监护
10	检查压缩空气系统运行正常	未核实压缩空气系统状态	导致气动门无法操作	6	0.5	15	45	2	(1) 确认目的，防止弄错对象； (2) 工作中必须进行必要的沟通； (3) 必要时按规定执行操作监护
11	开启轴封回汽调门前至低压疏水立管疏水气动门，手动门	未开启疏水门	导致疏水暖管不充分	6	0.5	15	45	2	(1) 确认目的，防止弄错对象； (2) 工作中必须进行必要的沟通； (3) 必要时按规定执行操作监护
12	开启轴封溢流至高压疏水立管疏水气动门，手动门	未开启疏水门	导致疏水暖管不充分	6	0.5	15	45	2	(1) 确认目的，防止弄错对象； (2) 工作中必须进行必要的沟通； (3) 必要时按规定执行操作监护

编号	作业步骤	危害因素	可能导致的后果	L	E	C	D	风险程度	控制措施
								风险评价	
13	开启轴加至地沟疏水隔绝门	未开启疏水门	导致疏水暖管不充分	6	0.5	15	45	2	(1) 确认目的，防止弄错对象； (2) 工作中必须进行必要的沟通； (3) 必要时按规定执行操作监护
14	解除 B 轴加风机联锁，在 DEH 上启动 A 轴加风机，检查电流 8A，就地声音正常，B 轴加风机无倒转	风机运行参数异常	导致设备异常	6	0.5	15	45	2	(1) 确认目的，防止弄错对象； (2) 工作中必须进行必要的沟通； (3) 必要时按规定执行操作监护
15	投入 B 轴加风机联锁	备用风机联锁未投	(1) 导致设备异常； (2) 轴加风机失去备用	6	0.5	15	45	2	(1) 确认目的，防止弄错对象； (2) 工作中必须进行必要的沟通； (3) 必要时按规定执行操作监护
16	开启辅汽联箱至主机轴封供汽手动门 2～3 圈	未开启供汽手动门	导致轴封无汽源	6	0.5	15	45	2	(1) 确认目的，防止弄错对象； (2) 工作中必须进行必要的沟通； (3) 必要时按规定执行操作监护
17	开启辅汽供轴封母管疏水器前、后隔绝门及旁路门，检查辅汽供轴封调门前温度逐渐上升	未开启疏水门	导致疏水暖管不充分	6	0.5	15	45	2	(1) 确认目的，防止弄错对象； (2) 工作中必须进行必要的沟通； (3) 必要时按规定执行操作监护

编号	作业步骤	危害因素	可能导致的后果	风险评价					控制措施
				L	E	C	D	风险程度	
18	当辅汽供轴封调门前温度上升至100℃以上时，缓慢开启辅汽联箱至主机轴封供汽手动门，管路无振动和水击声	未开全供汽手动门	导致轴封压力不满足	6	0.5	15	45	2	(1) 确认目的，防止弄错对象； (2) 工作中必须进行必要的沟通； (3) 必要时按规定执行操作监护
19	检查主机各轴封回汽调节门开启，排大气手动门关闭	未关闭排大气手动门	导致轴封压力异常	6	0.5	15	45	2	(1) 确认目的，防止弄错对象； (2) 工作中必须进行必要的沟通； (3) 必要时按规定执行操作监护
20	检查轴封溢流调门前、后手动门开启，旁路门关闭，将溢流调门投自动	未开启回汽手动门	导致轴封压力异常	6	0.5	15	45	2	(1) 确认目的，防止弄错对象； (2) 工作中必须进行必要的沟通； (3) 必要时按规定执行操作监护
21	开启辅汽至主机轴封供汽调门前、后隔绝门，将轴封供汽调门投自动	未开启隔绝手动门	导致轴封压力异常	6	0.5	15	45	2	(1) 确认目的，防止弄错对象； (2) 工作中必须进行必要的沟通； (3) 必要时按规定执行操作监护
22	当轴封母管温度达到由高压转子温度确定的轴封供汽温度时，辅汽至轴封供汽调门自动开启，调节轴封压力3.5kPa	轴封压力设定值不对	导致轴封压力异常	6	0.5	15	45	2	(1) 确认目的，防止弄错对象； (2) 工作中必须进行必要的沟通； (3) 必要时按规定执行操作监护

编号	作业步骤	危害因素	可能导致的后果	L	E	C	D	风险程度	控制措施
23	就地检查各轴封回汽正常，主机盘车转速正常，汽轮机振动和声音正常	未核实轴封回汽	导致轴封冒汽	6	0.5	15	45	2	(1) 确认目的，防止弄错对象；(2) 工作中必须进行必要的沟通；(3) 必要时按规定执行操作监护
24	轴封系统投入后，立即投入主机真空系统	真空系统未投入	导致盘车异常	6	0.5	15	45	2	(1) 确认目的，防止弄错对象；(2) 工作中必须进行必要的沟通；(3) 必要时按规定执行操作监护
25	当轴封母管温度大于 320℃ 时，投入轴封供汽减温水	减温水未投	导致轴封温度高，盘车异常	6	0.5	15	45	2	(1) 确认目的，防止弄错对象；(2) 工作中必须进行必要的沟通；(3) 必要时按规定执行操作监护
26	检查主机轴封供汽减温水调门前、后隔绝门开启，旁路一、二次门关闭	减温水隔绝门未开启	导致减温水无法投入	6	0.5	15	45	2	(1) 确认目的，防止弄错对象；(2) 工作中必须进行必要的沟通；(3) 必要时按规定执行操作监护
27	将主机轴封供汽减温水调门投自动，温度设定值由高压转子温度确定，检查减温水调门开启后轴封温度满足汽封温度要求，注意减温水投入时加强轴封温度的监视，确保轴封不进水	减温水调门特性不好	导致轴封温度异常	6	0.5	15	45	2	(1) 确认目的，防止弄错对象；(2) 工作中必须进行必要的沟通；(3) 必要时按规定执行操作监护

续表

编号	作业步骤	危害因素	可能导致的后果	风险评价					控制措施
				L	E	C	D	风险程度	
28	主机真空系统投入正常后，如给水泵汽轮机盘车运行正常，可投入给水泵汽轮机轴封供汽	给水泵汽轮机轴封未及时投入	导致给水泵汽轮机冲转推迟	6	0.5	15	45	2	（1）确认目的，防止弄错对象； （2）工作中必须进行必要的沟通； （3）必要时按规定执行操作监护
29	开启辅汽联箱至给水泵汽轮机轴封供汽手动门2～3圈	未开启辅汽联箱至给水泵汽轮机轴封供汽手动门	导致给水泵汽轮机轴封无汽源	6	0.5	15	45	2	（1）确认目的，防止弄错对象； （2）工作中必须进行必要的沟通； （3）必要时按规定执行操作监护
30	开启辅汽至给水泵汽轮机供汽调门前、后疏水器前、后隔绝门和旁路门，进行管路疏水，检查辅汽供给水泵汽轮机轴封调门前温度逐渐上升	未开启疏水门	导致疏水暖管不充分	6	0.5	15	45	2	（1）确认目的，防止弄错对象； （2）工作中必须进行必要的沟通； （3）必要时按规定执行操作监护
31	当辅汽供轴封调门前温度上升至100℃以上时，缓慢开启辅汽联箱至给水泵汽轮机轴封供汽手动门，管路无振动和水击声	未开全辅汽联箱至给水泵汽轮机轴封供汽手动门	导致给水泵汽轮机轴封压力异常	6	0.5	15	45	2	（1）确认目的，防止弄错对象； （2）工作中必须进行必要的沟通； （3）必要时按规定执行操作监护

编号	作业步骤	危害因素	可能导致的后果	风险评价					控制措施
				L	E	C	D	风险程度	
32	检查给水泵汽轮机轴封供汽调节门前、后隔绝门开启	未开启隔绝手动门	导致给水泵汽轮机轴封无汽源	6	0.5	15	45	2	(1) 确认目的，防止弄错对象；(2) 工作中必须进行必要的沟通；(3) 必要时按规定执行操作监护
33	检查给水泵汽轮机轴封供汽至 A、B 给水泵汽轮机轴封供汽门、回汽隔绝门、回汽至轴加隔绝门开启，排大气隔绝门关闭	排大气隔绝门未关闭	导致给水泵汽轮机轴封压力异常	6	0.5	15	45	2	(1) 确认目的，防止弄错对象；(2) 工作中必须进行必要的沟通；(3) 必要时按规定执行操作监护
34	当轴封母管温度达到150℃以上时，辅汽至给水泵汽轮机轴封供汽调门投自动，压力设定值为30kPa	压力设定值不对	导致给水泵汽轮机轴封压力异常	6	0.5	15	45	2	(1) 确认目的，防止弄错对象；(2) 工作中必须进行必要的沟通；(3) 必要时按规定执行操作监护
35	检查给水泵汽轮机轴封供汽减温水调门前、后隔绝门开启，旁路一、二次门关闭	未开启隔绝手动门	导致给水泵汽轮机轴封减温水无法投入	6	0.5	15	45	2	(1) 确认目的，防止弄错对象；(2) 工作中必须进行必要的沟通；(3) 必要时按规定执行操作监护

续表

编号	作业步骤	危害因素	可能导致的后果	风险评价					控制措施
				L	E	C	D	风险程度	
36	将给水泵汽轮机轴封供汽减温水调门投自动,温度设定值150℃,检查减温水调门开启后轴封温度满足汽封温度要求,减温水投入时加强轴封温度的监视,确保轴封不进水	减温水调门特性不好	导致轴封温度异常	6	0.5	15	45	2	(1) 确认目的,防止弄错对象; (2) 工作中必须进行必要的沟通; (3) 必要时按规定执行操作监护
37	系统启动完毕,汇报值长、做好记录	未及时汇报	影响值长对下一步机组工作安排	6	0.5	15	45	2	(1) 确认目的,防止弄错对象; (2) 工作中必须进行必要的沟通; (3) 必要时按规定执行操作监护
三	停运操作								
1	得值长令,主机轴封系统停运	工作对象不清楚	导致人员伤害或设备异常	6	0.5	15	45	2	(1) 确认目的,防止弄错对象; (2) 工作中必须进行必要的沟通; (3) 必要时按规定执行操作监护
2	检查机组已经停止运行	未核实机组状态	导致设备异常	6	0.5	15	45	2	(1) 确认目的,防止弄错对象; (2) 工作中必须进行必要的沟通; (3) 必要时按规定执行操作监护
3	检查主、再热蒸汽压力到零,否则检查主再热蒸汽管路疏水电动门、气动门在关闭状态	未核实主、再热蒸汽压力	导致设备异常	6	0.5	15	45	2	(1) 确认目的,防止弄错对象; (2) 工作中必须进行必要的沟通; (3) 必要时按规定执行操作监护

191

续表

编号	作业步骤	危害因素	可能导致的后果	风险评价					控制措施
				L	E	C	D	风险程度	
4	检查辅汽疏水扩容器至无压放水母管电动门开启，辅汽疏水扩容器至低压疏水扩容器调门前电动隔离门及旁路门关闭	未将辅疏扩疏水切至无压	导致凝汽器超压	6	0.5	15	45	2	(1) 确认目的，防止弄错对象； (2) 工作中必须进行必要的沟通； (3) 必要时按规定执行操作监护
5	检查真空系统已停运，凝汽器真空到零	未核实真空系统	导致汽轮机吸入空气	6	0.5	15	45	2	(1) 确认目的，防止弄错对象； (2) 工作中必须进行必要的沟通； (3) 必要时按规定执行操作监护
6	停运主机、给水泵汽轮机轴封供汽，关闭辅汽联箱至主机、给水泵汽轮机轴封供汽手动门，开启管路疏水	未关闭供汽手动门	导致轴封意外进汽	6	0.5	15	45	2	(1) 确认目的，防止弄错对象； (2) 工作中必须进行必要的沟通； (3) 必要时按规定执行操作监护
7	解除备用轴加风机联锁，停运运行轴加风机	未解除备用风机联锁	导致系统停运时备用风机联锁启动	6	0.5	15	45	2	(1) 确认目的，防止弄错对象； (2) 工作中必须进行必要的沟通； (3) 必要时按规定执行操作监护
8	系统操作完毕，汇报值长，做好记录	未及时汇报	影响值长对下一步机组工作安排	6	0.5	15	45	2	(1) 确认目的，防止弄错对象； (2) 工作中必须进行必要的沟通； (3) 必要时按规定执行操作监护

编号	作业步骤	危害因素	可能导致的后果	L	E	C	D	风险程度	控制措施
四		作业环境							
1	高温高压、管路较多、照明较差、操作平台狭窄	(1) 高温高压介质泄漏； (2) 跌落、碰撞	(1) 高温灼伤； (2) 摔伤； (3) 机械伤害	3	0.5	15	22.5	2	(1) 使用良好的照明工具； (2) 正确使用安全帽、棉手套等劳动保护用具

31 主汽门、调门严密性试验

<table>
<tr><td colspan="2">主要作业风险：
触电、烫伤、机械伤害、噪声、其他伤害</td><td colspan="2">控制措施：
严格操作监护制度、操作前核对设备名称、按规定检查设备保护正确投入、正确佩戴安全帽、规范着装、加强安全教育、强化安全意识</td></tr>
</table>

编号	作业步骤	危害因素	可能导致的后果	风险评价					控制措施
				L	*E*	*C*	*D*	风险程度	
一			操作前准备						
1	接收指令	工作对象不清楚	导致人员伤害或设备异常	6	0.5	15	45	2	确认目的，防止弄错对象
2	操作对象核对	错误操作其他的设备	导致人员伤害或设备异常	6	1	15	90	3	(1) 正确核对设备名称及标牌； (2) 按规定执行操作监护； (3) 明确操作人、监护人及现场检查人，以便对口联系
3	准备合适的防护用具	(1) 设备现场有空中落物； (2) 转动设备卷绞衣服； (3) 给水泵汽轮机外壳不完整； (4) 介质泄漏（漏汽、漏油）； (5) 地面滑跌	(1) 物体打击； (2) 机械伤害； (3) 触电； (4) 高压蒸汽伤害； (5) 滑跌摔伤	6	10	15	900	5	(1) 正确佩戴安全帽； (2) 规范着装（袖口扣好、衣服钮好）； (3) 穿劳动保护鞋； (4) 携带通信工具，操作时加强操作员与巡检员联系； (5) 携带手电筒，电源要充足，亮度要足够； (6) 必要时戴好耳塞

编号	作业步骤	危害因素	可能导致的后果	风险评价					控制措施
				L	E	C	D	风险程度	
4	准备合适的用具	启动中发生强烈振动或设备损坏	机械伤害	6	10	3	180	4	（1）根据检查内容，携带必需的工具，如对讲机、测振仪、听棒、测温仪等； （2）检查并测试所带的工具必须完好； （3）操作时加强操作员与巡检员联系； （4）按规定检查设备保护正确投入
5	润滑油系统、顶轴油系统、EH油系统、密封油系统、轴封系统、真空系统已投入运行	（1）油温过低、过高； （2）顶轴油压偏低	（1）油压不正常； （2）动静摩擦	1	1	1	1	1	（1）调整主机润滑油冷却器出口手动门，保证油温在50℃； （2）油压低备用油泵启动，保证顶轴油压在130bar以上
6	主机稳定在3000r/min	（1）暖机不充分，振动大； （2）控制系统故障，转速稳不住	（1）振动保护工作，机组跳闸； （2）超速保护动作，机组跳闸	3	1	15	45	2	（1）严格执行操作票； （2）冲转前静态试验正常； （3）汽门关闭时间符合规程要求
二	操作内容								
1	设备静止检查	（1）现场管道未连接好； （2）系统有漏油点； （3）设备外壳未恢复	（1）人员烫伤； （2）机械伤害； （3）设备损坏	3	1	15	45	2	（1）检查现场管道已连接好； （2）进行外观检查时禁止触摸转动部分或移动部位； （3）加强与控制室联系，保持通信畅通； （4）熟悉紧急停运按纽位置； （5）通知检修消除漏油点

续表

编号	作业步骤	危害因素	可能导致的后果	风险评价					控制措施
				L	E	C	D	风险程度	
2	主汽压力调至13.5MPa	压力不稳定	影响试验结果	3	1	15	45	2	炉侧燃烧稳定，高压旁路控制压力稳定
3	在 DEH 操作员站 ATT 画面中选择 ESV LEAKAGE TEST SLC	(1) 误操作； (2) 主汽门关，调门全开	(1) 设备损坏； (2) 动作异常	6	1	15	90	3	(1) 正确核对设备名称及 KKS 码； (2) 按规定执行操作监护； (3) 明确操作人、监护人及现场检查人，以便对口联系
4	转速下降	(1) 转速下降过程中，进行全面检查，倾听机组声音； (2) 转速、振动、轴向位移、轴承温度出现异常； (3) 若速降至 540r/min 时，顶轴油泵自启动；120r/min 时，盘车马达自启动，超速离合器啮合，盘车转速 48～54r/min	设备损坏	1	1	40	40	2	(1) 振动出现异常，立即破坏真空； (2) 顶轴油泵未自启，立即手动启动，保证顶轴油压 135bar 以上； (3) 盘车电磁阀未自开，应立即手动开启； (4) 监视机组转速，要求小于转速 500r/min，主汽门严密性合格
5	汽轮机打闸，重新复位汽轮机，并冲转至 3000r/min	误操作	设备损坏	6	1	15	90	3	(1) 正确核对设备名称及 KKS 码； (2) 按规定执行操作监护； (3) 明确操作人、监护人及现场检查人，以便对口联系

续表

编号	作业步骤	危害因素	可能导致的后果	L	E	C	D	风险程度	控制措施
6	主汽压力调至13.5MPa	压力不稳定	影响试验结果	3	1	15	45	2	炉侧燃烧稳定，高压旁路控制压力稳定
7	在DEH操作员站ATT画面中选择ESV LEAKAGE TEST SLC	(1) 误操作；(2) 调门全关，主汽门全开	(1) 设备损坏；(2) 动作异常	6	1	15	90	3	(1) 正确核对设备名称及KKS码；(2) 按规定执行操作监护；(3) 明确操作人、监护人及现场检查人，以便对口联系
8	转速下降	(1) 转速下降过程中，进行全面检查，倾听机组声音；(2) 转速、振动、轴向位移、轴承温度出现异常；(3) 若速降至540 r/min时，顶轴油泵自启动；120r/min时，盘车马达自启动，超速离合器啮合，盘车转速48～54r/min	设备损坏	1	1	40	40	2	(1) 振动出现异常，立即破坏真空；(2) 顶轴油泵未自启，立即手动启动，保证顶轴油压135bar以上；(3) 盘车电磁阀未自开，应立即手动开启；(4) 监视机组转速，要求小于转速500r/min，调门严密性合格

二、汽轮机巡检部分

汽轮机专业检修人员设备巡检

主要作业风险：	控制措施：
（1）人身伤害； （2）高处坠落； （3）灼烫； （4）设备故障； （5）环境污染； （6）机械伤害； （7）物体打击； （8）中毒窒息	（1）仔细核对钥匙编号和正确工具； （2）携带良好的通信工具和手电筒； （3）熟悉巡检路线和沿途及巡检点安全危害，登垂直爬梯使用双扣安全带； （4）佩戴安全帽、防尘口罩、耳塞、手套、工作鞋等； （5）现场培训

编号	作业步骤	危害因素	可能导致的后果	风险评价					控制措施
				L	E	C	D	风险程度	
一	巡检前准备								
1	准备巡检工具	（1）拿错工具； （2）巡检工具损坏	（1）人身伤害； （2）设备故障	3	10	1	30	2	
2	检查手电筒电池和完好状况	照明不足造成绊倒、摔伤等	人身伤害	3	10	1	30	2	（1）使用正确的工器具； （2）加强人员之间的沟通； （3）交代安全注意事项； （4）仔细核对钥匙编号；
3	准备巡检钥匙	拿错钥匙而匆忙往返引起绊倒、摔伤等	人身伤害	3	10	1	30	2	
4	准备通信设备	充电不足或信号不好影响及时通信	（1）人身伤害； （2）设备故障	3	10	3	90	3	

编号	作业步骤	危害因素	可能导致的后果	风险评价					控制措施
				L	*E*	*C*	*D*	风险程度	
5	准备合适的防护用品如安全帽、防粉口罩、耳塞、手套、工作鞋	使用不充分或不合适防护用品造成烫伤、滑跌绊跌、碰撞、落物伤害等	(1) 灼烫； (2) 其他伤害	3	10	3	90	3	(5) 正确穿戴安全帽、防尘口罩、耳塞、手套、工作鞋等； (6) 规范着装（穿长袖工作服，袖口扣好、衣服钮好）； (7) 携带状况良好的通信工具； (8) 携带手电筒，电源要充足，亮度要足够
6	向负责人汇报巡检内容	(1) 不熟悉巡检路线或去向不明； (2) 准备不充分	伤害后得不到及时救援	3	10	3	90	3	
7	负责人核实并批准，交代安全注意事项	(1) 不熟悉巡检路线或去向不明； (2) 准备不充分	伤害后得不到及时救援	1	10	3	30	2	
二	巡检内容								
1	17m层主机、给水泵汽轮机本体	调门检查垂直爬梯引起绊跌、踩空、坠落等	高处坠落	3	6	3	54	2	(1) 进入该区域前观察是否有泄漏； (2) 登垂直爬梯使用双扣安全带，上下爬梯时抓牢、蹬稳，不得两人同登一梯； (3) 行走时看清行走路； (4) 不得正对或靠近泄漏点； (5) 考虑好泄漏时的撤离线路； (6) 及时清理油污；
		调门检查平台引起绊跌	人身伤害	1	6	3	18	2	
		高温高压泄漏造成烫伤	灼烫	1	6	15	90	3	

编号	作业步骤	危害因素	可能导致的后果	风险评价					控制措施
				L	E	C	D	风险程度	
1	17m层主机、给水泵汽轮机本体	保温缺失造成烫伤	灼烫	1	6	3	18	2	(7) 体表接触液压油后及时用水冲洗并就医; (8) 关闭柜门时避免机械挤压; (9) 安装警示标识; (10) 备置吸油棉
		液压油泄漏造成滑倒、污染、高速油流伤人、火灾	(1) 人身伤害; (2) 环境污染; (3) 火灾	1	6	7	42	2	
2	8.6～17m层主机、给水泵汽轮机油系统;0m层密封油站	润滑油泄漏引起造成滑到、污染、火灾	(1) 人身伤害; (2) 环境污染; (3) 火灾	1	6	7	42	2	(1) 不得正对或靠近泄漏点; (2) 不得直接接触润滑油; (3) 关闭检查窗时避免机械挤压; (4) 不得触及转动部分; (5) 检查电动机金属外壳接地良好,否则禁止触摸; (6) 上下爬梯时抓牢、蹬稳; (7) 考虑好泄漏时的撤离线路; (8) 备置吸油棉
		轴承检查柜门造成手部伤害	机械伤害	1	6	1	6	1	
		汽轮机转轴造成动设备伤害	机械伤害	1	6	3	18	1	
		盘车装置电动机外壳接地不良	触电	3	6	3	54	2	
		上下楼梯造成滑跌、坠落	人身伤害	3	6	3	54	2	
3	8.6～25m层高压加热器、低压加热器及其他压力容器	高温高压泄漏造成烫伤	灼烫	1	6	15	90	3	(1) 进入该区域前观察是否有泄漏; (2) 不得正对或靠近泄漏点; (3) 考虑好泄漏时的撤离路线; (4) 安装警示标识; (5) 行走时看清平台结构、路线
		保温缺失误碰烫伤	灼烫	1	6	7	42	2	
		水位计泄漏造成烫伤	灼烫	1	6	7	42	2	

编号	作业步骤	危害因素	可能导致的后果	L	E	C	D	风险程度	控制措施
3	8.6～25m 层高压加热器、低压加热器及其他压力容器	水位计、水位测量装置管阀、变送器高温造成烫伤	灼烫	1	6	3	18	1	(1) 进入该区域前观察是否有泄漏; (2) 不得正对或靠近泄漏点; (3) 考虑好泄漏时的撤离路线; (4) 安装警示标识; (5) 行走时看清平台结构、路线
		加热器周围管阀、管架低矮导致绊跌、碰撞	人身伤害	3	6	1	18	1	
4	34m 除氧层	楼梯及检查平台造成绊跌、踩空、坠落	(1) 人身伤害; (2) 高处坠落	3	6	1	18	1	(1) 上下爬梯时抓牢、蹬稳; (2) 作业时使用安全带; (3) 选择正确的行走路线
		高温高压泄漏造成烫伤	灼烫	1	6	15	90	3	(1) 进入该区域前观察是否有泄漏; (2) 不得正对或靠近泄漏点; (3) 考虑好泄漏时的撤离路线; (4) 安装警示标识; (5) 行走时看清平台结构、路线
		水位计泄漏造成烫伤	灼烫	1	6	7	42	2	
		除氧器爆炸	(1) 物理爆炸; (2) 灼烫	1	6	15	90	2	(1) 进入该区域前观察是否有泄漏; (2) 不得正对或靠近泄漏点; (3) 考虑好泄漏时的撤离路线; (4) 安装警示标识; (5) 行走时看清平台结构、路线; (6) 安全阀按规程要求整定压力; (7) 严格执行压力容器检验规程

续表

编号	作业步骤	危害因素	可能导致的后果	风险评价					控制措施
				L	E	C	D	风险程度	
5	汽机房 0m 水泵、外围泵房	现场存在孔、洞、绊脚物或照明不良	高处坠落	3	6	1	18	1	(1) 生产厂房内外工作场所的井、坑、孔、洞或沟道，必须覆以与地面齐平的坚固的盖板；在检修工作中如需将盖板取下，必须设置临时围栏； (2) 门口、通道、楼梯和平台等处，不准放置杂物，以免阻碍通行
		机械转动	机械伤害	1	6	7	42	2	(1) 测量转动设备轴承振动及温度时，防止被转动设备搅住； (2) 转动设备在运转时不得揭下防护罩
		滑倒、绊倒	摔伤	3	6	1	18	1	(1) 及时清理工作场所的地面积油； (2) 厂房内巡检设备处要有充足的照明
三		作业环境							
1	粉尘、挥发性气体环境	(1) 设备打磨清理产生的灰尘及废弃物； (2) 清洗阀门内部时，煤油等挥发产生的气体； (3) 呼吸系统保护不当	(1) 职业危害，导致呼吸系统疾病或眼睛功能异常； (2) 设备进污染物，导致设备故障	3	3	7	63	2	(1) 定期进行体检； (2) 加强个人的防护工作； (3) 及时进行有效的清理； (4) 佩戴正确类型的防护口罩； (5) 换下的润滑油及清洗零件后的煤油必须放入废油桶； (6) 不得随意倾倒垃圾

编号	作业步骤	危害因素	可能导致的后果	风险评价					控制措施
				L	E	C	D	风险程度	
2	暴露在高噪声环境下	（1）发电厂运行机组、压缩机、高压蒸汽引起噪声或缺乏维护；（2）员工没有佩戴合适听力防护用品如耳塞、耳罩等，听力防护用品使用不当；（3）发电厂运行机组、压缩机、高压蒸汽引起噪声或缺乏维护	听力下降，致聋	3	3	7	63	2	（1）采取控制噪声措施，加强日常维护；（2）佩戴耳塞，在特高噪声区使用耳罩；（3）定期进行噪声监测，对员工进行听力基础及比较测试
四	以往发生的事件								
1	管道碰头	未戴安全帽，管道过低引起碰头	人身伤害	1	6	3	18	1	设置警告牌、戴安全帽
2	滑倒、绊倒	照明不足造成绊倒、摔伤等	人身伤害	1	6	3	18	1	（1）及时清理工作场所的地面积油；（2）厂房内巡检设备处要有充足的照明

2 汽轮机0m层及以下巡检

主要作业风险：
物体打击、坠落伤害、烫伤、腐蚀伤害、机械伤害、其他伤害

编号	作业步骤	危害因素	可能导致的后果	风险评价					控制措施
				L	*E*	*C*	*D*	风险程度	
一	巡检前准备								
1	向值班负责人汇报巡检内容	去向不明	伤害后得不到及时救援	1	10	15	150	3	（1）加强沟通； （2）交代安全注意事项； （3）正确佩戴安全帽； （4）规范着装（穿长袖工作服，袖口扣好、衣服钮好）； （5）穿劳动保护鞋； （6）携带通信工具； （7）携带手电筒，电源要充足，亮度要足够； （8）必要时戴耳塞； （9）巡检过程中不得边走边输入运行参数
2	值班负责人核实并批准，交代安全注意事项	工作无序，去向不明	伤害后得不到及时救援	1	10	15	150	3	
3	选择合适的工器具	工器具不合适	绊倒、摔伤	10	10	1	100	3	
4	准备合适的防护用具	不合适的防护造成伤害	烫伤、化学伤害、滑跌绊跌、碰撞、淹溺	6	10	15	900	5	
二	巡检内容								
1	闭冷泵及系统	系统泄漏	伤眼、滑跌	0.5	10	1	5	1	（1）不得正对或靠近泄漏点； （2）上下爬梯时抓牢、蹬稳，不得两人同蹬一梯；
		闭冷泵机械转动部分	机械伤害	1	10	3	30	2	

续表

编号	作业步骤	危害因素	可能导致的后果	L	E	C	D	风险程度	控制措施
1	闭冷泵及系统	电动机外壳接地不良	触电伤害	0.2	10	15	30	2	(3) 考虑好泄漏时的撤离线路; (4) 行走时看清行走路线; (5) 不得接触设备转动部分,不得直接接触油类; (6) 检查电动机金属外壳接地良好,否则禁止触摸,关闭柜门时避免机械挤压; (7) 及时清理积水; (8) 尽可能避免长时间靠近备用设备
		闭冷器附属管阀、花铁板	碰撞、绊跌	3	10	1	30	2	
		地面潮湿或有油迹	滑倒、摔伤	3	10	1	30	2	
		备用状态下突然启动	惊吓造成行为失措而导致伤害	1	0.5	1	0.5	1	
2	疏水冷却器	高温高压容器、管道	烫伤、爆裂	0.2	10	15	30	2	(1) 进入该区域前观察是否有泄漏; (2) 加装警告标识
3	A、B 低压加热器疏水泵	系统泄漏	烫伤	0.2	10	1	5	1	(1) 进入该区域前观察是否有泄漏; (2) 不得正对或靠近泄漏点; (3) 行走时看清行走路线; (4) 考虑好泄漏时的撤离线路; (5) 禁止触摸设备转动部分; (6) 避免触及高温高压管道; (7) 检查电动机金属外壳接地良好,否则禁止触摸; (8) 尽可能避免长时间靠近备用设备
		疏水泵机械转动部分	机械伤害	1	10	3	30	2	
		保温缺失等	烫伤	1	3	1			
		电动机外壳接地不良	触电伤害	0.2	10	15	30	2	
		备用状态下突然启动	惊吓造成行为失措而导致伤害	1	0.5	1	0.5	1	

编号	作业步骤	危害因素	可能导致的后果	风险评价					控制措施
				L	E	C	D	风险程度	
4	A、B凝结水泵	上下检查平台	绊跌、踩空、滑倒	1	10	1	10	1	(1) 加装警告标识； (2) 备置吸油棉； (3) 上下平台抓好扶手； (4) 行走时看清行走路线； (5) 考虑好泄漏时的撤离线路； (6) 不得接触设备转动部分； (7) 检查电动机金属外壳接地良好，否则禁止触摸； (8) 尽可能避免长时间靠近备用设备； (9) 进出楼梯口及时扣好防护链
		凝结水系统泄漏、地面积水	伤眼、滑跌	1	10	1	10	1	
		凝结水泵机械转动部分	机械伤害	1	10	7	70	2	
		检查通道窄	碰撞、绊跌	1	10	1	10	1	
		电动机外壳接地不良	触电伤害	0.2	10	15	30	2	
		备用状态下突然启动	惊吓造成行为失措而导致伤害	1	0.5	1	0.5	1	
		电泵组周围管阀、沟坑	碰撞、绊跌	3	10	1	30	2	
		地面潮湿或有油迹	滑倒、摔伤	1	10	1	10	1	
5	轴封加热器	周围管道布置低矮、通道狭窄	碰撞、绊跌	1	10	1	10	1	(1) 进入该区域前观察是否有泄漏； (2) 行走时看清行走路线； (3) 考虑好泄漏时的撤离线路； (4) 检查电动机金属外壳接地良好，否则禁止触摸
		电动机外壳接地不良	触电伤害	0.2	10	15	30	2	
		泄漏	烫伤	1	10	3	30	2	
		轴加风机机械转动部分	机械伤害	1	10	3	30	2	

编号	作业步骤	危害因素	可能导致的后果	L	E	C	D	风险程度	控制措施
6	发电机辅助系统（氢气、密封油、定冷水系统）	二氧化碳钢瓶	爆炸、气体窒息，倾倒砸伤人	1	3	3	9	1	(1) 备置吸油棉； (2) 加装"严禁烟火"警告标识； (3) 加装固定可燃气体监测报警装置； (4) 进入该区域前观察是否有泄漏； (5) 行走时看清行走路线； (6) 考虑好泄漏时的撤离线路； (7) 不得接触设备转动部分； (8) 检查电动机金属外壳接地良好，否则禁止触摸； (9) 及时清理泄漏油污； (10) 不得直接接触密封油； (11) 体表接触密封油后及时用水冲洗并就医； (12) 进入此区域禁止使用对讲机、手机等无线电设备； (13) 现场钢瓶固定好
		氢气管路密布	氢爆、火灾	0.5	10	15	75	3	
		定冷水泄漏	伤眼、滑跌	1	10	1	10	1	
		密封油泄漏	滑跌、化学伤害、污染、火灾	1	10	1	10	1	
		密封油泵机械转动部分	机械伤害	1	10	3	30	2	
		定冷泵机械转动部分	机械伤害	1	10	3	30	2	
		检查通道窄	碰撞、绊跌	1	10	1	10	1	
		电动机外壳接地不良	触电伤害	0.2	10	15	30	2	
		发电机辅助系统设备周围管阀、格栅等	碰撞、绊跌	1	10	1	10	1	
7	A、B、C真空泵	循环水、密封水泄漏	伤眼、滑跌	1	10	1	10	1	(1) 进入该区域前观察是否有泄漏； (2) 不得正对或靠近泄漏点； (3) 考虑好泄漏时的撤离线路； (4) 行走时看清地面是否有潮湿；
		真空泵转动机械部分	机械伤害	1	10	3	30	2	

编号	作业步骤	危害因素	可能导致的后果	风险评价					控制措施
				L	E	C	D	风险程度	
7	A、B、C真空泵	电动机外壳接地不良	触电伤害	0.2	10	15	30	2	(5) 及时清理积水； (6) 不得接触机械转动部分 (7) 检查电动机金属外壳接地良好，否则禁止触摸； (8) 尽可能避免长时间靠近备用设备； (9) 加装"地面潮湿，以防滑跌"标识
		地面潮湿	滑倒、摔伤	1	10	1	10	1	
		检查通道窄	碰撞、绊跌	1	10	1	10	1	
		备用状态下突然启动	惊吓造成行为失措而导致伤害	1	0.5	1	0.5	1	
8	高低压疏扩、疏水立管及凝汽设备	上下检查平台楼梯窄、陡	踩空、坠落	3	10	1	30	1	(1) 上下楼梯抓牢、扶好、蹬稳； (2) 行走时看清行走路线； (3) 不得正对或靠近泄漏点； (4) 考虑好泄漏时的撤离线路
		高压疏扩平台管系统复杂、低矮，照明不足	碰撞	3	10	1	30	1	
		高温高压	烫伤	0.5	10	1	5	1	
		周围管阀、地沟坑和凝泵坑	绊跌、踩空、坠落	1	10	1	10	1	
9	水室真空泵及凝汽器	热井下部管阀低矮、照明不足	碰撞、绊跌	3	10	1	30	2	(1) 上下楼梯抓牢、扶好、蹬稳； (2) 行走时看清路线，注意是否有潮湿； (3) 及时清理积水； (4) 不得接触机械转动部分；
		上下热井楼梯狭窄	踩空、坠落	3	10	1	30	2	
		循环水进出水管道下方地面积水	滑跌	1	10	1	10	1	
		真空泵转动机械部分	机械伤害	1	10	3	30	2	

编号	作业步骤	危害因素	可能导致的后果	风险评价					控制措施
				L	E	C	D	风险程度	
9	水室真空泵及凝汽器	电动机外壳接地不良	触电伤害	0.2	10	15	30	2	（5）检查电动机金属外壳接地良好，否则禁止触摸
		周围地沟坑和凝泵坑排水坑	绊跌、踩空、坠落	1	10	1	10	1	
10	开式水系统	周围地沟坑	踩空、坠落	1	10	1	10	1	（1）行走时看清地面是否有潮湿； （2）及时清理积水； （3）考虑好泄漏时的撤离线路； （4）不得接触机械转动部分； （5）检查电动机金属外壳接地良好，否则禁止触摸； （6）尽可能避免长时间靠近备用设备
		面有潮湿	滑倒、摔伤	1	10	1	10	1	
		开冷泵转动机械部分	机械伤害	1	10	3	30	2	
		电动机外壳接地不良	触电伤害	0.2	10	15	30	2	
		冷却器附近管阀布置复杂低矮	碰撞	3	10	1	30	2	
		电动滤网电机接地不良	触电伤害	1	10	3	30	2	
		泄漏	伤眼、滑跌	1	10	1	10	1	
		备用状态下突然启动	惊吓造成行为失措而导致伤害	1	0.5	1	0.5	1	
11	凝补水泵及系统	泄漏	伤眼、滑跌	1	10	1	10	1	（1）行走时看清地面是否有潮湿； （2）及时清理积水； （3）考虑好泄漏时的撤离线路； （4）不得接触机械转动部分；
		凝补水泵转动机械部分	机械伤害	1	10	3	30	2	
		电动机外壳接地不良	触电伤害	0.2	10	15	30	2	

编号	作业步骤	危害因素	可能导致的后果	风险评价					控制措施
				L	E	C	D	风险程度	
11	凝补水泵及系统	周围管阀密布复杂，通道狭窄	碰撞、绊跌	1	10	1	10	1	（5）检查电动机金属外壳接地良好，否则禁止触摸； （6）尽可能避免长时间靠近备用设备
		周围有水箱放水槽沟	踩空、坠落	1	10	1	10	1	
		露天雨天地表积水	滑倒、摔伤	1	10	1	10	1	
		备用状态下突然启动	惊吓造成行为失措而导致伤害	1	0.5	1	0.5	1	
三			巡检路线						
1	凝补水泵及系统	巡检通道窄	碰撞	0.5	10	1	5	1	（1）行走时看清行走路线，避免碰撞、绊跌； （2）设置警告牌； （3）增加照明
		照明不足	踩空、坠落	1	10	1	10	1	
2	A、B闭冷水泵	闭冷泵进口门操作平台过小且不平	绊跌、踩空、坠落	0.5	10	1	5	1	（1）设置警告牌； （2）设置合理的平台； （3）上下平台时抓好固定物； （4）行走时看清行走路线，避免碰撞、绊跌
		闭冷器的进出口门通道窄	绊跌	1	10	1	10	1	
3	高压疏水扩容器	高加危急疏水调门前手动门阀杆外突	碰撞	0.5	10	1	5	1	（1）设警示牌； （2）行走时看清行走路线，避免碰撞

续表

编号	作业步骤	危害因素	可能导致的后果	L	E	C	D	风险程度	控制措施
4	A、B 低压加热器疏水泵	保温部分缺失	烫伤	1	10	3	30	2	(1) 设警示牌； (2) 不要近距离接触，随便触摸； (3) 行走时看清行走路线
		泵体级见外罩密封不好滴水造成地面积水	滑跌	0.5	10	1	5	1	
5	轴封加热器	巡检通道狭窄	碰撞、绊跌	0.5	10	1	5	1	看清行走路线，避免碰撞、绊跌
6	发电机辅助系统（氢气、密封油、定冷水系统）	定冷水冷却器冷却水回水调门前后阀影响通行	碰撞	0.5	10	1	5	1	(1) 设警示牌； (2) 行走时看清行走路线，避免碰撞、绊跌
		密封油消防系统影响设备检查	碰撞、绊跌	0.5	10	1	5	1	
7	A、B 凝泵及附属管阀	滤网处平台偶尔会井盖门未盖好	踩空、坠落	1	10	1	10	1	(1) 设警示牌； (2) 上下平台时抓好固定物； (3) 行走时看清行走路线
		巡检通道窄	碰撞、绊跌	0.5	10	1	5	1	
8	A、B、C 真空泵	巡检通道窄	碰撞、绊跌	0.5	10	1	5	1	(1) 设警示牌； (2) 行走时看清行走路线，避免碰撞
		冷却器冷却水进出口门	碰撞	0.5	10	1	5	1	
9	低扩及凝汽器	楼梯陡	踩空、坠落	1	10	1	10	1	(1) 设警示牌； (2) 上下楼梯时抓牢栏杆； (3) 行走时看清行走路线，避免碰撞、绊跌、滑跌
		检查通道窄	碰撞、绊跌	0.5	10	1	5	1	
		地面积水	滑跌	0.5	10	1	5	1	
		热井下部照明不足	碰撞、绊跌	0.5	10	1	5	1	

编号	作业步骤	危害因素	可能导致的后果	风险评价					控制措施
				L	E	C	D	风险程度	
10	疏水立管平台	楼梯狭小陡	踩空、坠落	1	10	1	10	1	(1) 设警示牌; (2) 增设照明; (3) 上下楼梯时抓牢栏杆; (4) 行走时看清行走路线,避免碰撞、绊跌、滑跌
		平台上照明不充足	碰撞、绊跌	0.5	10	1	5	1	
11	润滑油箱	地面异滑	滑跌	0.5	10	1	5	1	行走时看清行走路线
12	开冷泵系统	地面潮湿	滑跌	0.5	10	1	5	1	行走时看清行走路线

3 汽轮机8.6m层巡检

	主要作业风险： 物体打击、坠落伤害、烫伤、腐蚀伤害、机械伤害、其他伤害								

编号	作业步骤	危害因素	可能导致的后果	风险评价					控制措施
				L	*E*	*C*	*D*	风险程度	
一		巡检前准备							
1	向值班负责人汇报巡检内容	去向不明	伤害后得不到及时救援	1	10	15	150	3	（1）加强沟通； （2）交代安全注意事项； （3）正确佩戴安全帽； （4）规范着装（穿长袖工作服，袖口扣好、衣服钮好）； （5）穿劳动保护鞋； （6）携带通信工具； （7）携带手电筒，电源要充足，亮度要足够； （8）必要时戴耳塞； （9）巡检过程中不得边走边输入运行参数
2	值班负责人核实并批准，交代安全注意事项	工作无序，去向不明	伤害后得不到及时救援	1	10	15	150	3	
3	选择合适的工器具	工器具不合适	绊倒、摔伤	10	10	1	100	3	
4	准备合适的防护用具	不合适的防护造成伤害	烫伤、化学伤害、滑跌绊伤、碰撞、淹溺、	6	10	15	900	5	
二		巡检内容							
1	润滑油及净化油装置	润滑油箱爬梯陡	踩空、坠落	1	10	3	30	2	（1）垂直爬梯、平台装设防护栏、缺损格栅补全； （2）备置吸油棉； （3）加装警告标识； （4）进入该区域前观察是否有泄漏；
		润滑油箱检查平台不平	滑跌、坠落	0.5	10	3	15	1	

编号	作业步骤	危害因素	可能导致的后果	L	E	C	D	风险程度	控制措施
1	润滑油及净化油装置	油泵、排油烟机、输油泵	机械伤害	1	10	3	30	2	(5) 上下爬梯时抓牢、蹬稳，不得两人同蹬一梯； (6) 不得接触设备转动部分； (7) 检查电动机金属外壳接地良好，否则禁止触摸； (8) 行走时看清行走路线； (9) 不得正对或靠近泄漏点； (10) 考虑好泄漏时的撤离线路； (11) 及时清理油污、积水； (12) 不得直接接触润滑油； (13) 体表接触润滑油后及时用水冲洗并就医； (14) 关闭柜门时避免机械挤压
		润滑油压力表柜检查	机械挤压	0.2	10	1	2	1	
		润滑油系统泄漏	滑跌、污染、火灾、化学伤害	1	10	7	70	2	
		周围地面积油、积水	滑跌	1	10	1	10	1	
		电动机外壳接地不良	触电伤害	0.2	10	15	30	2	
2	抗燃油泵及系统	液压油泄漏	污染、滑跌、火灾、高速油流泄漏伤人、化学伤害	1	10	7	70	2	(1) 加装警告标识； (2) 备置吸油棉； (3) 架子围栏； (4) 进入该区域前观察是否有泄漏； (5) 不得接触设备转动部分 (6) 行走时看清行走路线； (7) 不得正对或靠近泄漏点； (8) 考虑好泄漏时的撤离线路； (9) 及时清理油污、积水； (10) 不得直接接触抗燃油；
		抗燃油泵转动机械部分	机械伤害	1	10	3	30	2	
		泵组周围地面积油、积水	滑跌	1	10	1	10	1	

215

编号	作业步骤	危害因素	可能导致的后果	L	E	C	D	风险程度	控制措施
2	抗燃油泵及系统	抗燃油装置检查柜门	机械挤压	0.2	10	1	2	1	(11) 体表接触液压油后及时用水冲洗并就医； (12) 检查电动机金属外壳接地良好，否则禁止触摸； (13) 关闭柜门时避免机械挤压
		电动机外壳接地不良	触电伤害	0.2	10	15	30	2	
3	高、低压旁路系统	高温高压泄漏	烫伤	1	10	3	30	2	(1) 加装警告标识； (2) 爬梯子时使用安全带； (3) 保证照明充足； (4) 进入该区域前观察是否有泄漏； (5) 行走时看清行走路线； (6) 不得正对或靠近泄漏点； (7) 考虑好泄漏时的撤离线出路； (8) 不得直接接触液压油； (9) 体表接触液压油后及时用水冲洗并就医； (10) 关闭美化罩门时避免机械挤压
		液压油泄漏	滑跌、火灾	1	10	3	30	2	
		检查通道狭窄	绊跌、碰撞	1	10	1	10	1	
		保温缺失	烫伤	1	3	1	3	1	
		高压旁路美化罩门	机械伤害、手部伤害	0.5	10	1	5	1	
4	2号高压加热器	高温高压容器、管道	烫伤、爆裂	0.2	10	15	30	2	(1) 加装警告标识； (2) 进入该区域前观察是否有泄漏； (3) 不得正对或靠近泄漏点； (4) 考虑好泄漏时的撤离线路； (5) 行走时看清平台结构； (6) 上下爬梯时抓牢蹬稳
		保温缺失等	烫伤	1	3	1	3	1	
		水位计泄漏、爆破	烫伤	1	10	3	30	2	
		水位计检查通道窄、梯陡	绊跌、踩空、坠落	1	10	1	10	1	

编号	作业步骤	危害因素	可能导致的后果	风险评价					控制措施
				L	E	C	D	风险程度	
5	6号低压加热器	高温高压容器、管道	烫伤、爆裂	0.2	10	15	30	2	(1) 加装警告标识； (2) 进入该区域前观察是否有泄漏； (3) 不得正对或靠近泄漏点； (4) 考虑好泄漏时的撤离线路； (5) 行走时看清平台结构； (6) 上下爬梯时抓牢蹬稳
		保温缺失等	烫伤	1	3	1	3	1	
		水位计泄漏、爆破	烫伤	1	10	3	30	2	
		水位计检查通道窄、梯陡	绊跌、踩空、坠落	1	10	1	10	1	
6	凝汽器及附属设备	凝汽器周围管阀	绊跌、碰撞、泄漏	1	10	1	10	1	(1) 保证照明充足； (2) 行走时看清行走路线
7	高中压调门及机头下方区域	高温高压	烫伤	1	10	3	30	2	(1) 备置吸油棉； (2) 加装警告标识； (3) 增加照明； (4) 进入该区域前观察是否有泄漏； (5) 行走时看清行走路线； (6) 不得正对或靠近泄漏点； (7) 考虑好泄漏时的撤离线路； (8) 及时清理油污； (9) 不得直接接触油类； (10) 体表接触液压油后及时用水冲洗并就医
		保温缺失等	烫伤	1	3	1	3	1	
		液压油泄漏	滑跌、化学伤害、污染、火灾	1	10	3	30	2	
		低矮管阀、管架、空间环境窄小	绊跌、碰撞	1	10	1	10	1	
		照明不足	绊跌、碰撞	1	10	1	10	1	
三		巡检路线							
1	油室及抗燃油站	垂直爬梯无防护栏	坠落	1	10	3	30	2	(1) 爬梯装设防护栏； (2) 设置警告牌； (3) 增加照明；
		润滑油箱地面放油管	绊跌	1	10	1	10	1	

217

续表

编号	作业步骤	危害因素	可能导致的后果	风险评价					控制措施
				L	E	C	D	风险程度	
1	油室及抗燃油站	小机油箱及其管道	影响通行	0.5	10	1	5	1	（4）上下爬梯时抓牢、登稳； （5）行走时看清行走路线，避免碰撞； （6）地面是否有积油
		该区域地面容易滑跌	易滑跌	0.5	10	1	5	1	
2	2号高压加热器及低压加热器	（1）至加热器水位检查通道窄、梯陡； （2）高温高压泄漏易烫伤	踩空、滑跌、坠落、烫伤	1	10	3	30	2	（1）增加警示牌； （2）行走时看清行走路线
3	高、低压旁路系统	（1）部分低矮管阀、管架及露出的阀杆； （2）垂直爬梯无防护栏	碰撞、坠落	1	10	1	10	1	（1）设置警告牌； （2）行走时看清行走路线； （3）巡检时携带手电
4	凝汽器及附属设备	部分低矮管阀、管架及露出的的阀杆	碰撞	1	10	1	10	1	（1）增加照明； （2）上下楼梯时抓好固定物； （3）行走时看清行走路线
		检查通道窄	碰撞、绊跌	0.5	10	1	5	1	

4 汽轮机17m及辅汽联箱层巡检

主要作业风险：
物体打击、坠落伤害、烫伤、腐蚀伤害、机械伤害、其他伤害

编号	作业步骤	危害因素	可能导致的后果	风险评价					控制措施
				L	E	C	D	风险程度	
一	巡检前准备								
1	向值班负责人汇报巡检内容	去向不明	伤害后得不到及时救援	1	10	15	150	3	（1）加强沟通； （2）交代安全注意事项； （3）正确佩戴安全帽； （4）规范着装（穿长袖工作服，袖口扣好、衣服钮好）； （5）穿劳动保护鞋； （6）携带通信工具； （7）携带手电筒，电源要充足，亮度要足够； （8）必要时戴耳塞； （9）巡检过程中不得边走边输入运行参数
2	值班负责人核实并批准，交代安全注意事项	工作无序，去向不明	伤害后得不到及时救援	1	10	15	150	3	
3	选择合适的工器具	工器具不合适	绊倒、摔伤	10	10	1	100	3	
4	准备合适的防护用具	不合适的防护造成伤害	烫伤、化学伤害、滑跌绊跌、碰撞、淹溺、	6	10	15	900	5	
二	巡检内容								
1	高中压主汽门、调门	调门检查垂直爬梯	绊跌、踩空、坠落伤害	1	10	3	30	2	（1）垂直爬梯、平台装设防护栏、缺损格栅补全； （2）备置吸油棉； （3）加装警告标识；
		调门检查平台	绊跌、踩空、坠落伤害	1	10	3	30	2	

续表

编号	作业步骤	危害因素	可能导致的后果	L	E	C	D	风险程度	控制措施
1	高中压主汽门、调门	高温高压泄漏	烫伤	1	10	3	30	2	(4) 进入该区域前观察是否有泄漏; (5) 上下爬梯时抓牢、蹬稳,不得两人同蹬一梯; (6) 行走时看清行走路; (7) 不得正对或靠近泄漏点; (8) 考虑好泄漏时的撤离线路; (9) 及时清理油污; (10) 不得直接接触油类; (11) 体表接触液压油后及时用水冲洗并就医; (12) 关闭柜门时避免机械挤压
		保温缺失	烫伤	1	3	1	3	1	
		液压油泄漏	滑到、火灾、高速油流泄漏伤人、化学伤害、污染	1	10	3	30	2	
		调门检查窗	机械伤害、手部伤害	0.5	10	1	5	1	
2	1号高压加热器	高温高压容器、管道	烫伤、爆裂	0.2	10	15	30	2	加装警告标识
		保温缺失等	烫伤	1	3	1	3	1	
		水位计泄漏、爆破	烫伤	1	10	3	30	2	
		水位计检查通道窄、梯陡	绊跌、踩空、坠落	1	10	1	10	1	
3	5号低压加热器	高温高压容器、管道	烫伤、爆裂	0.2	10	15	30	2	加装警告标识
		保温缺失等	烫伤	1	3	1	3	1	
		水位计泄漏、爆破	烫伤	1	10	3	30	2	
		水位计检查通道窄、梯陡	绊跌、踩空、坠落	1	10	1	10	1	

续表

编号	作业步骤	危害因素	可能导致的后果	风险评价					控制措施
				L	E	C	D	风险程度	
4	A、B 给水泵组	上下检查平台	绊跌、踩空、滑倒	1	10	1	10	1	(1) 加装警告标识； (2) 备置吸油棉； (3) 进入该区域前观察是否有泄漏； (4) 不得正对或靠近泄漏点； (5) 避免触及高温高压管道； (6) 行走时看清平台结构，上下平台必须走踏步梯； (7) 考虑好泄漏时的撤离线路； (8) 严禁触摸给水泵组、给水泵汽轮机油泵、油净化输油泵、盘车装置的旋转部分； (9) 检查电动机金属外壳接地良好，否则禁止触摸； (10) 看清地面，小心滑倒； (11) 及时联系清除油迹； (12) 体表接触润滑油后及时用水冲洗并就医
		高温高压泄漏	烫伤	1	10	1	10	1	
		保温缺失等	烫伤	1	3	1	3	1	
		给泵组在运转时	机械伤害	1	10	7	70	2	
		润滑油泄漏	滑倒、化学伤害、污染、火灾	1	10	1	10	1	
		地面潮湿或有油迹	滑倒、摔伤	1	10	1	10	1	
		给泵组周围管阀、花铁板	碰撞、绊跌	3	10	1	30	2	
		电动机外壳接地不良	触电伤害	0.2	10	15	30	1	
5	电动给泵组	高温高压泄漏	烫伤	1	10	1	10	1	(1) 加装警告标识； (2) 备置吸油棉； (3) 进入该区域前观察是否有泄漏； (4) 不得正对或靠近泄漏点； (5) 避免触及高温高压管道；
		保温缺失等	烫伤	1	3	1	3	1	
		润滑油泄漏	滑倒、化学伤害、污染、火灾	1	10	1	10	1	
		电泵组在运转时	机械伤害	1	3	7	21	2	

续表

编号	作业步骤	危害因素	可能导致的后果	风险评价 L	E	C	D	风险程度	控制措施
5	电动给泵组	电泵组周围管阀、沟坑	碰撞、绊跌	3	10	1	30	2	(6) 考虑好泄漏时的撤离线路； (7) 严禁触摸给泵组的旋转部分； (8) 行走时看清地面，小心滑倒； (9) 尽可能避免长时间靠近备用设备； (10) 检查电动机金属外壳接地良好，否则禁止触摸； (11) 及时联系清除油迹； (12) 体表接触润滑油后及时用水冲洗并就医
		地面潮湿或有油迹	滑倒、摔伤	1	10	1	10	1	
		备用状态下突然启动	惊吓造成行为失措而导致伤害	1	0.5	1	0.5	1	
		电动机外壳接地不良	触电伤害	0.2	10	15	30	2	
6	1号～8号轴承检查	润滑油泄漏	滑到、化学伤害、污染、火灾	1	10	1	10	1	(1) 备置吸油棉； (2) 加装警告标识； (3) 不得正对或靠近泄漏点； (4) 不得直接接触润滑油； (5) 考虑好泄漏时的撤离线路； (6) 关闭检查窗时避免机械挤压； (7) 不得触及转动部分； (8) 检查电动机金属外壳接地良好，否则禁止触摸； (9) 上下爬梯时抓牢、蹬稳
		轴承检查柜门	机械伤害、手部伤害	0.5	10	1	5	1	
		汽轮机转轴	机械伤害	0.2	10	15	30	2	
		盘车装置电动机外壳接地不良	触电伤害	0.2	10	15	30	2	
		上下楼梯	滑跌、坠落	0.5	10	1	5	1	

续表

编号	作业步骤	危害因素	可能导致的后果	风险评价					控制措施
				L	E	C	D	风险程度	
7	辅汽母管层	高温高压泄漏	烫伤	1	10	3	30	2	(1) 进入该区域前观察是否有泄漏; (2) 不得正对或靠近泄漏点; (3) 考虑好泄漏时的撤离线路; (4) 行走时看清平台结构
		保温缺失等	烫伤	1	3	1	3	1	
8	密封油排烟风机、氢冷器	油泄漏	滑倒、化学伤害、污染、火灾	1	10	1	10	1	(1) 进入该区域前观察是否有泄漏; (2) 行走时看清行走路线; (3) 不得正对或靠近泄漏点; (4) 考虑好泄漏时的撤离线路; (5) 及时清理油污、积水; (6) 不得直接接触润滑油; (7) 体表接触润滑油后及时用水冲洗并就医
		冷却水泄漏	滑跌、伤眼	0.5	10	1	5	1	
三			巡检路线						
1	高中压主汽门、调门检查检查爬梯	垂直爬梯无防护栏	滑跌、坠落	1	10	3	30	2	(1) 爬梯装设防护栏; (2) 设置警告牌; (3) 上下爬梯时抓牢、登稳; (4) 禁止两人同时攀登
2	A、B给泵组	A、B给泵组检查操作平台无栏杆	绊跌、踩空、坠落	0.5	10	1	5	1	(1) 设置警告牌; (2) 行走时看清行走路线,避免碰撞、绊跌
		轴封进汽阀杆伸出	绊跌	1	10	1	10	1	
		A、B小机低压疏水总阀露出地面	绊跌	1	10	1	10	1	

编号	作业步骤	危害因素	可能导致的后果	风险评价					控制措施
				L	*E*	*C*	*D*	风险程度	
3	辅汽层	至高压加热器水位检查通道窄、梯陡	踩空、滑跌、坠落	1	10	3	30	2	（1）上下楼梯时抓好固定物； （2）行走时看清行走路线； （3）增加照明

5 汽轮机25m层巡检

主要作业风险：
物体打击、坠落伤害、烫伤、腐蚀伤害、机械伤害、其他伤害

编号	作业步骤	危害因素	可能导致的后果	L	E	C	D	风险程度	控制措施
一			巡检前准备						
1	向值班负责人汇报巡检内容	去向不明	伤害后得不到及时救援	1	10	15	150	3	（1）加强沟通； （2）交待安全注意事项； （3）正确佩戴安全帽； （4）规范着装（穿长袖工作服，袖口扣好、衣服钮好）； （5）穿劳动保护鞋； （6）携带通信工具； （7）携带手电筒，电源要充足，亮度要足够； （8）必要时戴耳塞； （9）巡检过程中不得边走边输入运行参数
2	值班负责人核实并批准，交代安全注意事项	工作无序，去向不明	伤害后得不到及时救援	1	10	15	150	3	
3	选择合适的工器具	工器具不合适	绊倒、摔伤	10	10	1	100	3	
4	准备合适的防护用具	不合适的防护造成伤害	烫伤、化学伤害、滑跌绊跌、碰撞、淹溺	6	10	15	900	5	
二			巡检内容						
1	闭冷水箱	闭冷水补水管道阀门泄漏	滑倒、伤眼	1	10	3	30	2	（1）行走时看清行走路线； （2）考虑好泄漏时的撤离线路； （3）及时清理积水
2	3A高压加热器	高温高压容器、管道	烫伤、爆裂	0.2	10	15	30	2	加装警告标识

编号	作业步骤	危害因素	可能导致的后果	风险评价					控制措施
				L	E	C	D	风险程度	
2	3A 高压加热器	保温缺失等	烫伤	1	3	1	3	1	加装警告标识
		水位计泄漏、爆破	烫伤	1	10	3	30	2	
		水位计检查通道窄、梯陡	绊跌、踩空、坠落	1	10	1	10	1	
3	3B 高压加热器	高温高压容器、管道	烫伤、爆裂	0.2	10	15	30	2	加装警告标识
		保温缺失等	烫伤	1	3	1	3	1	
		水位计泄漏、爆破	烫伤	1	10	3	30	2	
		水位计检查通道窄、梯陡	绊跌、踩空、坠落	1	10	1	10	1	
4	1A 前置泵入口滤网	高温高压泄漏	烫伤	1	10	1	10	1	(1) 加装警告标识; (2) 进入该区域前观察是否有泄漏; (3) 不得正对或靠近泄漏点; (4) 避免触及高温高压管道; (5) 行走时看清平台结构,上下平台必须走踏步梯; (6) 考虑好泄漏时的撤离线路; (7) 严禁触摸滤网阀门法兰没有保温的地方; (8) 看清地面,小心滑倒; (9) 及时联系清除油迹
		保温缺失等	烫伤	1	3	1	3	1	
		高温高压泄漏	烫伤	1	10	1	10	1	
		保温缺失等	烫伤	1	3	1	3	1	

编号	作业步骤	危害因素	可能导致的后果	风险评价					控制措施
				L	*E*	*C*	*D*	风险程度	
5	1B 前置泵入口滤网	高温高压泄漏	烫伤	1	10	1	10	1	(1) 加装警告标识； (2) 进入该区域前观察是否有泄漏； (3) 不得正对或靠近泄漏点； (4) 避免触及高温高压管道； (5) 行走时看清平台结构，上下平台必须走踏步梯； (6) 考虑好泄漏时的撤离线路； (7) 严禁触摸滤网阀门法兰没有保温的地方； (8) 看清地面，小心滑倒； (9) 及时联系清除油迹
		保温缺失等	烫伤	1	3	1	3	1	
6	1C 前置泵入口滤网	高温高压泄漏	烫伤	1	10	1	10	1	(1) 进入该区域前观察是否有泄漏； (2) 不得正对或靠近泄漏点； (3) 避免触及高温高压管道； (4) 行走时看清平台结构，上下平台必须走踏步梯； (5) 考虑好泄漏时的撤离线路； (6) 严禁触摸滤网阀门法兰没有保温的地方； (7) 看清地面，小心滑倒； (8) 及时联系清除油迹
		保温缺失等	烫伤	1	3	1	3	1	
7	定冷水箱	水箱及附属管道结构泄漏	滑倒、伤眼	0.5	10	1	5	1	(1) 不得正对或靠近泄漏点； (2) 考虑好泄漏时的撤离线路

编号	作业步骤	危害因素	可能导致的后果	风险评价					控制措施
				L	E	C	D	风险程度	
8	除氧器再循环泵及其滤网阀门和管道	高温高压泄漏	烫伤	1	10	1	10	1	（1）进入该区域前观察是否有泄漏； （2）不得正对或靠近泄漏点； （3）避免触及高温高压管道； （4）考虑好泄漏时的撤离线路； （5）严禁触摸泵组的旋转部分； （6）行走时看清地面，小心滑倒； （7）检查电动机金属外壳接地良好，否则禁止触摸
		保温缺失等	烫伤	1	3	1	1	1	
		泵组在运转时	机械伤害	1	3	1	3	1	
		泵组周围管阀、沟坑	碰撞、绊跌	3	10	3	90	3	
		备用状态下突然启动	惊吓造成行为失措而导致伤害	1	3	1	3	1	
		电动机外壳接地不良	触电伤害	1	1	1	1	1	
三			巡检路线						
1	闭冷水箱	水箱位于小平台上，有小台阶	绊跌、踩空	0.5	10	1	5	1	行走时注意脚下
2	A、B、C前置泵入口滤网	至高压加热器水位检查通道窄、梯陡	绊跌	1	10	1	10	1	（1）设置警告牌； （2）行走时看清行走线路，避免碰撞、绊跌

6 汽轮机34.5m层巡检

主要作业风险：
物体打击、坠落伤害、烫伤、腐蚀伤害、机械伤害、其他伤害

编号	作业步骤	危害因素	可能导致的后果	风险评价					控制措施
				L	E	C	D	风险程度	
一		巡检前准备							
1	向值班负责人汇报巡检内容	去向不明	伤害后得不到及时救援	1	10	15	150	3	（1）加强沟通； （2）交待安全注意事项； （3）正确佩戴安全帽； （4）规范着装（穿长袖工作服，袖口扣好、衣服钮好）； （5）穿劳动保护鞋； （6）携带通信工具； （7）携带手电筒，电源要充足，亮度要足够； （8）必要时戴耳塞； （9）巡检过程中不得边走边输入运行参数
2	值班负责人核实并批准，交代安全注意事项	工作无序，去向不明	伤害后得不到及时救援	1	10	15	150	3	
3	选择合适的工器具	工器具不合适	绊倒、摔伤	10	10	1	100	3	
4	准备合适的防护用具	不合适的防护造成伤害	烫伤、化学伤害、滑跌绊跌、碰撞	6	10	15	900	5	
二		巡检内容							
1	除氧层	检查平台	绊跌、踩空、坠落	0.5	10	1	10	1	（1）设置警告牌； （2）进入该区域前观察是否有泄漏； （3）行走时看清走路线；
		高温高压泄漏	烫伤	1	10	3	30	2	

编号	作业步骤	危害因素	可能导致的后果	L	E	C	D	风险程度	控制措施
1	除氧层	除氧器爆炸	爆炸、烫伤	0.2	10	15	30	2	(4) 不得正对或靠近泄漏点； (5) 考虑好泄漏时的撤离线路； (6) 不得在此区域长时间停留
2	3号高压加热器正常疏水调门检查	调门检查平台	绊跌、踩空、坠落伤害	1	10	3	30	2	(1) 进入该区域前观察是否有泄漏； (2) 上下管道时抓牢、蹬稳，不得两人同蹲一管道； (3) 行走时看清行走路； (4) 不得正对或靠近泄漏点； (5) 考虑好泄漏时的撤离线路； (6) 及时包好破损保温
		高温高压泄漏	烫伤	1	10	3	30	2	
		保温缺失	烫伤	1	3	1	3	1	
		压缩空气泄漏	高速气流泄漏伤人	1	10	3	30	2	
		调门开度检查	机械伤害、手部伤害	0.5	10	1	5	1	
		高温高压容器、管道	烫伤、爆裂	0.2	10	15	30	2	
3	辅汽、四抽进气	高温高压泄漏	烫伤	1	10	3	30	2	(1) 进入该区域前观察是否有泄漏； (2) 行走时看清行走路线； (3) 不得正对或靠近泄漏点； (4) 考虑好泄漏时的撤离线路； (5) 保温避免机械挤压
		压缩空气泄漏	烫伤	1	10	3	30	2	
		检查通道狭窄	绊跌、踩空、坠落	1	10	1	10	1	
		保温缺失	绊跌、踩空、滑倒	1	3	1	3	1	

续表

编号	作业步骤	危害因素	可能导致的后果	风险评价					控制措施
				L	*E*	*C*	*D*	风险程度	
三		巡检路线							
1	除氧层	除氧层部分低矮管阀、管架及露出的阀杆	碰撞	1	10	1	10	1	（1）设置警告牌； （2）行走时看清行走路线； （3）及时清理积水
		除氧器平台楼梯较陡	滑跌、坠落	1	10	1	10	1	
		地面积水	滑跌	0.5	10	1	5	1	

7 循环泵房区域巡检

主要作业风险:	控制措施:
物体打击、坠落伤害、烫伤、腐蚀伤害、机械伤害、其他伤害	(1) 准备合适的巡检工具及通信工具; (2) 正确佩戴安全防护用品; (3) 按安规要求着装; (4) 保持良好的通信畅通及信息沟通; (5) 设置合理的警示及提示标识; (6) 提供充足的现场照明

编号	作业步骤	危害因素	可能导致的后果	L	E	C	D	风险程度	控制措施
一			巡检前准备						
1	向值班负责人汇报巡检内容	去向不明	伤害后得不到及时救援	3	10	1	30	2	(1) 加强沟通; (2) 交待安全注意事项; (3) 正确佩戴安全帽; (4) 规范着装(穿长袖工作服、袖口扣好、衣服钮好); (5) 穿劳动保护鞋; (6) 携带通信工具; (7) 携带手电筒,电源要充足,亮度要足够; (8) 必要时戴耳塞; (9) 巡检过程中不得边走边输入运行参数
2	值班负责人核实并批准,交代安全注意事项	工作无序,去向不明	伤害后得不到及时救援	3	10	1	30	2	
3	选择合适的工器具	工器具不合适	绊倒、摔伤	3	10	1	30	2	
4	准备合适的防护用具	不合适的防护造成伤害	烫伤、化学伤害、滑跌绊跌、碰撞、淹溺	3	10	3	90	3	

编号	作业步骤	危害因素	可能导致的后果	风险评价					控制措施
				L	*E*	*C*	*D*	风险程度	
二			巡检内容						
1	液压油系统	液压油泄漏	滑跌、化学伤害、污染、高速油流伤人、火灾	1	10	3	30	2	（1）加装警告标识； （2）进入该区域前观察是否有泄漏； （3）不得正对或靠近泄漏点； （4）行走时看清平台结构； （5）考虑好泄漏时的撤离线路； （6）严禁触摸油泵旋转部分； （7）检查电动机金属外壳接地良好，否则禁止触摸； （8）看清地面，小心滑倒； （9）及时联系清除油迹； （10）体表接触液压油后及时用水冲洗并就医
		液压油泵转动部分	机械伤害	1	10	3	30	2	
		电动机外壳接地不良	触电伤害	0.2	10	15	30	2	
		液压油泵组通道窄、不平	绊跌、碰撞	1	10	1	10	1	
		地面油污	滑跌	0.5	10	1	5	1	
2	蝶阀坑	蝶阀坑楼梯陡	绊跌、踩空、坠落	1	10	3	30	2	（1）加装警告标识； （2）至蝶阀坑楼梯中部有一管道影响通行，需改进； （3）蝶阀坑地面美化，铁板铺设不平，需改进； （4）备置吸油棉； （5）进入该区域前观察是否有泄漏；
		液压油泄漏	滑跌、化学伤害、污染、高速油流伤人、火灾	1	10	3	30	2	
		循环泵及冷却水泵转动部分	机械伤害	0.2	10	15	30	2	

续表

编号	作业步骤	危害因素	可能导致的后果	风险评价					控制措施
				L	E	C	D	风险程度	
2	蝶阀坑	电动机外壳接地不良	触电伤害	0.2	10	15	30	2	(6) 上下楼梯抓紧栏杆; (7) 行走时看清行走路线; (8) 不得正对或靠近泄漏点; (9) 考虑好泄漏时的撤离线路; (10) 不得直接接触液压油; (11) 体表接触液压油后及时用水冲洗并就医; (12) 及时清除地面积水、积油; (13) 不得触及转动部分; (14) 检查电动机金属外壳接地良好,否则禁止触摸; (15) 尽可能避免长时间靠近备用设备; (16) 禁止从蝶阀摆锤下方通过; (17) 及时扣好梯口防护链
		循环泵本体	绊跌、碰撞	0.5	10	1	5	1	
		蝶阀液压油管系	绊跌	1	10	1	10	1	
		冷却水管系	绊跌	1	10	1	10	1	
		地面不平	绊跌	0.5	10	1	5	1	
		地面积水、积油	滑跌	1	10	1	10	1	
		蝶阀摆锤突关	砸伤	1	10	3	30	2	
		备用状态下突然启动	惊吓造成行为失措而导致伤害	1	10	1	10	1	
3	冲洗泵及排污泵坑	高温高压泄漏	烫伤	1	10	1	10	1	(1) 加装警告标识; (2) 上下楼梯抓紧栏杆; (3) 不得触及转动部分; (4) 行走时看清行走路线; (5) 及时清除地面积水; (6) 及时扣好梯口防护链; (7) 检查电动机金属外壳接地良好,否则禁止触摸
		保温缺失等	烫伤	1	3	1	3	1	
		润滑油泄漏	滑倒、化学伤害、污染、火灾	1	10	1	10	1	
		电泵组在运转时	机械伤害	1	3	7	21	2	
		电泵组周围管阀、沟坑	碰撞、绊跌	3	10	1	30	2	

编号	作业步骤	危害因素	可能导致的后果	风险评价					控制措施
				L	E	C	D	风险程度	
4	循环泵水槽、滤网及相关设备	旋转滤网转动部件	机械伤害	0.5	10	1	5	1	(1) 加装警告标识； (2) 整治沟盖地平； (3) 行走时看清行走路线； (4) 不得触及转动部分； (5) 及时清除地面积水、冰雪； (6) 及时清除地面杂草； (7) 查看水槽水位时禁止脚踏、翻越防护栏杆，避免滑跌、淹溺； (8) 检查电动机金属外壳接地良好，否则禁止触摸； (9) 旋转滤网运行时禁止将头、手伸入观察窗内
		电动机外壳接地不良	触电伤害	0.2	10	15	30	2	
		室内水槽闸板槽盖不平	绊跌	1	10	1	10	1	
		室外水槽闸板槽盖不平	绊跌	1	10	1	10	1	
		滤网冲洗水沟盖不平	绊跌、淹溺	0.2	10	15	30	2	
		恶劣天气（冰、冻、雨、雪）	滑跌、淹溺	0.2	10	10	30	2	
		杂草、小动物	小动物伤害	0.1	10	1	1	1	
三		巡检路线							
1	循环泵房室内设备	蝶阀坑梯陡、地面不平	踩空、坠落、绊跌	1	10	3	30	2	(1) 加装警告标识； (2) 整治沟盖地平； (3) 上下楼梯抓紧栏杆； (4) 行走时看清行走路线
		排污泵坑梯陡	踩空、坠落	1	10	1	10	1	
		室内水槽闸板槽盖不平	绊跌	0.5	10	1	5	1	
2	循环泵房室外设备	室外水槽闸板槽盖不平	绊跌	1	10	1	10	1	(1) 加装警告标识； (2) 整治沟盖地平； (3) 行走时看清行走路线；

编号	作业步骤	危害因素	可能导致的后果	风险评价					控制措施
				L	E	C	D	风险程度	
2	循环泵房室外设备	冲洗泵、排污泵管系低矮	绊跌、碰撞	1	10	1	10	1	（4）及时清除地面杂草、积水、冰雪； （5）查看水槽水位时禁止脚踏、翻越防护栏杆，避免滑跌、淹溺； （6）行走时远离闸板架
		滤网冲洗水沟盖不平	绊跌	0.2	10	15	30	2	
		恶劣气候（冰、冻、雨、雪）	滑跌、淹溺	0.2	10	15	30	2	
		杂草、小动物	小动物伤害	0.1	10	1	1	1	
		水槽闸板架	倾倒砸伤	0.2	10	15	30	2	

三、汽轮机检修部分

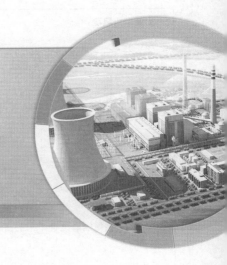

1 EH油系统检修

<table>
<tr><td colspan="2">主要作业风险：
（1）设备损坏；
（2）火灾；
（3）灼烫；
（4）机械伤害；
（5）环境污染</td><td colspan="2">控制措施：
（1）双方共同确认检修开关，上锁，验电，并挂好警示牌；
（2）正确使用个人防护用品；
（3）对员工进行针对性的安全培训和技能培训；
（4）操作步骤和设备检修工艺严格执行；
（5）做好环境受污染处理预案；
（6）进行特殊作业的安全交底工作</td></tr>
</table>

编号	作业步骤	危害因素	可能导致的后果	风险评价 L	E	C	D	风险程度	控制措施
一			检修前准备						
1	确认措施隔离是否到位	（1）拉错开关，走错间隔或误送电导致设备带电或误动； （2）分闸时引起着火； （3）误碰其他有电部位产生电弧	（1）触电； （2）火灾； （3）设备事故	3	2	15	90	3	（1）办理工作票，确认执行安全措施； （2）双方共同确认检修开关是否到位； （3）正确地使用个人防护用品，如绝缘手套、绝缘鞋、面罩和防电弧服
2	布置场地	（1）工器具摆放凌乱； （2）场地选择不当，如场地照明不足	（1）人身伤害； （2）影响人员通行	3	2	3	18	1	（1）严格执行定置管理要求； （2）进场前进行确认检查； （3）正确使用工器具

编号	作业步骤	危害因素	可能导致的后果	风险评价					控制措施
				L	E	C	D	风险程度	
3	准备手动工具	（1）手动工具如敲击工具锤头松脱、破损等； （2）使用不合适工具，小工具准备不全或遗漏等	（1）人身伤害； （2）设备损坏； （3）工器具损坏	3	1	7	21	2	（1）使用前确认工具型号和标识； （2）使用前确认工具完好合格
4	准备电动工具	（1）电动工具不符合要求如电线破损、绝缘和接地不良； （2）电源无触电保护或和工具设备无接地保护； （3）使用时如砂轮片、切割片断裂飞出	（1）触电； （2）机械伤害； （3）其他人身伤害	3	2	15	90	3	（1）使用前检查电源线、接地和其他部件良好，经检验合格在有效期内； （2）电源盘等必须使用漏电保护器； （3）确保易耗品，如砂轮片、切割片的质量； （4）使用正确劳动防护用品如眼镜、面罩等
5	安全交底	检修前没有进行必要的安全交底工作	（1）人身伤害； （2）设备损坏	3	3	15	90	3	（1）检修前进行文件包的安全交底以及技术交底工作； （2）制定规范的检修安全交底程序； （3）安全交底工作人员必须全部参加

编号	作业步骤	危害因素	可能导致的后果	风险评价					控制措施
				L	E	C	D	风险程度	
二		检修过程中							
1	油泵及阀门解体检修	(1) 设备或零件掉落; (2) 结构、工艺不清; (3) 起重作业伤害; (4) 设备拆除未做好标记	(1) 人身伤害; (2) 设备损坏; (3) 机械伤害	3	1	7	21	2	(1) 正确使用劳动防护用品,加强员工安全意识培训; (2) 合理地安排工作流程; (3) 对施工人员进行详细的安全技术交底; (4) 加强对设备精密部分的保护,用布包好并存入库
2	检查和打磨除锈清理	(1) 设备碰撞相互挤压; (2) 设备锋利棱角割伤; (3) 化学清洗剂伤害	(1) 设备损坏; (2) 粉尘伤害	6	1	7	42	2	(1) 正确使用防护用品; (2) 合理的安排工作流程,做到井然有序; (3) 对施工人员进行详细的安全技术交底
3	更换损坏件及消除设备缺陷	(1) 起重作业伤害; (2) 结构、工艺不清; (3) 轴承更换加热工艺错误; (4) 设备锋利棱角割伤	(1) 设备伤害; (2) 设备故障	3	2	7	42	2	(1) 防护用品正确地进行佩戴; (2) 合理地安排工作流程,对设备的每个检修步骤和注意的地方了解清楚; (3) 对施工人员进行详细的安全技术交底,技术要领要进行分析总结

编号	作业步骤	危害因素	可能导致的后果	风险评价				风险程度	控制措施
				L	E	C	D		
4	泵及管道阀门回装	（1）重物掉落伤人；（2）设备锋利棱角割伤；（3）零部件保存不完整或损坏；（4）原缺陷未能及时消除	（1）人身伤害；（2）设备伤害	3	2	15	90	3	（1）正确使用防护用品；（2）阀门的检修工艺要明确；（3）对施工人员进行详细的安全技术交底；（4）加强对机组熟悉程度，了解设备的专业内部结构，做到设备一次运行正常
5	EH 油系统各设备就位	（1）重物伤人；（2）设备锋利棱角割伤；（3）受限空间作业；（4）有毒液体对人身的腐蚀及呼吸道的损坏	（1）人身伤害；（2）设备伤害；（3）环境污染	6	2	15	180	4	（1）加强对有毒液体的回收利用的管理，防止有毒物体外泄，做好有毒液体外泄导致的事故的应急预案，做到万无一失；（2）加强个人防护保护的意识及正确地佩戴防护用品；（3）对施工人员进行详细的安全技术交底
三	完工恢复								
1	检查，恢复 EH 油各系统	（1）走错间隔；（2）隔离错误；（3）措施不完善；（4）误操作	（1）设备事故；（2）人身伤害	3	1	7	21	2	（1）终结工作票，确认恢复安全措施；（2）办理工作票回压手续；（3）办理试运单
2	EH 油系统调试	（1）走错间隔；（2）误操作；（3）设备故障	（1）设备损坏；（2）人身伤害；（3）触电	6	2	3	36	2	（1）工作票措施恢复不对；（2）正确使用防护用品；（3）合理的安排工作流程；（4）对施工人员进行详细的安全技术交底

编号	作业步骤	危害因素	可能导致的后果	风险评价					控制措施
				L	E	C	D	风险程度	
四	作业环境								
1	泵体清理，阀门管理清理	(1) 有毒液体对设备和人身的伤害；(2) 有毒液体对环境的污染	(1) 人身伤害；(2) 环境污染	3	2	7	42	2	(1) 完善有毒液体的回收和处理制度；(2) 加强对有毒液体（EH油等）进出库的管理；(3) 加强个人防护意识；(4) 正确地佩戴劳保用品；(5) 对检修人员进行细致有效的安全交底；(6) 避免伤口接触 EH 油
五	以往发生的事件								
1	有毒液体泄漏	液体流失对环境造成污染	(1) 人身伤害；(2) 环境被污染	3	3	3	27	2	换下的油及清洗零件后的煤油必须放入废油桶

2 闭式水热交换器解体检修

主要作业风险：	控制措施：
(1) 机械伤害； (2) 环境污染； (3) 设备损坏	(1) 确认设备名称及检修的工艺要求； (2) 严格执行设备验收制度以及工作票制度； (3) 加强劳动防护用品的使用和规范； (4) 检修前进行细致的技术交底和安全交底

编号	作业步骤	危害因素	可能导致的后果	风险评价					控制措施
				L	E	C	D	风险程度	
一		检修前准备							
1	准备手动工具	(1) 手动工具如敲击工具锤头松脱、破损等； (2) 使用不合适工具，小工具准备不全或遗漏等	(1) 人身伤害； (2) 设备损坏	1	3	3	9	1	(1) 使用前确认工具型号和标示； (2) 使用前确认工具完好合格
2	准备电动工具	(1) 电动工具不符合要求，如电线破损、绝缘和接地不良； (2) 电源无触电保护或和工具设备无接地保护； (3) 使用时如砂轮片、切割片等断裂飞出	(1) 触电； (2) 机械伤害； (3) 人身伤害	3	2	3	18	1	(1) 使用前检查电源线、接地和其他部件良好，经检验合格在有效期内； (2) 电源盘等必须使用漏电保护器； (3) 确保易耗品，如砂轮片、切割片的质量； (4) 使用正确劳动防护用品如眼镜、面罩等

编号	作业步骤	危害因素	可能导致的后果	L	E	C	D	风险程度	控制措施
3	准备劳动防护用品并对现场工作人员进行安全交底	（1）劳保用品佩戴不当；（2）安全交底不清；（3）未进行安全交底	（1）物体打击；（2）其他伤害	3	3	3	27	2	（1）加强相互之间的监督；（2）严格遵守公司关于劳保用品正确使用的规定；（3）工作负责人必须对现场工作人员进行安全交底和技术交底并在相关文件中签字后方可开工
二		检修过程							
1	热交换器内部打磨清理检查	（1）劳保用品佩戴不当；（2）使用工具不当；（3）通风不良；（4）监护不力；（5）残留压力；（6）照明漏电或使用不合格电器工具；（7）未搭脚手架或使用不合格脚手架	（1）其他伤害；（2）物体打击；（3）中毒和窒息；（4）触电；（5）高处坠落	3	3	7	63	2	（1）加强相互之间的监督；（2）先加强通风；（3）专人应站在能看到或听到容器内工作人员的地方监护；（4）使用前检查工具的接地情况；引入电源线必须经过二级以上漏电保安器；线盘应放在外面，开关设在监护人伸手可及的地方；容器内接照明，只能用12V行灯、15mA触电保安器，行灯变压器应放在容器外面；（5）高处作业均须先搭建脚手架或采取防止坠落措施，方可进行
2	需要补焊或重新固定（动火作业电焊）	（1）附近有易燃易爆气体或易燃物；	（1）触电，电弧灼伤；	3	3	15	135	3	（1）办理动火工作票，执行安全措施，监护人到位；

编号	作业步骤	危害因素	可能导致的后果	风险评价				风险程度	控制措施
				L	E	C	D		
2	需要补焊或重新固定（动火作业电焊）	（2）附近有带电设备； （3）没有使用防火垫； （4）交叉作业，没有进行有效的分工和确认； （5）动火设备不符合要求，如电焊机接线破损、接头接线不符合要求、接地不良等； （6）没有正确地穿戴工作服、防护鞋、防护眼镜和面罩等； （7）半密闭容器进行焊接工作没有实行规定的轮换和监护制度	（2）高处坠落； （3）工具和设备； （4）中毒和窒息	3	3	15	135	3	（2）做好防火隔离措施，如使用防火垫和警示标识、准备灭火器等； （3）检查电焊机是否符合要求、正确接线和接地； （4）作业人员必须接受受限空间作业培训； （5）切断所有进入受限空间的能源，如高压蒸汽、高压空气、易燃易爆等； （6）作业前要对容器的含氧量进行测量并对容器内部用压缩空气进行吹扫； （7）设置受限空间警示牌，严禁无关人员进入； （8）呼吸系统保护和使用呼吸设施； （9）提供通风和系安全绳； （10）每隔一段时间，轮换容器内工作人员
三		完工恢复							
1	检查、恢复设备各系统	（1）走错间隔； （2）误操作； （3）操作不到位	（1）人身伤害； （2）设备损坏； （3）系统无法投运，影响工作进度	3	1	7	21	2	确认恢复安全措施

编号	作业步骤	危害因素	可能导致的后果	风险评价					控制措施
				L	E	C	D	风险程度	
四	作业环境								
1	管道内打磨	（1）容器打磨产生的粉尘环境； （2）灰尘清理不当； （3）呼吸系统保护不当	职业危害，导致呼吸系统疾病或眼睛伤害，如尘肺、咽喉炎、皮炎等	6	1	1	6	1	（1）佩戴粉尘口罩； （2）及时清扫

3 低压缸检修

主要作业风险： (1) 设备损坏； (2) 人身伤害； (3) 机械伤害； (4) 触电； (5) 高处坠落； (6) 灼烫									控制措施： (1) 正确使用个人防护用品； (2) 使用前检查手拉葫芦、钢丝绳吊扣等； (3) 吊物必须捆绑牢固，保持重心稳定； (4) 设专人指挥起吊，避免吊物下站人； (5) 设置隔离措施； (6) 加强对现场工作人员的安全培训； (7) 对工作人员进行详细的技术交底

编号	作业步骤	危害因素	可能导致的后果	风险评价					控制措施
				L	E	C	D	风险程度	
一		检修前准备							
1	确认设备隔离完全	(1) 走错间隔或误送电导致设备带电或误动； (2) 分闸时引起着火； (3) 误碰其他有电部位产生电弧； (4) 设备未隔离完全（进出口阀门未关到位，泵体未泄压到零）	(1) 设备损害； (2) 人身伤害； (3) 火灾	3	1	15	45	2	(1) 严格执行工作票制度； (2) 双方共同确认检修开关、验电和挂警示牌，确认设备进口阀门关闭，泵体泄压为零； (3) 正确合理地使用个人防护用品，如绝缘手套、绝缘鞋、面罩和防电弧服

续表

编号	作业步骤	危害因素	可能导致的后果	风险评价					控制措施
				L	E	C	D	风险程度	
2	准备手动工具	(1) 手动工具如敲击工具锤头松脱、破损等; (2) 使用不合适工具,小工具准备不全或遗漏等	(1) 人身伤害; (2) 设备损坏	1	2	3	6	1	(1) 使用前确认工具型号和标示; (2) 使用前确认工具完好合格
3	准备电动工具	(1) 电动工具不符合要求如电线破损、绝缘和接地不良; (2) 电源无触电保护或和工具设备无接地保护; (3) 使用时砂轮片、切割片等断裂飞出	(1) 触电; (2) 机械伤害; (3) 人身伤害	6	2	7	84	3	(1) 使用前检查电源线、接地和其他部件良好,经检验合格在有效期内; (2) 电源盘等必须使用漏电保护器; (3) 确保易耗品,如砂轮片、切割片的质量; (4) 正确使用劳动防护用品,如眼镜、面罩等
4	布置场地	(1) 工具摆放凌乱; (2) 场地选择不当,如场地条件不足(照明等)	(1) 人身伤害; (2) 影响人员通行	3	2	3	18	1	(1) 严格执行定置管理要求; (2) 进场前进行确认检查; (3) 正确使用工器具
5	搭设脚手架	(1) 检维修脚手架无搭设委托单,搭设要求如载重、搭设环境不明,在高压电附近搭设等	(1) 高处坠落; (2) 触电	6	2	7	84	3	(1) 填写搭设委托单,明确搭设要求,如载重、搭设环境等; (2) 搭设脚手架时必须办理工作票或工作联系单;

编号	作业步骤	危害因素	可能导致的后果	风险评价					控制措施
				L	E	C	D	风险程度	
5	搭设脚手架	（2）搭设人员无资质、不戴安全帽、不系安全带和穿防滑鞋等；（3）搭设高度 4m 以上无安全网；（4）搭拆脚手架中误碰设备；（5）搭拆脚手架时工具、材料掉下砸伤人；（6）脚手架不符合要求，如立杆、大横杆和小横杆间距太大	（1）高处坠落；（2）触电	6	2	7	84	3	（3）检查搭设人员有无资质；（4）搭设时戴安全帽、系安全带和穿防滑鞋等；（5）搭设高度 4m 以上设置安全网；（6）在高压电或动设备附近搭设，必须进行安全隔离和保持安全距离；（7）经验收合格和挂牌后使用
6	准备吊装	（1）吊钩和卡扣损坏引起葫芦脱扣砸人；（2）手拉葫芦、钢丝绳断裂；（3）起吊物重心不稳或绑扎不当；（4）物件过重超载	（1）起重伤害；（2）人身伤害	3	2	15	90	3	（1）使用前检查手拉葫芦、钢丝绳吊扣等；（2）戴防护手套、戴安全帽；（3）吊物必须捆绑牢固，保持重心稳定；（4）设专人指挥起吊，避免吊物下站人；（5）设置隔离区域

编号	作业步骤	危害因素	可能导致的后果	风险评价					控制措施
				L	E	C	D	风险程度	
7	安全交底	检修前没有进行必要的安全交底工作	(1) 其他人身伤害； (2) 设备损坏	3	3	7	63	2	(1) 检修前进行文件包的安全交底以及技术交底工作； (2) 制定规范的检修安全交底程序； (3) 安全交底工作人员必须全部参加
二			检修过程中						
1	拆除低压缸连通管	(1) 使用工具不当； (2) 工具滑脱； (3) 零部件遗失、错位； (4) 螺栓坠地伤人； (5) 电（气）动工具不符合要求，如电线破损、绝缘和接地不良，气动工具气管破损、接口松动或磨损	(1) 人身伤害； (2) 设备损坏； (3) 触电； (4) 影响检修工作进度	2	3	15	90	3	(1) 使用手动工具安全绳； (2) 拆前做好标记； (3) 使用前检查电源线、接地和其他部件良好，经检验合格在有效期内； (4) 拆下的部件进行定制管理，精密阀门等设备进行包装保护
2	拆除汽缸连接螺栓（大型电动工具使用或动火作业）	(1) 不熟悉和正确使用电（气）动工具； (2) 电动工具不符合要求；	(1) 触电； (2) 火灾； (3) 灼烫； (4) 化学爆炸； (5) 其他人身伤害	3	3	15	90	3	(1) 制定严格的动火工作票制度，执行安全措施，监护人到位； (2) 作业人员必须参加动火作业培训； (3) 做好必要的防火措施，如使用防火垫和警示牌挂好；

编号	作业步骤	危害因素	可能导致的后果	风险评价					控制措施
				L	*E*	*C*	*D*	风险程度	
2	拆除汽缸连接螺栓（大型电动工具使用或动火作业）	（3）电源无触电保护和工具设备无接地保护； （4）砂轮片，切割片等断裂飞出； （5）劳保用品使用不当； （6）附近有易燃易爆气体或易燃物； （7）附近有带电设备； （8）没有使用防火垫； （9）交叉作业； （10）动火设备不符合要求，如电焊机接线破损、接头接线不符合要求、接地不良等； （11）没有穿戴或使用不合适的工作服、防护鞋、防护眼镜和面罩等； （12）渣体飞溅，没有一定范围的防火措施； （13）动火时火星复燃；	（1）触电； （2）火灾； （3）灼烫； （4）化学爆炸； （5）其他人身伤害	3	3	15	90	3	（4）检查气割工具是否符合要求，交叉作业时加强沟通和设置警示标语； （5）使用前检查电源线、接地和其他部件良好，经检验合格在有效期内； （6）电源盘等必须使用漏电保护器；

编号	作业步骤	危害因素	可能导致的后果	风险评价					控制措施
				L	*E*	*C*	*D*	风险程度	
2	拆除汽缸连接螺栓（大型电动工具使用或动火作业）	（14）氧气，乙炔瓶距离太近；（15）气体钢瓶没有固定好；（16）没有穿戴必要的个人防护用品；（17）皮管老化、受损，无氧气减压器和乙炔回火器	（1）触电；（2）火灾；（3）灼烫；（4）化学爆炸；（5）其他人身伤害	2	3	15	90	3	（7）确保易耗品，如砂轮片、切割片的质量；（8）使用正确的劳动保护用品，如防护眼镜、面罩等
3	吊汽缸缸盖、低压转子	（1）起重装置失灵；（2）误操作；（3）起重指挥不当；（4）起重物件下站人；（5）设备没有进行有效固定，导致滑脱	（1）人身伤害；（2）设备损坏；（3）起重伤害；（4）物体打击	2	3	3	18	1	（1）正确地佩戴个人防护用品；（2）合理地安排工作流程；（3）对施工人员进行详细的安全及技术交底；（4）吊物必须捆绑牢固，吊装点必须位于物件上部，以保持重心稳定
4	汽缸检修	（1）设备测量或转动时伤人；（2）检修过程中设备毛刺伤手；（3）设备起重容易导致起重伤害和设备的损坏	（1）设备损坏；（2）人身伤害；（3）影响工作进度	3	3	3	27	2	（1）正确使用安全帽、安全鞋等防护用品；（2）合理地安排工作流程；（3）对施工人员进行详细的安全技术交底

编号	作业步骤	危害因素	可能导致的后果	风险评价					控制措施
				L	E	C	D	风险程度	
5	清洁，打扫设备	（1）重物伤人； （2）设备锋利棱角割伤； （3）化学清洗剂伤害	（1）人身伤害； （2）设备伤害	3	3	7	63	2	（1）正确使用手套、防护镜等防护用品； （2）合理地安排工作流程； （3）对施工人员进行详细的安全技术交底
6	低压缸的回装（按解体逆顺序进行）	见以上解体过程进行分析		3	2	15	90	3	
三		完工恢复							
1	检查、恢复低压缸	（1）走错间隔； （2）误操作； （3）操作不到位（阀门需要全开或全关的未到行程等）	（1）人身伤害； （2）设备损坏	2	3	3	18	1	（1）终结工作票； （2）确认恢复安全措施
2	整体试运	（1）工作票未押票就进行试运； （2）电源线外露； （3）电源线盒位盖未扣严密； （4）触碰电机及机械转动部位	（1）触电； （2）人身伤害	3	1	7	21	2	（1）穿绝缘鞋和防电弧服； （2）设置专人进行监护

续表

编号	作业步骤	危害因素	可能导致的后果	风险评价					控制措施
				L	E	C	D	风险程度	
3	结束工作（现场文明施工）	（1）遗漏工器具； （2）现场遗留检修杂物； （3）不拆除临时用电； （4）未终结工作票继续进行工作	（1）设备损坏； （2）人身伤害； （3）设备故障	2	3	15	90	3	（1）收齐检查工器具； （2）清扫检修现场； （3）拆除临时用电； （4）终结工作票并复役
四	作业环境								
1	粉尘环境	（1）设备打磨清理产生的灰尘及废弃物； （2）清洗阀门内部时，煤油等挥发产生的气体	（1）职业危害，导致呼吸系统疾病或眼睛功能异常； （2）设备进污染物，导致设备故障	3	3	7	63	2	（1）定期进行体检； （2）加强个人的防护工作； （3）及时进行有效的清理； （4）佩戴正确类型的防护口罩； （5）换下的润滑油及清洗零件后的煤油必须放入废油桶； （6）不得随意倾倒
2	暴露在高噪声环境下作业	（1）发电厂运行机组、压缩机、高压蒸汽引起噪声； （2）员工没有佩戴合适听力防护用品如耳塞、耳罩等； （3）听力防护用品使用不当	听力下降，致聋	3	3	7	63	2	（1）采取控制噪声措施，加强日常维护； （2）佩戴耳塞，在特高噪声区使用耳罩； （3）定期进行噪声监测； （4）对员工进行听力基础及比较测试

续表

编号	作业步骤	危害因素	可能导致的后果	L	E	C	D	风险程度	控制措施
五	以往发生的事件								
1	吊装作业	起吊物重心不稳和绑扎不牢固	(1) 设备损坏；(2) 人身伤害	3	1	40	120	3	(1) 吊物必须捆绑牢固，保持重心稳定；(2) 制定严格的起重安全措施；(3) 设置隔离带，控制现场的安全区域

4 低压加热器疏水泵解体检修

<table>
<tr><td colspan="2">主要作业风险：
（1）起重伤害；
（2）机械伤害；
（3）粉尘伤害；
（4）设备损坏；
（5）环境污染</td><td colspan="2">控制措施：
（1）办理工作票，确认检修开关，验电，挂牌；
（2）正确地使用个人防护用品；
（3）吊装前检查吊装具，禁止站在吊件下；
（4）如动火需开动火工作票，使用阻燃垫布，专人监护；
（5）正确规范使用机工具；
（6）设置明确的隔离带，并拉好警戒线确定隔离范围</td></tr>
</table>

编号	作业步骤	危害因素	可能导致的后果	L	E	C	D	风险程度	控制措施
一		检修前准备							
1	检查驱动联轴节上的匹配记号	（1）物体坠落打击；（2）设备没有进行必需的标记	（1）设备事故；（2）人身伤害；（3）设备损坏	3	1	7	21	2	（1）办理工作票，确认执行安全措施；（2）双人共同确认检修开关，验电和挂警示牌；（3）如果没有则必须做好记号，拆出对轮连接螺栓，用布包好
2	准备手动工具	（1）手动工具如敲击工具锤头松脱、破损等；（2）使用不合适工具，小工具准备不全或遗漏等	（1）其他伤害；（2）设备损坏	3	1	15	45	2	（1）使用前确认工具型号和标示；（2）使用前确认工具完好合格

16

续表

编号	作业步骤	危害因素	可能导致的后果	风险评价					控制措施
				L	E	C	D	风险程度	
3	准备电动工具	(1) 电动工具不符合要求,如电线破损、绝缘和接地不良; (2) 电源无触电保护或和工具设备无接地保护; (3) 使用时如砂轮片、切割片等断裂飞出	(1) 触电; (2) 机械伤害	6	2	3	36	2	(1) 使用前检查电源线、接地和其他部件良好,经检验合格在有效期内; (2) 电源盘等必须使用漏电保护器; (3) 确保易耗品,如砂轮片、切割片的质量; (4) 正确使用劳动防护用品,如眼镜、面罩等
4	布置场地	(1) 工具摆放凌乱; (2) 场地选择不当,如场地条件不足(照明等)	(1) 人身伤害; (2) 影响人员通行	3	2	7	42	2	(1) 严格执行定置管理要求; (2) 进场前进行确认检查; (3) 正确使用工器具
5	准备劳动防护用品并对现场工作人员进行安全交底	(1) 劳保用品佩戴不当; (2) 安全交底不清; (3) 未进行安全交底	(1) 物体打击; (2) 其他伤害	3	3	7	63	2	(1) 加强相互之间的监督; (2) 严格遵守公司关于劳保用品正确使用的规定; (3) 工作负责人必须对现场工作人员进行安全交底和技术交底,并在相关文件中签字后方可开工

编号	作业步骤	危害因素	可能导致的后果	风险评价					控制措施
				L	E	C	D	风险程度	
6	将泵整体吊出放置在检修场地	(1) 安全装置失灵； (2) 误操作	(1) 人身伤害； (2) 设备损坏	6	2	7	84	3	(1) 严格执行《起重安全控制程序》培训，有证者操作； (2) 制定方案经相关领导批准； (3) 严格执行《发电机抽、穿转子起重作业安全技术措施》； (4) 工作时指挥、信号正确，精力集中； (5) 设围栏、监护人，无关人员不得入内
二			检修过程						
1	泵级间解体，转动部分拆除并进行标记	(1) 安全装置失灵； (2) 误操作； (3) 手动工具敲击伤手； (4) 拆下的轴套及叶轮未进行有效标记或标记不清	(1) 人身伤害； (2) 设备损坏； (3) 影响工作进度； (4) 物体打击； (5) 其他伤害	3	2	3	18	1	(1) 拆下的键以及小物件进行定制定点摆放并做好标记，精密部分设备用白布包好，并入库保存； (2) 正确使用防护用品； (3) 合理地安排工作流程； (4) 对施工人员进行详细的安全技术交底和设备检修技术交底
2	吊轴及转动部分	(1) 轴及转动部分滑脱； (2) 轴及转动部分碰撞变形； (3) 工具滑脱；	(1) 人身伤害； (2) 设备伤害； (3) 机械伤害； (4) 起重伤害	6	2	7	84	3	(1) 使用手动工具安全绳； (2) 拆前做好标记； (3) 拆下的部件进行定制管理； (4) 穿防护鞋、戴手套； (5) 使用前检查手拉葫芦、钢丝绳吊扣等；

编号	作业步骤	危害因素	可能导致的后果	风险评价					控制措施
				L	E	C	D	风险程度	
2	吊轴及转动部分	（4）零部件遗失、错位； （5）吊钩和卡扣损坏引起葫芦脱扣砸人； （6）手拉葫芦、钢丝绳断裂； （7）起吊物重心不稳或绑扎不当； （8）物件过重超载	（1）人身伤害； （2）设备伤害； （3）机械伤害； （4）起重伤害	6	2	7	84	3	（6）吊物必须捆绑牢固，保持重心稳定； （7）设专人指挥起吊，避免吊物下站人； （8）设置隔离措施
3	卸轴承	（1）动火作业； （2）拉马等卸拉专用工具损坏； （3）被高温轴承烫伤； （4）轴及转动部分碰撞变形	（1）灼伤； （2）火灾； （3）机械伤害； （4）人身伤害； （5）设备伤害	6	1	7	42	2	（1）佩戴隔热手套； （2）拆下的部件进行定制管理； （3）正确使用手动工具安全绳； （4）办理动火工作票，准备灭火器； （5）设备必须捆绑牢固，保持重心稳定； （6）设置隔离措施
4	清洁与检查	（1）重物伤人； （2）设备锋利棱角割； （3）化学清洗剂伤害	（1）人身伤害； （2）设备伤害	3	1	7	21	2	（1）正确使用防护用品； （2）合理地安排工作流程； （3）对施工人员进行详细的安全技术交底

编号	作业步骤	危害因素	可能导致的后果	风险评价					控制措施
				L	E	C	D	风险程度	
5	泵的回装	（1）重物伤人； （2）设备锋利棱角割伤	（1）人身伤害； （2）设备伤害	6	2	7	84	3	（1）正确使用防护用品； （2）合理地安排工作流程； （3）对施工人员进行详细的安全技术交底
6	泵的就位找正	（1）重物伤人； （2）设备锋利棱角割伤； （3）误操作	（1）人身伤害； （2）设备伤害	3	2	15	90	3	（1）使用手动工具安全绳； （2）按拆前做好标记回装； （3）正确使用防护用品； （4）合理的安排工作流程； （5）对施工人员进行详细的安全技术交底
三		完工恢复							
1	泵送电试转	（1）走错间隔； （2）误操作	（1）设备事故； （2）人身伤害	3	2	7	42	2	办理工作票回压手续，办理试运单
2	检查、恢复泵各系统	（1）走错间隔； （2）误操作	（1）设备事故； （2）人身伤害	3	2	15	90	3	终结工作票，确认恢复安全措施
四		作业环境							
1	轴承室清扫，润滑油更换	润滑油污染环境	污染环境	3	1	7	21	2	（1）换下的润滑油及清洗零件后的煤油必须放入废油桶，不得随意倾倒； （2）及时清扫地面

5 发电机机械部分检修

<table>
<tr><td colspan="2">主要作业风险：
（1）设备损坏；
（2）物体打击；
（3）机械伤害；
（4）起重伤害；
（5）高处坠落；
（6）其他伤害</td><td colspan="2">控制措施：
（1）正确地使用个人防护用品；
（2）使用前检查手拉葫芦、钢丝绳吊扣等；
（3）吊物必须捆绑牢固，保持重心稳定；
（4）设专人指挥起吊，避免吊物下站人；
（5）设置隔离措施要及时进行完善；
（6）动火时办理动火票，消防人员现场手持灭火器进行监护；
（7）加强对现场工作人员的安全培训；
（8）加强对现场工作人员的技术及技能方面的培训</td></tr>
</table>

编号	作业步骤	危害因素	可能导致的后果	L	E	C	D	风险程度	控制措施
一		检修前准备							
1	切断电源，设备隔离措施执行	（1）走错间隔或误送电导致设备带电或误动；（2）分闸时引起着火；（3）误碰其他带电部位产生电弧；（4）设备未隔离完全	（1）设备损害；（2）其他人身伤害；（3）火灾	2	1	7	14	1	（1）办理工作票；（2）双人共同确认检修开关，验电和挂警示牌，确认设备进口阀门关闭；（3）使用个人防护用品，如绝缘手套、绝缘鞋、面罩和防电弧服
2	准备手动工具	（1）手动工具如敲击工具锤头松脱、破损等；	（1）其他人身伤害；	1	2	3	6	1	（1）使用前确认工具型号和标示；

编号	作业步骤	危害因素	可能导致的后果	风险评价					控制措施
				L	E	C	D	风险程度	
2	准备手动工具	（2）使用不合适工具，小工具准备不全或遗漏等	（2）设备损坏	1	2	3	6	1	（2）使用前确认工具完好合格
3	准备电动工具	（1）电动工具不符合要求如电线破损、绝缘和接地不良；（2）电源无触电保护或和工具设备无接地保护；（3）使用磨光机时，砂轮片、切割片断裂飞出	（1）触电；（2）机械伤害；（3）其他人身伤害	3	3	15	135	3	（1）使用前检查电源线、接地和其他部件良好，经检验合格在有效期内；（2）电源盘等必须使用漏电保护器；（3）确保消耗品，如砂轮片、切割片的质量，确保安全使用；（4）使用正确劳动防护用品如眼镜、面罩等
4	布置场地	（1）工具摆放凌乱；（2）场地选择不当，如场地条件不足（照明等）	（1）其他人身伤害；（2）影响人员通行	3	2	3	18	1	（1）严格执行定置管理要求；（2）进场前进行确认检查；（3）正确使用工器具
5	准备吊装	（1）吊钩和卡扣损坏容易引起葫芦脱扣伤人；（2）手拉葫芦、钢丝绳断裂；（3）起吊重心不稳或绑扎不当；（4）物件过重超载	（1）起重伤害；（2）其他人身伤害；（3）设备损坏	3	1	40	120	3	（1）使用前检查手拉葫芦、钢丝绳吊扣等是否完好；（2）佩戴好个人防护用品；（3）吊物必须捆绑牢固，保持重心稳定；（4）设专人指挥起吊，禁止吊物下站人；（5）设置隔离场地，拉好警戒线

编号	作业步骤	危害因素	可能导致的后果	风险评价					控制措施
				L	E	C	D	风险程度	
6	测氢	空气中氢气含量超标	（1）设备故障； （2）火灾	1	0.5	40	20	2	（1）严格执行测氢工序以及工作票制度； （2）正确佩戴个人防护用品； （3）检查易燃易爆物品存在的不安全因素
7	安全交底	检修前没有进行必要的安全交底工作	（1）其他人身伤害； （2）设备损坏	3	3	6	54	2	（1）检修前进行文件包的安全交底以及技术交底工作； （2）制定规范的检修安全交底程序； （3）安全交底工作人员必须全部参加
二			检修过程						
1	拆除发电机机械部分外接附件	（1）使用工具不当； （2）工具滑脱； （3）零部件遗失、错位	（1）人身伤害； （2）设备损坏； （3）影响工作进度	3	1	15	45	2	（1）使用手动工具安全绳（比如敲击扳手）； （2）拆前做好标记； （3）拆下的部件进行定制定点管理
2	翻转轴瓦、搬运	（1）轴瓦滑脱； （2）轴及转动部分碰撞其他设备，引起变形、起毛刺； （3）工具滑脱；	（1）人身伤害； （2）设备伤害； （3）起重伤害	3	1	40	120	3	（1）使用手动工具安全绳（比如敲击扳手）； （2）拆前做好标记； （3）拆下的部件进行定制管理； （4）穿防护鞋、戴手套；

编号	作业步骤	危害因素	可能导致的后果	风险评价 L	E	C	D	风险程度	控制措施
2	翻转轴瓦、搬运	（4）零部件遗失、错位；（5）吊钩和卡扣损坏引起葫芦脱扣砸人；（6）手拉葫芦、钢丝绳断裂；（7）起吊物重心不稳或绑扎不当；（8）物件过重超载	（1）人身伤害；（2）设备伤害；（3）起重伤害	3	1	40	120	3	（5）使用前检查手拉葫芦、钢丝绳吊扣等；（6）吊物必须捆绑牢固，保持重心稳定；（7）设专人指挥起吊，避免吊物下站人；（8）设置隔离区域
3	解体设备及检查处理发现的问题	（1）动火作业；（2）使用工具不当；（3）零部件遗失、错位；（4）设备滑脱伤人	（1）人身伤害；（2）设备损坏；（3）火灾	3	3	7	63	2	（1）拆下的部件进行定制管理；（2）正确使用手动工具安全绳；（3）办理动火工作票，准备灭火器；（4）设备必须捆绑牢固，保持重心稳定；（5）设置隔离区域
4	清洗和检查	（1）设备锋利棱角割伤；（2）化学清洗剂伤害；（3）电动工具不符合要求	（1）中毒；（2）火灾；（3）人身伤害；（4）设备伤害；（5）触电	1	2	3	6	1	（1）佩戴合适的呼吸器；（2）准备消防人员及灭火器；（3）使用前检查电源线、接地和其他部件良好，经检验合格在有效期内；

编号	作业步骤	危害因素	可能导致的后果	风险评价					控制措施
				L	E	C	D	风险程度	
4	清洗和检查	（4）电源无触电保护或和工具设备无接地保护；（5）使用时如砂轮片、切割片等断裂飞出	（1）中毒；（2）火灾；（3）人身伤害；（4）设备伤害；（5）触电	1	2	3	6	1	（4）电源盘等必须使用漏电保护器；（5）使用正确劳动防护用品如防护眼镜等
5	轴瓦及机械部分装复	（1）使用工具不当；（2）工具滑脱；（3）零部件遗失、错位；（4）设备滑脱伤脚；（5）轴瓦及转动部分滑脱；（6）轴瓦及转动部分碰撞变形；（7）吊钩和卡扣损坏引起葫芦脱扣砸人；（8）手拉葫芦、钢丝绳断裂；（9）起吊物重心不稳和绑扎不当；（10）物件过重超载	（1）灼伤；（2）火灾；（3）机械伤害；（4）人身伤害；（5）设备伤害	6	1	3	18	1	（1）使用手动工具安全绳；（2）按拆前做的标记回装；（3）穿防护鞋，戴手套；（4）使用前检查手拉葫芦、钢丝绳吊扣等；（5）吊物必须捆绑牢固，保持重心稳定；（6）设专人指挥起吊，避免吊物下站人；（7）设置隔离措施；（8）动火办理动火票，配灭火器

编号	作业步骤	危害因素	可能导致的后果	风险评价					控制措施
				L	E	C	D	风险程度	
6	设备回装后检查确认	（1）设备装复异常； （2）安装或检修部符合要求； （3）设备部件装复错位	（1）设备损坏； （2）人身伤害	1	3	7	21	2	（1）按拆前做好标记回装； （2）严格按照设备检修工艺进行； （3）提前对设备难点进行细致的讲解
三	完工恢复								
1	整体试转	（1）安全措施未恢复完全； （2）触碰电机及机械转动部位； （3）误操作； （4）工作票未回压或过期； （5）电源线盒位盖未扣严密	（1）触电； （2）人身伤害； （3）设备事故	6	3	7	126	3	（1）确认工作票已经回压； （2）确认恢复安全措施； （3）试运时专人现场监护
2	工作完成，现场清理	（1）遗漏工器具； （2）现场遗留检修杂物； （3）不拆除临时用电	（1）触电； （2）人身伤害； （3）设备转动异常	3	2	3	18	1	（1）收起工器具； （2）清扫检修现场； （3）拆除临时用电； （4）严格履行工作票制度

编号	作业步骤	危害因素	可能导致的后果	风险评价					控制措施
				L	E	C	D	风险程度	
四		作业环境							
1	设备清扫，润滑油更换	（1）润滑油倾倒渗漏污染环境；（2）工业用品对人身造成的损害	（1）污染环境；（2）人身伤害	6	3	3	54	2	（1）换下的润滑油及清洗零件后的煤油必须倒入指定的废油桶内；（2）及时清扫地面
2	高温环境	密闭空间内设备停机后温度还保留比较高	人身伤害	6	3	15	270	4	（1）受限空间必须有人在外围进行监护；（2）个人防护用品正确进行佩戴
五		以往发生的事件							
1	轴瓦及转动部分起吊	起吊物重心不稳和绑扎不当，轴瓦及转动部分起吊滑脱碰撞	（1）设备损坏；（2）人身伤害	1	1	40	40	2	（1）吊物必须捆绑牢固，保持重心稳定；（2）严格按照起重规程执行

6 发电机密封油真空泵更换

主要作业风险：	控制措施：
(1) 人身伤害； (2) 设备损坏； (3) 机械伤害； (4) 环境污染	(1) 正确佩戴个人防护用品； (2) 对工作人员进行细致的安全交底和技术交底； (3) 合理安排工作流程； (4) 制定废油回收制度； (5) 受限空间作业进行特殊交底并做好记录； (6) 起重操作时一人指挥并具有特种作业的资格

编号	作业步骤	危害因素	可能导致的后果	风险评价					控制措施
				L	*E*	*C*	*D*	风险程度	
一			检修前准备						
1	准备手动工具	(1) 手动工具如敲击工具锤头松脱、破损等； (2) 使用不合适工具，小工具准备不全或遗漏等	(1) 人身伤害； (2) 设备损坏； (3) 工具损坏	6	1	3	18	1	(1) 使用前确认工具型号和标识； (2) 使用前确认工具完好合格
2	准备电动工具	(1) 电动工具不符合要求，如电线破损、绝缘和接地不良；	(1) 触电； (2) 机械伤害；	3	1	15	45	2	(1) 阅读工具说明书，学会正确使用； (2) 使用前检查电源线、接地和其他部件良好，经检验合格在有效期内；

编号	作业步骤	危害因素	可能导致的后果	风险评价					控制措施
				L	E	C	D	风险程度	
2	准备电动工具	（2）电源无触电保护或和工具设备无接地保护； （3）使用时砂轮片、切割片等断裂飞出	（3）其他人身伤害	3	1	15	45	2	（3）电源盘等必须使用漏电保护器； （4）确保易耗品，如砂轮片、切割片的质量； （5）正确使用劳动防护用品，如眼镜、面罩等
3	布置场地	（1）工具摆放凌乱； （2）场地选择不当，如场地照明不足	（1）人身伤害； （2）影响人员通行	3	1	3	9	1	（1）严格执行定置管理要求； （2）进场前进行确认检查； （3）正确使用工器具
4	安全交底	检修前没有进行必要的安全交底工作	（1）其他人身伤害； （2）设备损坏	3	3	7	63	2	（1）检修前进行文件包的安全交底以及技术交底工作； （2）制定规范的检修安全交底程序； （3）安全交底工作人员必须全部参加
二		检修过程中							
1	密封油真空泵更换	（1）重物伤人； （2）设备锋利棱角割伤； （3）零部件保存不完整或损坏； （4）设备回装起重时滑脱； （5）起吊不当	（1）人身伤害； （2）设备伤害； （3）起重伤害	6	1	15	90	3	（1）合理地安排工作流程，对设备的每个检修步骤和注意的地方了解清楚； （2）对施工人员进行详细的安全技术交底，技术要领要进行分析总结；

续表

编号	作业步骤	危害因素	可能导致的后果	风险评价					控制措施
				L	E	C	D	风险程度	
1	密封油真空泵更换	（1）重物伤人；（2）设备锋利棱角割伤；（3）零部件保存不完整或损坏；（4）设备回装起重时滑脱；（5）起吊不当	（1）人身伤害；（2）设备伤害；（3）起重伤害	6	1	15	90	3	（3）吊装前应检查起重机械及其安全装置，检查项目包括安全装置、制动器、离合器等异常情况、可靠性和精度，重要零部件（如吊钩、钢丝绳、制动器、吊索及辅具等）的状态、有无损伤、是否应报废等，电气（如配电线路、集电装置、配电盘、开关、控制器等）和液压系统及其部件的泄露情况及工作性能、管路连接等；（4）吊运重物时严禁从人员的头顶上方越过
三	完工恢复								
1	检查、恢复油泵各系统	（1）走错间隔；（2）误操作	（1）设备事故；（2）人身伤害	3	1	7	21	2	终结工作票，确认恢复安全措施

7　发电机氢密封瓦检修

主要作业风险：	控制措施：
(1) 起重伤害； (2) 机械伤害； (3) 物体打击； (4) 人身伤害； (5) 设备损坏	(1) 正确地使用个人防护用品； (2) 使用前检查手拉葫芦、钢丝绳吊扣等； (3) 吊物必须捆绑牢固，保持重心稳定； (4) 设专人指挥起吊，避免吊物下站人； (5) 设置隔离措施要及时进行完善； (6) 动火办理动火票，消防人员现场手持灭火器进行监护； (7) 加强对现场工作人员的安全培训； (8) 加强对现场工作人员的安全技术交底和培训

编号	作业步骤	危害因素	可能导致的后果	L	E	C	D	风险程度	控制措施
一		检修前准备							
1	确认设备隔离措施完全	(1) 走错间隔； (2) 设备未隔离完全或管道未泄压为零	(1) 设备损害； (2) 人身伤害； (3) 火灾	6	1	7	42	2	(1) 正确地办理工作票或联系单； (2) 双方共同确认检修开关状态； (3) 使用个人防护用品，如绝缘手套、绝缘鞋、面罩和防电弧服
2	准备手动工具	(1) 手动工具如敲击工具锤头松脱、破损等； (2) 使用不合适工具，小工具准备不全或遗漏等	(1) 人身伤害； (2) 设备损坏	1	2	3	6	1	(1) 使用前确认工具型号和标示； (2) 使用前确认工具完好合格

271

编号	作业步骤	危害因素	可能导致的后果	L	E	C	D	风险程度	控制措施
3	准备电动工具	(1) 电动工具不符合要求，如电线破损、绝缘和接地不良；(2) 电源无触电保护或/和工具设备无接地保护；(3) 使用时如砂轮片、切割片等断裂飞出	(1) 触电；(2) 机械伤害；(3) 人身伤害	3	3	15	135	3	(1) 使用前检查电源线、接地和其他部件良好，经检验合格在有效期内；(2) 电源盘等必须使用漏电保护器；(3) 确保易耗品，如砂轮片、切割片的质量；(4) 正确使用劳动防护用品，如眼镜、面罩等
4	布置场地	(1) 工具摆放凌乱；(2) 场地选择不当如场地条件不足（照明等）	(1) 人身伤害；(2) 影响人员通行	1	2	3	6	1	(1) 严格执行定置管理要求；(2) 进场前进行确认检查；(3) 正确使用工器具
5	准备吊装	(1) 吊钩和卡扣损坏引起葫芦脱扣砸人；(2) 手拉葫芦、钢丝绳断裂；(3) 起吊物重心不稳或绑扎不当；(4) 物件过重超载	(1) 起重伤害；(2) 人身伤害；(3) 设备损坏	3	1	40	120	3	(1) 使用前检查手拉葫芦、钢丝绳吊扣等；(2) 戴防护手套、戴安全帽；(3) 吊物必须捆绑牢固，保持重心稳定；(4) 设专人指挥起吊，避免吊物下站人；(5) 设置隔离场地，拉好警戒线

编号	作业步骤	危害因素	可能导致的后果	风险评价					控制措施
				L	E	C	D	风险程度	
6	测氢	(1) 空气中氢气含量超标； (2) 机械作业时容易引起爆炸	(1) 人身伤害； (2) 设备故障； (3) 火灾	1	0.5	40	20	2	(1) 严格执行测氢工序； (2) 个人防护用品佩戴要正确； (3) 检查易燃易爆物品安全隐患
7	安全交底	检修前没有进行必要的安全交底工作	(1) 其他人身伤害； (2) 设备损坏	3	3	6	54	2	(1) 检修前进行文件包的安全交底以及技术交底工作； (2) 制定规范的检修安全交底程序； (3) 安全交底工作人员必须全部参加
二		检修过程							
1	拆除发电机密封瓦附件	(1) 使用工具不当； (2) 工具滑脱； (3) 零部件遗失、错位	(1) 人身伤害； (2) 设备损坏； (3) 影响工作进度	3	1	15	45	2	(1) 使用手动工具安全绳（比如敲击扳手）； (2) 拆前做好标记； (3) 拆下的部件进行定制定点管理
2	吊发电机氢密封瓦部分，并进行解体测量	(1) 瓦及转动部分滑脱； (2) 瓦及转动部分碰撞，其他设备变形，起毛刺； (3) 工具滑脱； (4) 零部件遗失、错位；	(1) 人身伤害； (2) 设备伤害； (3) 机械伤害； (4) 起重伤害	3	1	40	120	3	(1) 使用手动工具安全绳（比如敲击扳手）； (2) 拆前做好标记； (3) 拆下的部件进行定制管理； (4) 穿防护鞋、戴手套； (5) 使用前检查手拉葫芦、钢丝绳吊扣等；

273

编号	作业步骤	危害因素	可能导致的后果	风险评价					控制措施
				L	E	C	D	风险程度	
2	吊发电机氢密封瓦部分，并进行解体测量	（5）吊钩和卡扣损坏引起葫芦脱扣砸人； （6）手拉葫芦、钢丝绳断裂； （7）起吊物重心不稳或绑扎不当； （8）物件过重超载	（1）人身伤害； （2）设备伤害； （3）机械伤害； （4）起重伤害	3	1	40	120	3	（6）吊物必须捆绑牢固，保持重心稳定； （7）设专人指挥起吊，避免吊物下站人； （8）设置隔离区域
3	解体设备及检查发现问题	（1）动火作业； （2）使用工具不当； （3）工具滑脱； （4）零部件遗失、错位； （5）设备滑脱伤人	（1）人身伤害； （2）设备损坏； （3）影响工作进度； （4）火灾	3	3	7	63	2	（1）戴隔热手套； （2）拆下的部件进行定制管理； （3）正确使用手动工具安全绳； （4）办理动火工作票，准备灭火器；· （5）设备必须捆绑牢固，保持重心稳定； （6）设置隔离区域
4	清洗和检查	（1）重物伤人； （2）设备锋利棱角割伤； （3）化学清洗剂伤害； （4）电动工具不符合要求；	（1）人身伤害； （2）设备伤害； （3）机械伤害	1	2	7	14	1	（1）戴呼吸器； （2）准备灭火器； （3）使用前检查电源线、接地和其他部件良好，经检验合格在有效期内； （4）电源盘等必须使用漏电保护器；

编号	作业步骤	危害因素	可能导致的后果	L	E	C	D	风险程度	控制措施
4	清洗和检查	(5) 电源无触电保护或/和工具设备无接地保护； (6) 使用时如砂轮片、切割片等断裂飞出	(1) 人身伤害； (2) 设备伤害； (3) 机械伤害	1	2	3	6	1	(5) 确保易耗品，如砂轮片、切割片的质量； (6) 正确使用劳动防护用品，如眼镜、面罩等
5	密封瓦装复	(1) 使用工具不当； (2) 工具滑脱； (3) 零部件遗失、错位； (4) 设备滑脱伤脚； (5) 轴及转动部分滑脱； (6) 轴及转动部分碰撞变形； (7) 吊钩和卡扣损坏引起葫芦脱扣砸人； (8) 手拉葫芦、钢丝绳断裂； (9) 起吊物重心不稳或绑扎不当； (10) 物件过重超载	(1) 机械伤害； (2) 人身伤害； (3) 设备伤害	3	1	3	9	1	(1) 使用手动工具安全绳； (2) 按拆前做好标记回装； (3) 穿防护鞋，戴手套； (4) 使用前检查手拉葫芦、钢丝绳吊扣等； (5) 吊物必须捆绑牢固，保持重心稳定； (6) 设专人指挥起吊，避免吊物下站人； (7) 设置隔离措施； (8) 动火办理动火票，配灭火器

编号	作业步骤	危害因素	可能导致的后果	风险评价					控制措施
				L	E	C	D	风险程度	
6	设备回装后检查确认	(1) 设备装复异常; (2) 安装或检修不符合要求; (3) 设备部件装复错误,位置不正确	(1) 设备损坏; (2) 人身伤害	1	3	7	21	2	(1) 按拆前做好标记回装; (2) 严格按照设备检修工艺进行; (3) 提前对设备难点进行细致的讲解
三		完工恢复							
1	整体试转	(1) 安全措施未恢复; (2) 触碰电机及机械转动部位; (3) 误操作; (4) 工作票未回压; (5) 电源线盒位盖未扣严密	(1) 触电; (2) 人身伤害; (3) 设备事故	3	3	3	27	2	(1) 确认工作票已经回压; (2) 确认恢复安全措施; (3) 试运时专人现场监护
2	工作完成,现场清理	(1) 遗漏工器具; (2) 现场遗留检修杂物; (3) 不拆除临时用电; (4) 不在正常工作时间内结束工作票	(1) 触电; (2) 人身伤害; (3) 设备转动异常	3	2	3	18	1	(1) 收起工器具; (2) 清扫检修现场; (3) 拆除临时用电; (4) 结束工作票

续表

编号	作业步骤	危害因素	可能导致的后果	风险评价					控制措施
				L	E	C	D	风险程度	
四		作业环境							
1	设备清扫，润滑油更换	（1）润滑油污染环境； （2）工业用品对人身造成的损害	（1）污染环境； （2）人身伤害； （3）设备损坏	1	3	3	9	1	（1）换下的润滑油及清洗零件后的煤油必须放入废油桶； （2）及时清扫地面
2	高温环境	（1）受限空间，设备停机后温度还比较高； （2）高处作业	（1）人身伤害； （2）设备损坏	1	3	3	9	1	（1）架子搭设要符合要求； （2）受限空间必须有人在外围进行监护； （3）个人防护用品正确进行佩戴
五		以往发生的事件							
1	瓦块起吊	起吊物重心不稳和绑扎不当，泵轴及转动部分起吊滑脱碰撞	（1）设备损坏； （2）人身伤害	1	1	40	40	2	吊物必须捆绑牢固，保持重心稳定

8 高压加热器汽侧安全门疏水器检修

主要作业风险：	控制措施：
(1) 设备损坏； (2) 人身伤害； (3) 物体打击； (4) 机械伤害； (5) 高温灼烫	(1) 正确使用个人防护用品； (2) 设置隔离措施； (3) 加强对现场工作人员的安全培训； (4) 加强对现场工作人员的技术培训

编号	作业步骤	危害因素	可能导致的后果	L	E	C	D	风险程度	控制措施
一			检修前准备						
1	准备手动工具	(1) 手动工具如敲击工具锤头松脱、破损等； (2) 使用不合适工具，小工具准备不全或遗漏等	(1) 人身伤害； (2) 设备损坏	3	1	7	21	2	(1) 使用前确认工具型号和标示； (2) 使用前确认工具完好合格
2	布置场地	(1) 工具摆放凌乱； (2) 场地选择不当，如场地条件不足（照明等）	(1) 人身伤害； (2) 影响人员通行	6	1	15	90	3	(1) 严格执行定置管理要求； (2) 进场前进行确认检查； (3) 正确使用工器具
3	测氢	(1) 空气中氢气含量超标； (2) 机械作业时容易引起爆炸	(1) 人身伤害； (2) 设备故障； (3) 火灾	3	2	15	90	3	(1) 严格执行测氢工序； (2) 个人防护用品佩戴要正确； (3) 检查易燃易爆物品安全隐患

编号	作业步骤	危害因素	可能导致的后果	风险评价					控制措施
				L	E	C	D	风险程度	
4	准备劳动防护用品并对现场工作人员进行安全交底	（1）劳保用品佩戴不当； （2）安全交底不清； （3）未进行安全交底	（1）物体打击； （2）其他伤害	3	3	9	81	3	（1）加强相互之间的监督； （2）严格遵守公司关于劳保用品正确使用的规定； （3）工作负责人必须对现场工作人员进行安全交底和技术交底，并在相关文件中签字后方可开工
二			检修过程						
1	阀门割除	（1）不熟悉和正确使用电（气）动工具； （2）工具或工具易损件质量不良； （3）电源无触电保护盒工具设备无接地保护； （4）使用时如电动研磨片等断裂飞出； （5）不使用正确的劳动保护用品	（1）触电； （2）机械伤害； （3）设备损坏	3	1	40	120	3	（1）了解设备内部结构； （2）学习工具使用说明书，并能正确地使用； （3）使用前检查电源线，接地和其他部件良好； （4）电源盘等必须使用漏电保护器，发现失灵严禁使用和自行进行处理； （5）正确使用劳动防护用品，如眼镜等
2	动火作业	（1）未使用正确的劳动保护用品； （2）附近有易燃易爆气体或易燃物；	（1）火灾； （2）灼烫；	3	2	15	90	3	（1）制定严格的动火工作票制度，执行安全措施，监护人到位； （2）作业人员必须参加动火作业培训；

279

编号	作业步骤	危害因素	可能导致的后果	风险评价					控制措施
				L	E	C	D	风险程度	
2	动火作业	（3）附近有带电设备； （4）没有使用防火垫； （5）交叉作业或登高作业； （6）动火设备不符合要求，如电焊机接线破损、接头接线不符合要求、接地不良等； （7）没有穿戴或使用不合适的工作服、防护鞋、防护眼镜和面罩等； （8）渣体飞溅，没有一定范围的防火措施； （9）动火时火星复燃； （10）氧气、乙炔瓶距离太近； （11）气体钢瓶没有固定好； （12）没有穿戴必要的个人防护用品； （13）皮管老化、受损，无氧气减压器和乙炔回火器	（3）化学爆炸； （4）落物等引起的人身伤害	3	2	15	90	3	（3）做好必要的防火措施，如使用防火垫和警示牌挂好； （4）检查气割工具是否符合要求，交叉作业时沟通和设置警示标语

编号	作业步骤	危害因素	可能导致的后果	风险评价					控制措施
				L	E	C	D	风险程度	
3	检查、打磨、除锈、清理设备	（1）重物伤人； （2）设备锋利棱角割伤； （3）化学清洗剂伤害	（1）人身伤害； （2）设备损坏； （3）设备丢失	3	1	15	45	2	（1）正确使用防护用品，对员工的安全意识进行有效的培训； （2）合理安排工作流程，做到有条不紊； （3）对施工人员进行详细的安全技术交底
三			完工恢复						
1	结束工作（现场文明施工）	（1）遗漏工器具； （2）现场遗留检修杂物； （3）不拆除临时用电； （4）不结束工作票，终结工作票继续进行工作	（1）设备损坏； （2）人身伤害； （3）设备故障	3	1	7	21	2	（1）收齐检查工器具； （2）清扫检修现场； （3）拆除临时用电； （4）结束工作票
四			作业环境						
1	高温	高温汽水容易导致烫伤	人身伤害	6	2	7	84	3	正确佩戴劳保用品，防护烫伤
2	粉尘环境	（1）设备打磨清理产生的灰尘及废弃物； （2）清洗阀门内部时，煤油等挥发产生的气体； （3）呼吸系统保护不当	（1）职业危害，导致呼吸系统疾病或眼睛功能异常； （2）设备进污染物导致设备故障	3	1	6	18	1	（1）定期进行体检； （2）加强个人的防护工作； （3）及时进行有效的清理； （4）佩戴正确类型的防护口罩

9 开式水电动滤水器解体检修

主要作业风险：	控制措施：
(1) 人身伤害；	(1) 确认设备名称及检修的工艺要求；
(2) 设备损坏；	(2) 加强设备起重人员的管理；
(3) 机械伤害；	(3) 严格执行设备验收制度以及工作票制度；
(4) 环境污染；	(4) 制定严格的动火工作票制度，执行安全措施，监护人到位；
(5) 其他伤害	(5) 加强劳动防护用品的使用和规范；
	(6) 检修前进行细致的技术交底和安全交底

编号	作业步骤	危害因素	可能导致的后果	风险评价					控制措施
				L	E	C	D	风险程度	
一			检修前准备						
1	准备手动工具	(1) 手动工具如敲击工具锤头松脱、破损等； (2) 使用不合适工具，小工具准备不全或遗漏等	(1) 人身伤害； (2) 设备损坏	6	3	3	54	2	(1) 使用前确认工具型号和标示； (2) 使用前确认工具完好合格
2	准备电动工具	(1) 电动工具不符合要求，如电线破损、绝缘和接地不良； (2) 电源无触电保护或和工具设备无接地保护；	(1) 触电； (2) 机械伤害； (3) 人身伤害	3	2	15	90	3	(1) 使用前检查电源线、接地和其他部件良好，经检验合格在有效期内； (2) 电源盘等必须使用漏电保护器； (3) 确保易耗品，如砂轮片、切割片的质量；

续表

| 编号 | 作业步骤 | 危害因素 | 可能导致的后果 | 风险评价 | | | | | 控制措施 |
				L	E	C	D	风险程度	
2	准备电动工具	（3）使用时如砂轮片、切割片等断裂飞出	（1）触电； （2）机械伤害； （3）人身伤害	3	2	15	90	3	（4）正确使用劳动防护用品，如眼镜、面罩等
3	准备劳动防护用品	劳保品佩戴不当	其他伤害	3	2	3	18	1	（1）加强相互之间的监督； （2）严格遵守公司关于劳保品正确使用的规定
4	布置场地	（1）工具摆放凌乱； （2）场地选择不当，如场地条件不足（照明等）	（1）人身伤害； （2）影响人员通行	3	3	3	27	2	（1）严格执行定置管理要求； （2）进场前进行确认检查； （3）正确使用工器具
5	进行作业前的安全交底	（1）安全交底不清楚； （2）交底的内容存在缺陷； （3）交底没有落实到每一位人员	（1）人身伤害； （2）设备损坏	3	3	3	27	2	（1）加强对人员的安全培训和学习； （2）严格执行安全交底的有关工作
6	脚手架搭设及验收	（1）脚手架不稳或倾斜，容易导致脚手架坍塌； （2）脚手架没进行验收； （3）脚手架无合格牌；	（1）人身伤害； （2）设备损坏； （3）高处坠落	3	1	40	120	3	（1）填写搭设委托单，明确搭设要求； （2）检查搭设人员有无资质； （3）搭设时戴安全帽、系安全带和穿防滑鞋等

编号	作业步骤	危害因素	可能导致的后果	风险评价					控制措施
				L	E	C	D	风险程度	
6	脚手架搭设及验收	（4）大型脚手架没有进行设计和审核； （5）搭设脚手架中误碰设备	（1）人身伤害； （2）设备损坏； （3）高处坠落	3	1	40	120	3	（4）在设备附近搭设必须进行必要的交底； （5）经验收和挂牌后使用
二		检修过程							
1	电机拆线并进行吊离	（1）设备失电； （2）安全装置失灵； （3）误操作； （4）设备滑脱； （5）违章指挥	（1）人身伤害； （2）设备损坏； （3）触电	3	2	7	42	2	（1）严格执行《起重安全控制程序》，培训有证者操作； （2）起重前应检查起重机械及其安全装置； （3）吊装重物时严禁从人员的头顶上越过； （4）工作时指挥、信号正确； （5）精力集中，设围栏、监护人，无关人员不得入内； （6）设备拆除前要进行验电
2	盘根压盖及盘根拆除，大盖螺栓拆卸	（1）劳保用品佩戴不当； （2）使用工具不当； （3）设备未做标记； （4）拆下的设备零件丢失	（1）其他伤害； （2）物体打击	3	2	3	18	1	（1）设备拆装严格地进行有效的标记，并做好记录； （2）使用前仔细检查工具； （3）加强相互之间的监督，严格遵守公司关于劳保用品正确使用的规定

编号	作业步骤	危害因素	可能导致的后果	风险评价					控制措施
				L	E	C	D	风险程度	
3	起吊大盖和底盖	（1）脚手架不稳或倾斜，容易导致脚手架坍塌； （2）脚手架没进行验收； （3）脚手架无合格牌； （4）大型脚手架没有进行设计和审核； （5）搭设脚手架中误碰设备	（1）人身伤害； （2）设备损坏； （3）高处坠落； （4）坍塌	6	1	15	90	3	（1）填写搭设委托单，明确搭设要求； （2）检查搭设人员有无资质； （3）搭设时戴安全帽、系安全带和穿防滑鞋等； （4）搭设安全网； （5）在设备附近搭设必须进行必要的交底； （6）经验收和挂牌后使用
4	转动轴拆除及起吊	（1）起重葫芦不合格； （2）安全装置失灵； （3）误操作； （4）设备滑脱； （5）违章指挥	（1）人身伤害； （2）设备损坏； （3）高处坠落	6	1	15	90	3	（1）严格执行《起重安全控制程序》，培训有证者操作； （2）起重前应检查起重机械及其安全装置； （3）吊装重物时严禁从人员的头顶上越过； （4）工作时指挥、信号正确； （5）精力集中。设围栏、监护人，无关人员不得入内
5	滤芯拆除及清理	（1）锋利设备伤手； （2）设备滑脱	（1）人身伤害； （2）设备损坏	6	2	1	12	1	（1）正确的佩戴劳保用品； （2）加强相互之间的监督，严格遵守公司关于劳保用品正确使用的规定；

编号	作业步骤	危害因素	可能导致的后果	L	E	C	D	风险程度	控制措施
5	滤芯拆除及清理	（1）锋利设备伤手； （2）设备滑脱	（1）人身伤害； （2）设备损坏	6	2	1	12	1	（3）详细的了解设备的结构，对工作人员进行安全交底
6	内部腐蚀设备进行补焊动火（焊条材质316L）	（1）附近有易燃易爆气体或易燃物； （2）附近有带电设备； （3）没有使用防火垫； （4）交叉作业或登高作业； （5）动火设备不符合要求，如电焊机接线破损、接头接线不符合要求、接地不良等； （6）没有穿戴或使用不合适的工作服、防护鞋、防护眼镜和面罩等； （7）渣体飞溅，没有一定范围的防火措施、隔离措施； （8）动火时火星复燃； （9）氧气，乙炔瓶距离太近；	（1）触电； （2）火灾； （3）电弧灼伤； （4）化学爆炸； （5）其他伤害	3	2	15	90	3	（1）制定严格的动火工作票制度，执行安全措施，监护人到位； （2）作业人员必须参加动火作业培训； （3）做好必要的防火措施，如使用防火垫和挂好警示牌；

编号	作业步骤	危害因素	可能导致的后果	风险评价					控制措施
				L	E	C	D	风险程度	
6	内部腐蚀设备进行补焊动火（焊条材质316L）	（10）气体钢瓶没有固定好； （11）没有穿戴必要的个人防护用品； （12）皮管老化、受损，无氧气减压器和乙炔回火器	（1）触电； （2）火灾； （3）电弧灼伤； （4）化学爆炸； （5）其他伤害	3	2	15	90	3	（4）检查电焊机和气割工具是否符合负荷要求，交叉作业时加强沟通和设置警示标语
7	内部清理及防腐（刷陶瓷涂料）	（1）内部设备易刺伤手指； （2）电动工具（如电动刷头）使用不当； （3）临时电源接触不良； （4）清理设备粉尘污染及危害； （5）陶瓷涂料未刷完	（1）触电； （2）职业病危害； （3）机械伤害； （4）设备损坏	3	1	7	21	2	（1）加强个人防护用品的管理，规范个人防护用品的使用； （2）使用陶瓷涂料时进行安全交底，交底陶瓷使用的工质； （3）打磨粉尘污染环境时设置防护栏，并进行一定范围内的隔离； （4）加强临时电源的管理和使用； （5）对每一位员工进行打磨设备的安全交底
8	减速器解体检修（轴承拆装需要加热）	（1）轴承加热器使用不当； （2）轴承过热伤手；	（1）灼烫； （2）机械伤害； （3）其他伤害	6	2	7	84	3	（1）佩戴好正确的个人防护用品； （2）加强对用电及电动工具方面的安全教育和培训；

编号	作业步骤	危害因素	可能导致的后果	L	E	C	D	风险程度	控制措施
8	减速器解体检修（轴承拆装需要加热）	（3）使用工具不当； （4）搬运重物	（1）灼烫； （2）机械伤害； （3）其他伤害	6	2	7	84	3	（3）加热现场禁止易燃易爆物品堆放； （4）使用前检查电源线、接地和其他部件良好，经检验合格在有效期内
9	设备回装	按照检修拆除工序逆向回装		6	2	15	180	4	
三	完工恢复								
1	检查、恢复设备各系统	（1）走错间隔； （2）误操作； （3）操作不到位	（1）人身伤害； （2）设备损坏； （3）系统无法投运，影响工作进度	3	1	7	21	2	（1）回押工作票； （2）确认恢复安全措施
2	整体试运	（1）安全措施未恢复； （2）触碰电机及机械转动部位； （3）误操作； （4）工作票未回押； （5）电源线盒位盖未扣严密	（1）触电； （2）人身伤害； （3）设备事故	3	1	15	45	2	（1）确认工作票已经回押； （2）确认恢复安全措施； （3）试运时专人现场监护

编号	作业步骤	危害因素	可能导致的后果	风险评价					控制措施
				L	E	C	D	风险程度	
3	结束工作（现场文明施工）	（1）遗漏工器具；（2）现场遗留检修杂物；（3）不拆除临时用电；（4）不结束工作票，终结工作票继续进行工作	（1）设备损坏；（2）人身伤害；（3）设备故障	6	3	1	18	1	（1）收齐检查工器具；（2）清扫检修现场；（3）拆除临时用电；（4）结束工作票
四	作业环境								
1	设备清扫，齿轮油更换	（1）齿轮油污染环境；（2）工业用品对人身造成的损害	（1）污染环境；（2）人身伤害；（3）设备损坏	6	2	3	36	2	（1）换下的齿轮油及清洗零件后的煤油必须放入废油桶；（2）及时清扫地面
2	粉尘环境	（1）设备打磨清理产生的灰尘及废弃物；（2）清洗阀门内部时，煤油等挥发产生的气体；（3）呼吸系统保护不当	（1）职业危害，导致呼吸系统疾病或眼睛功能异常；（2）设备进污染物导致设备故障	6	2	7	84	3	（1）定期进行体检；（2）加强个人的防护工作；（3）及时进行有效的清理；（4）佩戴正确类型的防护口罩；（5）换下的润滑油及清洗零件后的煤油必须放入废油桶；（6）不得随意倾倒

编号	作业步骤	危害因素	可能导致的后果	风险评价					控制措施
				L	E	C	D	风险程度	
五		以往发生的事件							
1	设备起吊	设备起吊滑脱	起重伤害	6	2	7	84	3	（1）严格执行《起重安全控制程序》，培训有证者操作； （2）起重前应检查起重机械及其安全装置； （3）加强起重操作人员的安全管理

10 密封油系统检修

主要作业风险： （1）人身伤害； （2）设备损坏； （3）火灾； （4）环境污染； （5）起重伤害； （6）机械伤害	控制措施： （1）正确地使用个人防护用品； （2）使用前检查手拉葫芦、钢丝绳吊扣等起重工具，吊物必须捆绑牢固，保持重心稳定，设专人指挥起吊，避免吊物下站人； （3）设置隔离措施并确定隔离范围； （4）加强对现场工作人员的安全培训并进行细致的技术交底

编号	作业步骤	危害因素	可能导致的后果	风险评价					控制措施
				L	E	C	D	风险程度	
一	检修前准备								
1	确认安全措施是否正确	（1）走错间隔； （2）分闸时引起着火； （3）误碰其他有电部位产生电弧； （4）设备未隔离（进出口阀门未关到位，油管未泄压到零）	（1）设备损坏； （2）触电； （3）火灾	3	1	7	21	2	（1）办理工作票； （2）双人共同确认检修开关，验电和挂警示牌，确认设备进口阀门关闭，泵体泄压为零； （3）正确地使用个人防护用品，如绝缘手套、绝缘鞋、防电弧服
2	准备手动工具	（1）手动工具如敲击工具锤头松脱、破损等； （2）使用不合适工具，小工具准备不全或遗漏等	（1）物体打击； （2）设备损坏	3	2	7	42	2	（1）使用前确认工具型号和标识； （2）使用前确认工具完好合格

续表

编号	作业步骤	危害因素	可能导致的后果	风险评价					控制措施
				L	E	C	D	风险程度	
3	准备电动工具	（1）电动工具不符合要求，如电线破损、绝缘和接地不良； （2）电源无触电保护或/和工具设备无接地保护； （3）使用时如砂轮片、切割片等断裂飞出	（1）触电； （2）机械伤害	3	2	7	42	2	（1）使用前检查电源线、接地和其他部件良好，经检验合格在有效期内； （2）电源盘等必须使用漏电保护器； （3）确保易耗品，如砂轮片、切割片的质量； （4）使用正确劳动防护用品，如眼镜、面罩等
4	布置场地	（1）工具摆放凌乱； （2）场地选择不当，如场地条件不足（照明等）； （3）准备废油桶于工作现场处	（1）人身伤害； （2）影响人员通行； （3）物体打击	6	1	7	42	2	（1）严格执行定置管理要求； （2）进场前进行确认检查； （3）正确使用工器具
5	准备吊装	（1）吊钩和卡扣损坏引起葫芦脱扣砸人； （2）手拉葫芦、钢丝绳断裂； （3）起吊物重心不稳或绑扎不当； （4）物件过重超载	（1）起重伤害； （2）人身伤害	6	1	15	90	3	（1）使用前检查手拉葫芦、钢丝绳吊扣等； （2）戴防护手套、戴安全帽； （3）吊物必须捆绑牢固，保持重心稳定； （4）设专人指挥起吊，避免吊物下站人； （5）设置隔离措施

编号	作业步骤	危害因素	可能导致的后果	风险评价 L	E	C	D	风险程度	控制措施
6	安全交底	检修前没有进行必要的安全交底工作	（1）其他人身伤害； （2）设备损坏	3	3	6	54	2	（1）检修前进行文件包的安全交底以及技术交底工作； （2）制定规范的检修安全交底程序； （3）安全交底工作人员必须全部参加
二			检修过程						
1	拆除油系统管路和阀门进行检修	（1）使用工具不当； （2）工具滑脱； （3）零部件遗失、错位、滑脱； （4）螺栓坠地伤人	（1）人身伤害； （2）设备损坏； （3）物体打击	3	2	3	18	1	（1）使用手动工具，准备固定设备的安全绳； （2）拆前做好标记； （3）拆下的部件进行定制管理，精密阀门等设备进行包装保护
2	吊离密封油箱大盖	（1）手拉起重装置故障； （2）误操作； （3）设备没有进行有效固定，导致滑脱； （4）螺栓滑落伤人	（1）人身伤害； （2）设备损坏	6	1	7	42	2	（1）正确使用安全帽、安全鞋等防护用品； （2）合理的安排工作流程； （3）对施工人员进行详细的安全技术交底
3	油泵吊离	（1）手拉起重装置故障； （2）误操作；	（1）人身伤害； （2）设备损坏；	6	2	7	84	3	（1）起重人员必须持证上岗； （2）切记起重时违章指挥；

续表

编号	作业步骤	危害因素	可能导致的后果	风险评价					控制措施
				L	E	C	D	风险程度	
3	油泵吊离	（3）设备没有进行有效固定，导致滑脱	（1）人身伤害； （2）设备损坏	6	2	7	84	3	（3）起重前应检查起重设备（如手拉葫芦）的安全装置是否良好； （4）对施工人员进行详细的安全技术交底； （5）对油泵进行细致结构分析
4	油泵解体	（1）设备或零件掉落； （2）强行拆除解体； （3）重物掉落伤人； （4）设备毛刺伤手； （5）轴承拆卸加热方法错误； （6）部件拆除需要动火	（1）人身伤害； （2）设备损坏； （3）机械伤害； （4）火灾	3	2	3	18	1	（1）加强对工作现场安全监护工作； （2）检查机器零部件的结合面时，手不得伸入结合面内； （3）对施工人员进行详细的安全技术交底和安全交底； （4）解体步骤要明确、工艺要讲究，并进行确认
5	油泵轴承拆除	强行拆除	（1）机械伤害； （2）其他人身伤害	3	2	3	18	1	（1）确定拆卸流程并进行必要的安全技术交底； （2）加热拆除时佩戴好防护用品
6	检查和打磨除锈清理	（1）重物伤人； （2）设备锋利棱角割伤； （3）化学清洗剂伤害	（1）人身伤害； （2）设备损坏； （3）其他伤害	6	1	3	18	1	（1）正确使用防护用品，对员工的安全意识进行有效的培训； （2）合理地安排工作流程，做到有条不紊； （3）对施工人员进行详细的安全技术交底； （4）严格按照设备检修保护规定

续表

编号	作业步骤	危害因素	可能导致的后果	风险评价					控制措施
				L	E	C	D	风险程度	
7	油泵回装及系统管道阀门回装	（1）重物伤人； （2）设备锋利棱角割伤； （3）零部件保存不完整或损坏	（1）人身伤害； （2）设备损坏	6	2	15	180	3	（1）正确佩戴安全防护用品； （2）合理安排工作流程，对设备的每个检修步骤和应注意的地方了解清楚、有效； （3）对施工人员进行详细的安全技术交底，技术要领要进行分析总结； （4）根据标记进行安装，严格按照设备检修工艺
三	完工恢复								
1	检查、恢复密封油各系统	（1）走错间隔； （2）误操作	（1）设备事故； （2）人身伤害	6	1	7	42	2	（1）终结工作票，确认恢复安全措施； （2）确认油系统阀门开关状况以及开关度
2	工作完成，现场清理	（1）遗漏工器具； （2）现场遗留检修杂物； （3）不拆除临时用电； （4）不在正常工作时间内结束工作票	（1）触电； （2）人身伤害； （3）设备转动异常	3	2	7	42	2	（1）收起工器具； （2）清扫检修现场； （3）拆除临时用电； （4）结束工作票

续表

编号	作业步骤	危害因素	可能导致的后果	风险评价					控制措施
				L	E	C	D	风险程度	
3	系统调试	（1）安全措施未回复； （2）触碰电机及机械转动部位； （3）误操作； （4）工作票未回押； （5）电源线盒位盖未扣严密	（1）触电； （2）人身伤害； （3）设备事故	3	3	3	27	2	（1）确认工作票已经回压； （2）确认恢复安全措施； （3）试运时专人现场监护
四	作业环境								
1	设备清扫，润滑油更换	（1）润滑油污染环境； （2）工业用品对人身造成的损害	（1）污染环境； （2）人身伤害	3	1	3	9	1	（1）换下的润滑油及清洗零件后的煤油必须放入废油桶； （2）及时清扫地面

11 凝结水泵解体检修

主要作业风险:	控制措施:
(1) 设备损坏;	(1) 严格的执行工作票制度;
(2) 高处坠落;	(2) 加强个人防护意识和措施;
(3) 物体打击;	(3) 用电安全意识培养;
(4) 窒息;	(4) 加强动火安全及个人防护意识;
(5) 起重伤害;	(5) 抽水时孔洞设置明显位置的警告牌;
(6) 人身伤害	(6) 大泵起吊至吊物孔,必须专人进行指挥,有特种作业起重证人员进行现场操作;
	(7) 必须设置必要大的隔离带,并挂警示牌

编号	作业步骤	危害因素	可能导致的后果	风险评价					控制措施
				L	E	C	D	风险程度	
一		检修前准备							
1	确认安全措施执行完毕	(1) 拉错开关,走错间隔或误送电导致设备带电或误动; (2) 分闸时引起着火; (3) 误碰其他有电部位产生电弧	(1) 触电、电弧灼伤; (2) 火灾; (3) 设备事故	3	1	7	21	2	(1) 办理工作票,确认执行安全措施; (2) 双人共同确认检修开关,上锁,验电和挂警示牌; (3) 使用个人防护用品,如绝缘手套、绝缘鞋、面罩和防电弧服
2	检修现场电动工具需要的临时用电(如线盘)	(1) 电源,电压等级和接线方式不符要求; (2) 负荷过载; (3) 线盘漏电保护器工作失灵	(1) 触电; (2) 火灾; (3) 人身伤害	6	1	7	42	2	(1) 检查电源; (2) 线盘验电,达到合格; (3) 漏电保护器检查

续表

编号	作业步骤	危害因素	可能导致的后果	L	E	C	D	风险程度	控制措施
3	检修前电气、热控线路拆除准备	线路拆装和装回前的标记错乱	(1) 测点及线路发生错误; (2) 触电、漏电	6	1	7	42	2	现场确认并进行严格正确的标记,做到无错误、无遗漏
4	脚手架搭设	(1) 脚手架不稳或倾斜,容易导致脚手架坍塌; (2) 脚手架没进行验收; (3) 脚手架无合格牌; (4) 大型脚手架没有进行设计和审核; (5) 搭设脚手架中误碰设备	(1) 人身伤害; (2) 设备损坏; (3) 高处坠落	6	1	15	90	3	(1) 填写搭设委托单,明确搭设要求; (2) 检查搭设人员有无资质; (3) 搭设时戴安全帽、系安全带和穿防滑鞋等; (4) 搭设高度为 5m 以上需设置安全网; (5) 在设备附近搭设必须进行必要的交底; (6) 经验收和挂牌后使用
5	切断水源	(1) 关错阀门; (2) 阀门内漏或阀门未关到位; (3) 阀门位置位于受限空间或孔井内	(1) 水喷出导致人身伤害; (2) 井孔坠落	6	1	7	42	2	(1) 办理工作票,确认执行安全措施; (2) 提供良好通风; (3) 使用面罩和安全带等防护用品
6	准备手动工具	(1) 手动工具如敲击工具锤头松脱、破损等; (2) 使用不合适工具,小工具准备不全或遗漏等	(1) 人身伤害; (2) 设备损坏	3	1	3	9	1	(1) 使用前确认工具型号和标识; (2) 使用前确认工具完好合格

编号	作业步骤	危害因素	可能导致的后果	风险评价					控制措施
				L	E	C	D	风险程度	
7	布置场地	（1）工具摆放凌乱； （2）场地选择不当，如场地条件不足（照明等）	（1）人身伤害； （2）影响人员通行	3	1	1	3	1	（1）严格执行定置管理要求； （2）进场前进行确认检查； （3）正确使用工器具
8	准备劳动防护用品并对现场工作人员进行安全交底	（1）劳保用品佩戴不当； （2）安全交底不清； （3）未进行安全交底	（1）物体打击； （2）其他伤害	3	1	3	9	1	（1）加强相互之间的监督； （2）严格遵守公司关于劳保用品正确使用的规定； （3）工作负责人必须对现场工作人员进行安全交底和技术交底，并在相关文件中签字后方可开工
二			检修过程						
1	卸靠背轮	（1）拆卸位置不好，容易打到手等部位； （2）动火加热拆卸	（1）人身伤害； （2）设备损坏	3	1	15	45	2	（1）正确佩戴安全防护用品； （2）对动火等危险作业进行必要的安全交底
2	起重吊装作业及泵体解体作业	（1）被吊物重量超过最大起吊负荷，或被吊物起吊过程中挂住导致起吊超负荷； （2）起重机损坏或故障；	（1）起重伤害； （2）物体打击；	3	2	15	90	3	（1）起重机械驾驶员必须持证上岗，其他作业人员必须参加起重作业培训； （2）大型或关键吊装必须制定工作方案；

编号	作业步骤	危害因素	可能导致的后果	风险评价					控制措施
				L	E	C	D	风险程度	
2	起重吊装作业及泵体解体作业	（3）指挥不当，起重物件下站人； （4）误碰高压电线、高压蒸汽管道等； （5）钢丝绳滑脱、断裂或脱钩	（3）设备损坏； （4）触电	3	2	15	90	3	（3）吊装指挥，现场监护人员等必须到齐才能进行操作； （4）使用前钢丝绳、吊钩等必须进行仔细的检查； （5）吊装点必须位于物件上部，以保持重心稳定； （6）设置隔离栏，戴防护手套和安全帽； （7）起重作业时严禁斜拉重物
3	泵外筒壁检查及清理（受限空间作业）	（1）受限空间内存在的有毒气体（主要为氨气）等； （2）受限空间内通风不良、缺氧； （3）隔离错误或没有隔离； （4）受限空间内动火； （5）误关闭进出口	（1）中毒和窒息，如缺氧性窒息或中毒性窒息； （2）化学性爆炸，如氨气等可燃性气体和粉尘	3	1	15	45	2	（1）办理工作票，执行安全措施，监护人到位，严禁在无监护的情况下单人进入受限空间； （2）作业人员必须接受受限空间作业培训； （3）切断所有进入受限空间的能源； （4）进出受限空间人员登记和核查； （5）设置受限空间警示标识； （6）呼吸系统保护和使用呼吸设施； （7）提供通风和系安全绳； （8）受限空间内动火必须严格执行动火作业的要求

编号	作业步骤	危害因素	可能导致的后果	风险评价					控制措施
				L	E	C	D	风险程度	
4	解体泵转动及使用手拉葫芦等手动起吊工具	(1) 吊钩和卡扣损坏引起葫芦脱扣砸人； (2) 手拉葫芦，钢丝绳断裂； (3) 起吊物重心不稳或绑扎不当； (4) 物件过重超载	(1) 起重伤害； (2) 其他人身伤害	3	2	7	42	2	(1) 使用前检查手拉葫芦、钢丝吊扣等； (2) 戴防护手套，戴安全帽； (3) 吊物必须捆绑牢固，保持重心稳定； (4) 设专人指挥起吊，避免吊物下站人； (5) 设置隔离措施
5	使用电动工具进行打磨等处理时	(1) 不熟悉正确使用电（气）动工具； (2) 电动工具不符合要求，如电线破损、绝缘盒接地不良，气动工具气管破损、接口松动或磨损； (3) 工具或工具易损件质量不良； (4) 电源无触电保护，工具设备无接地保护； (5) 使用如砂轮片，切割片等断裂飞出； (6) 未使用正确的劳动保护用品	(1) 触电； (2) 机械伤害； (3) 其他人身伤害	6	2	7	84	3	(1) 学习工具说明书，学会正确使用； (2) 使用前检查电源线，接地和其他部件良好，经检验合格在有效期内； (3) 电源盘等必须使用漏电保护器； (4) 确保易耗品，如砂轮片，切割片的质量； (5) 使用正确的劳动保护用品如防护眼镜，面罩等

编号	作业步骤	危害因素	可能导致的后果	风险评价					控制措施
				L	E	C	D	风险程度	
6	手工搬运	（1）手工搬运方法或搬运姿势不当；（2）用力不当或蛮干；（3）物件过重，未使用工具或机具；（4）员工未经培训，缺乏经验	（1）人机工程伤害；（2）设备损坏	3	1	3	9	1	（1）进行手工搬运培训；（2）用正确姿势搬运；（3）提供适当搬运工具或其他工具
7	清洗和打磨设备和毛刺	（1）接触有毒清洗剂；（2）清洗剂易燃易爆；（3）未戴手套毛刺刮伤	（1）中毒；（2）火灾；（3）人身伤害	3	3	7	42	2	（1）佩戴呼吸器；（2）准备灭火器；（3）佩戴好正确的个人防护用品
8	动火作业（电焊、气割）	（1）附近有易燃易爆气体或易燃物；（2）附近有带电设备；（3）没有使用防火垫；（4）交叉作业或登高作业	（1）触电；（2）火灾；（3）电弧灼伤；（4）化学爆炸；（5）落物等引起的人身伤害	3	1	40	120	3	（1）制定严格的动火工作票制度，执行安全措施，监护人到位；（2）作业人员必须参加动火作业培训；（3）做好必要的防火措施，如使用防火垫和挂好警示牌；（4）检查电焊机和气割工具是否符合要求，交叉作业时加强沟通和设置警示标语

编号	作业步骤	危害因素	可能导致的后果	风险评价					控制措施
				L	*E*	*C*	*D*	风险程度	
8	动火作业（电焊、气割）	（5）动火设备不符合要求，如电焊机接线破损、接头接线不符合要求、接地不良等； （6）没有穿戴或使用不合适的工作服、防护鞋、防护眼镜和面罩等； （7）渣体飞溅，没有一定范围的防火措施； （8）动火时火星复燃； （9）氧气、乙炔瓶距离太近； （10）气体钢瓶没有固定好； （11）没有穿戴必要的个人防护用品； （12）皮管老化、受损； （13）无氧气减压器和乙炔回火器	（1）触电； （2）火灾； （3）电弧灼伤； （4）化学爆炸； （5）落物等引起的人身伤害	3	1	40	120	3	（1）制定严格的动火工作票制度，执行安全措施，监护人到位； （2）作业人员必须参加动火作业培训； （3）做好必要的防火措施，如使用防火垫和挂好警示牌； （4）检查电焊机和气割工具是否符合要求，交叉作业时加强沟通和设置警示标语

编号	作业步骤	危害因素	可能导致的后果	风险评价					控制措施
				L	E	C	D	风险程度	
三			完工恢复						
1	电机就位	按使用行车起吊电机操作规程操作		3	1	1	9	1	
2	接线并单试电机	(1) 脚手架不稳定; (2) 人员接线出现错误; (3) 单试单机没有采取一定范围内的隔离措施; (4) 电机及泵没有固定好,找正用的顶丝没有松开	(1) 人身伤害; (2) 转动机械伤人; (3) 设备损坏; (4) 设备机械故障	3	2	7	42	2	(1) 设置一定距离的隔离区,并挂警示牌,防止转动机械检修后出现故障伤人; (2) 使用脚手架严格按照脚手架验收规程进行,人员必须到现场进行确认; (3) 正确佩戴好个人安全防护用品
3	结束工作,清理现场	(1) 遗漏工器具; (2) 现场遗留检修杂物; (3) 不拆除临时用电; (4) 不结束工作票	(1) 触电; (2) 人身伤害; (3) 设备转动异常	3	2	7	42	2	(1) 收起工器具; (2) 清扫检修现场; (3) 拆除临时用电; (4) 结束工作票
四			作业环境						
1	粉尘环境	(1) 设备打磨清理产生的灰尘及废弃物; (2) 呼吸系统保护不当	职业危害,导致呼吸系统疾病或眼睛功能异常	3	2	7	42	2	(1) 定期进行体检; (2) 加强个人的防护工作; (3) 及时进行有效的清理; (4) 佩戴正确类型的防护口罩; (5) 定期对周围的环境进行监测

编号	作业步骤	危害因素	可能导致的后果	风险评价					控制措施
				L	E	C	D	风险程度	
2	密闭受限空间作业	(1) 无警示牌； (2) 爬梯上下时容易导致高处坠落	(1) 高处坠落； (2) 中毒窒息	3	2	15	90	3	(1) 及时进行有毒气体处理； (2) 悬挂警示牌并及时进行隔离； (3) 及时对特殊人员进行培训
五	以往发生的事件								
1	泵及轴起吊滑脱	(1) 滑脱时伤人； (2) 泵起吊时碰到其他设备	(1) 人身伤害； (2) 设备损坏	3	1	7	21	2	(1) 对设备进行必要的安全交底； (2) 专人有资质人员进行操作指挥

12 凝结水泵滤网清洗处理

<table>
<tr><td colspan="2">主要作业风险：
（1）设备损坏；
（2）人身伤害；
（3）物体打击；
（4）机械伤害</td><td colspan="2">控制措施：
（1）正确使用个人防护用品；
（2）设置隔离措施；
（3）加强对现场工作人员的安全培训；
（4）加强对现场工作人员的技术培训</td></tr>
</table>

编号	作业步骤	危害因素	可能导致的后果	L	E	C	D	风险程度	控制措施
一		检修前准备							
1	准备手动工具	（1）手动工具如敲击工具锤头松脱、破损等；（2）使用不合适工具，小工具准备不全或遗漏等	（1）人身伤害；（2）设备损坏	6	2	15	180	4	（1）使用前确认工具型号和标识；（2）使用前确认工具完好合格
2	准备电动工具	（1）电动工具不符合要求，如电线破损、绝缘和接地不良；（2）电源无触电保护或/和工具设备无接地保护；	（1）触电；（2）机械伤害；	3	2	15	90	3	（1）使用前检查电源线、接地和其他部件良好，经检验合格在有效期内；（2）电源盘等必须使用漏电保护器；

306

续表

编号	作业步骤	危害因素	可能导致的后果	L	E	C	D	风险程度	控制措施
2	准备电动工具	（3）使用时如砂轮片、切割片等断裂飞出	（3）人身伤害	3	2	15	90	3	（3）确保易耗品，如砂轮片、切割片的质量； （4）正确使用劳动防护用品，如眼镜、面罩等
3	布置场地	（1）工具摆放凌乱； （2）场地选择不当，如场地条件不足（照明等）	（1）人身伤害； （2）影响人员通行	6	1	15	90	3	（1）严格执行定置管理要求； （2）进场前进行确认检查； （3）正确使用工器具
二		检修过程							
1	阀门回装	（1）阀门吊离时滑脱； （2）吊装时设备碰撞导致起毛刺	（1）人身伤害； （2）设备伤害； （3）机械伤害； （4）起重伤害	6	1	15	90	3	（1）使用手动工具安全绳； （2）拆前做好标记； （3）拆下的部件进行定制管理； （4）穿防护鞋，戴手套； （5）设置隔离措施
三		完工恢复							
1	检查恢复阀门系统措施	（1）走错间隔； （2）隔离错误； （3）措施不完善； （4）误操作	（1）人身伤害； （2）设备损坏	6	1	7	42	2	（1）终结工作票，确认恢复安全措施； （2）办理工作票回押手续； （3）办理试运单，调试各个阀门行程

编号	作业步骤	危害因素	可能导致的后果	风险评价					控制措施
				L	*E*	*C*	*D*	风险程度	
2	结束工作（现场文明施工）	（1）遗漏工器具； （2）现场遗留检修杂物； （3）不拆除临时用电； （4）不结束工作票，终结工作票继续进行工作	（1）设备损坏； （2）人身伤害； （3）设备故障	3	1	7	21	2	（1）收齐检查工器具； （2）清扫检修现场； （3）拆除临时用电； （4）结束工作票

13 凝结水输送泵解体检修

主要作业风险：	控制措施：
（1）人身伤害； （2）设备损坏； （3）机械伤害	（1）确认设备名称及检修的工艺要求； （2）加强设备起重人员的管理； （3）严格执行设备验收制度以及工作票制度； （4）制定严格的动火工作票制度，执行安全措施，监护人到位； （5）加强劳动防护用品的使用和规范； （6）检修前进行细致的技术交底和安全交底； （7）检修后的煤油进行集中定制放置

编号	作业步骤	危害因素	可能导致的后果	风险评价					控制措施
				L	E	C	D	风险程度	
一			检修前准备						
1	准备手动工具	（1）手动工具如敲击工具锤头松脱、破损等； （2）使用不合适工具，小工具准备不全或遗漏等	（1）人身伤害； （2）设备损坏	6	3	3	54	2	（1）使用前确认工具型号和标识； （2）使用前确认工具完好合格
2	准备电动工具	（1）电动工具不符合要求，如电线破损、绝缘和接地不良；	（1）触电；	3	2	15	90	3	（1）使用前检查电源线、接地和其他部件良好，经检验合格在有效期内；

编号	作业步骤	危害因素	可能导致的后果	风险评价					控制措施
				L	E	C	D	风险程度	
2	准备电动工具	（2）电源无触电保护或/和工具设备无接地保护； （3）使用时如砂轮片、切割片等断裂飞出	（2）机械伤害； （3）人身伤害	3	2	15	90	3	（2）电源盘等必须使用漏电保护器； （3）确保易耗品，如砂轮片、切割片的质量； （4）正确使用劳动防护用品，如眼镜、面罩等
3	布置场地	（1）工具摆放凌乱； （2）场地选择不当，如场地条件不足（照明等）	（1）人身伤害； （2）影响人员通行	3	3	3	27	2	（1）严格执行定置管理要求； （2）正确使用工器具
4	进行作业前的安全交底	（1）安全交底不清楚； （2）交底的内容存在缺陷； （3）交底没有落实到每一位人员	（1）人身伤害； （2）设备损坏	3	3	3	27	2	（1）加强对人员的安全培训和学习； （2）严格执行安全交底的有关工作
5	脚手架搭设及验收	（1）脚手架不稳或倾斜，容易导致脚手架坍塌； （2）脚手架未进行验收，脚手架无合格牌； （3）大型脚手架未进行设计和审核； （4）搭设脚手架中误碰设备	（1）人身伤害； （2）设备损坏； （3）高处坠落	3	1	40	120	3	（1）明确搭设要求； （2）检查搭设人员有无资质，搭设时戴安全帽、系安全带和穿防滑鞋等； （3）在设备附近搭设必须进行必要的交底； （4）经验收和挂牌后方可使用

续表

编号	作业步骤	危害因素	可能导致的后果	风险评价					控制措施
				L	E	C	D	风险程度	
二		检修过程							
1	卸靠背轮	（1）劳保用品佩戴不当； （2）使用工具不当； （3）设备未做标记； （4）拆下的设备零件丢失	（1）人身伤害； （2）设备损坏	3	2	7	42	2	（1）设备拆装严格地进行有效的标记，并做好记录； （2）使用前仔细检查工具； （3）加强相互之间的监督，严格遵守公司关于劳保用品正确使用的规定
2	松开泵盖连接螺栓，起吊泵盖	（1）劳保用品佩戴不当； （2）使用工具不当； （3）设备未做标记； （4）拆下的设备零件丢失； （5）起重葫芦不合格； （6）安全装置失灵； （7）误操作； （8）设备滑脱； （9）违章指挥	（1）其他伤害； （2）物体打击	3	2	3	18	1	（1）设备拆装严格地进行有效的标记，并做好记录； （2）使用前仔细检查工器具； （3）加强相互之间的监督，严格遵守公司关于劳保用品正确使用的规定； （4）严格执行《起重安全控制程序》，培训有证者操作； （5）起重前应检查起重机械及其安全装置； （6）吊装重物时严禁从人员的头顶上越过； （7）工作时指挥、信号正确； （8）精力集中。设围栏、监护人，无关人员不得入内

编号	作业步骤	危害因素	可能导致的后果	风险评价					控制措施
				L	E	C	D	风险程度	
3	吊轴及转动部分	(1) 起重葫芦不合格; (2) 安全装置失灵; (3) 误操作; (4) 设备滑脱; (5) 违章指挥	(1) 人身伤害; (2) 设备损坏	6	1	15	90	3	(1) 起重前应检查起重机械及其安全装置; (2) 吊装重物时严禁从人员的头顶上越过; (3) 工作时指挥、信号正确; (4) 精力集中,设围栏、监护人,无关人员不得入内
4	卸轴承	(1) 动火作业; (2) 拉马等卸拉专用工具损坏; (3) 被高温轴承烫伤; (4) 轴及转动部分碰撞变形	(1) 灼伤; (2) 火灾; (3) 机械伤害; (4) 人身伤害; (5) 设备伤害	6	1	15	90	3	(1) 戴隔热手套; (2) 拆下的部件进行定置管理; (3) 正确使用手动工具安全绳; (4) 设备必须捆绑牢固,保持重心稳定; (5) 设置隔离措施
5	拆卸叶轮	(1) 使用工具不当; (2) 工具滑脱; (3) 零部件遗失、错位; (4) 设备滑脱伤人	(1) 人身伤害; (2) 设备损坏	6	1	3	18	1	(1) 正确佩戴劳保用品,加强相互之间的监督; (2) 严格遵守公司关于劳保用品正确使用的规定; (3) 详细了解设备的结构,对工作人员进行安全交底; (4) 使用前确认工具型号和标识; (5) 使用前确认工具完好合格

编号	作业步骤	危害因素	可能导致的后果	风险评价					控制措施
				L	E	C	D	风险程度	
6	清洗和检查	(1) 锋利设备伤手; (2) 设备滑脱	(1) 人身伤害; (2) 设备损坏	6	2	1	12	1	(1) 正确佩戴劳保用品,加强相互之间的监督; (2) 严格遵守公司关于劳保用品正确使用的规定; (3) 详细了解设备的结构,对工作人员进行安全交底
7	设备回装	按照检修拆除工序逆向回装							
三			完工恢复						
1	整体试运	(1) 安全措施未恢复; (2) 触碰电机及机械转动部位; (3) 误操作; (4) 工作票未回押; (5) 电源线盒位盖未扣严密	(1) 触电; (2) 人身伤害; (3) 设备事故	3	1	15	45	2	(1) 确认工作票已经回押; (2) 确认恢复安全措施; (3) 试运时专人现场监护
四			作业环境						
1	泵体打磨	(1) 泵体打磨产生的粉尘环境; (2) 灰尘清理不当; (3) 呼吸系统保护不当	职业危害,导致呼吸系统疾病或眼睛伤害,如尘肺、咽喉炎、皮炎等	6	1	1	6	1	(1) 佩戴粉尘口罩; (2) 及时清扫地面

编号	作业步骤	危害因素	可能导致的后果	风险评价					控制措施
				L	E	C	D	风险程度	
2	轴承室清扫，润滑油更换	润滑油污染环境	污染环境	6	1	1	6	1	（1）换下的润滑油及清洗零件后的煤油必须放入废油桶； （2）及时清扫地面
五		以往发生的事件							
1	泵轴及转动部分起吊	起吊物重心不稳和绑扎不当，泵轴及转动部分起吊滑脱碰撞	设备损坏	6	1	1	6	1	吊物必须捆绑牢固，保持重心稳定

14 凝汽器检修

主要作业风险:
(1) 触电;
(2) 人身伤害;
(3) 设备损坏;
(4) 机械伤害;
(5) 密闭窒息

控制措施:
(1) 确认设备名称及检修的工艺要求;
(2) 严格执行设备验收制度以及工作票制度;
(3) 加强劳动防护用品的使用和规范;
(4) 检修前进行细致的技术交底和安全交底;
(5) 加强通风;
(6) 进出密闭容器进行登记并确认所带物品

编号	作业步骤	危害因素	可能导致的后果	L	E	C	D	风险程度	控制措施
一			检修前准备						
1	准备手动工具	(1) 手动工具如敲击工具锤头松脱、破损等; (2) 使用不合适工具,小工具准备不全或遗漏等	(1) 人身伤害; (2) 设备损坏	3	3	3	27	2	(1) 使用前确认工具型号和标识; (2) 使用前确认工具完好合格
2	准备电动工具	(1) 电动工具不符合要求,如电线破损、绝缘和接地不良;	(1) 触电;	3	2	7	42	2	(1) 使用前检查电源线、接地和其他部件良好,经检验合格在有效期内;

编号	作业步骤	危害因素	可能导致的后果	风险评价					控制措施
				L	E	C	D	风险程度	
2	准备电动工具	(2) 电源无触电保护或/和工具设备无接地保护； (3) 使用时如砂轮片、切割片等断裂飞出	(2) 机械伤害； (3) 人身伤害	3	2	7	42	2	(2) 电源盘等必须使用漏电保护器； (3) 确保易耗品，如砂轮片、切割片的质量； (4) 使用正确劳动防护用品，如眼镜、面罩等
3	准备劳动防护用品	劳保用品佩戴不当	其他伤害	3	2	3	18	1	(1) 加强相互之间的监督； (2) 严格遵守公司关于劳保用品正确使用的规定
4	布置场地	(1) 工具摆放凌乱； (2) 场地选择不当，如场地条件不足（照明等）	(1) 人身伤害； (2) 影响人员通行	3	3	3	27	2	(1) 严格执行定置管理要求； (2) 进场前进行确认检查； (3) 正确使用工器具
5	进行作业前的安全交底	(1) 安全交底不清楚； (2) 交底的内容存在缺陷； (3) 交底没有落实到每一位人员	(1) 人身伤害； (2) 设备损坏	3	3	3	27	2	(1) 加强对人员的安全培训和学习； (2) 严格执行安全交底的有关工作
6	脚手架搭设及验收	(1) 脚手架不稳或倾斜，容易导致脚手架坍塌；	(1) 人身伤害； (2) 设备损坏； (3) 高处坠落	3	1	40	120	3	(1) 填写搭设委托单，明确搭设要求；

编号	作业步骤	危害因素	可能导致的后果	风险评价					控制措施
				L	E	C	D	风险程度	
6	脚手架搭设及验收	（2）脚手架没进行验收，脚手架无合格牌；（3）大型脚手架没有进行设计和审核；（4）搭设脚手架中误碰设备	（1）人身伤害；（2）设备损坏；（3）高处坠落	3	1	40	120	3	（2）检查搭设人员有无资质，搭设时戴安全帽、系安全带和穿防滑鞋等；（3）在设备附近搭设必须进行必要的交底；（4）经验收和挂牌后使用
7	准备劳动防护用品并对现场工作人员进行安全交底	（1）劳保用品佩戴不当；（2）安全交底不清；（3）未进行安全交底	（1）物体打击；（2）其他伤害	3	1	7	21	2	（1）加强相互之间的监督；（2）严格遵守公司关于劳保用品正确使用的规定；（3）工作负责人必须对现场工作人员进行安全交底和技术交底，并在相关文件中签字后方可开工
二		检修过程							
1	打开人孔门	（1）劳保用品佩戴不当；（2）使用工具不当；（3）设备未做标记；（4）残余压力	（1）人身伤害；（2）设备损坏	6	1	3	18	1	（1）设备拆装严格进行有效的标记，并做好记录；（2）加强相互之间的监督，严格遵守公司关于劳保用品正确使用的规定；（3）设备拆除前要进要确认安全措施完全执行；（4）禁止戴手套或单手抡大锤，敲击扳手应做好防脱落措施，禁止使用没手柄的工具

编号	作业步骤	危害因素	可能导致的后果	风险评价					控制措施
				L	E	C	D	风险程度	
2	凝汽器内部打磨清理检查以及钛管冲洗	(1) 劳保用品佩戴不当; (2) 使用工具不当; (3) 通风不良; (4) 监护不力; (5) 残留压力; (6) 照明漏电或使用不合格电气工具; (7) 未搭脚手架或使用不合格脚手架	(1) 其他伤害; (2) 物体打击; (3) 中毒和窒息; (4) 触电; (5) 高处坠落	6	1	15	90	3	(1) 加强相互之间的监督,严格遵守公司关于劳保用品正确使用的规定; (2) 先加强通风(但严禁向内部输送氧气),再进行有害气体、含氧量的测量,容器内不能吸烟,使用正压式呼吸器; (3) 专人应站在能看到或听到容器内工作人员的地方监护; (4) 使用前检查工具的接地情况;引入电源线必须经过二级以上漏电保安器;线盘应放在外面,开关设在监护人伸手可及的地方;容器内接照明,只能用 12V 行灯、15mA 触电保安器,行灯变压器应放在容器外面; (5) 高处作业均须先搭建脚手架或采取防止坠落措施
3	凝汽器内部需要补焊或重新固定(动火作业电焊)	(1) 附近有易燃易爆气体或易燃物; (2) 附近有带电设备; (3) 没有使用防火垫;	(1) 触电,电弧灼伤; (2) 火灾; (3) 化学爆炸; (4) 高处坠落; (5) 中毒和窒息	3	2	15	90	3	(1) 办理动火工作票,执行安全措施,监护人到位; (2) 做好防火隔离措施,如使用防火垫和警示标识,准备灭火器等;

编号	作业步骤	危害因素	可能导致的后果	风险评价					控制措施
				L	E	C	D	风险程度	
3	凝汽器内部需要补焊或重新固定（动火作业电焊）	（4）交叉作业，没有进行有效的分工和确认； （5）动火设备不符合要求，如电焊机接线破损、接头接线不符合要求、接地不良等； （6）没有正确穿戴工作服、防护鞋、防护眼镜和面罩等； （7）密闭容器进行焊接工作，没有实行规定的轮换和监护制度	（1）触电，电弧灼伤； （2）火灾； （3）化学爆炸； （4）高处坠落； （5）中毒和窒息	3	2	15	90	3	（3）检查电焊机是否符合要求，正确接线和接地； （4）作业人员必须接受受限空间作业培训； （5）切断所有进入受限空间的能源，如高压蒸汽、高压空气、易燃易爆气体等； （6）作业前要对容器的含氧量进行测量，并对容器内部用压缩空气进行吹扫； （7）设置受限空间警示牌，严禁无关人员进入； （8）呼吸系统保护和使用呼吸设施； （9）提供通风和系安全绳； （10）每隔一段时间，轮换容器内工作人员
4	关闭人孔门，并拆除架子	（1）关闭人孔门前没有清点工器具； （2）关闭人孔门前没有清点人员	（1）人身伤害； （2）设备事故	1	1	3	3	1	在关闭容器、槽箱的人孔门以前，工作负责人必须清点人员和工具，检查确实没有人员或工具、材料等遗留物在内，方可关闭

续表

编号	作业步骤	危害因素	可能导致的后果	L	E	C	D	风险程度	控制措施
三			完工恢复						
1	检查、恢复设备各系统	（1）走错间隔； （2）误操作； （3）操作不到位	（1）人身伤害； （2）设备损坏； （3）系统无法投运，影响工作进度	3	1	7	21	2	（1）回押工作票； （2）确认恢复安全措施
2	结束工作（现场文明施工）	（1）遗漏工器具； （2）现场遗留检修杂物； （3）不拆除临时用电； （4）不结束工作票，终结工作票继续进行工作	（1）设备损坏； （2）人身伤害； （3）设备故障	6	3	1	18	1	（1）收齐检查工器具； （2）清扫检修现场； （3）拆除临时用电； （4）结束工作票
四			作业环境						
1	容器内打磨（半封闭空间作业）	（1）容器打磨产生的粉尘环境； （2）灰尘清理不当； （3）呼吸系统保护不当	职业危害，导致呼吸系统疾病或眼睛伤害，如尘肺、咽喉炎、皮炎等	6	1	1	6	1	（1）佩戴防粉尘口罩； （2）及时清扫

320

15 凝汽器水室清理

主要作业风险:	控制措施:
(1) 触电; (2) 人身伤害; (3) 设备损坏; (4) 机械伤害; (5) 环境污染; (6) 其他伤害; (7) 密闭窒息; (8) 爆炸; (9) 物体打击	(1) 确认设备名称及检修的工艺要求; (2) 加强设备起重人员的管理; (3) 严格执行设备验收制度以及工作票制度; (4) 制定严格的动火工作票制度,执行安全措施,监护人到位; (5) 加强劳动防护用品的使用和规范; (6) 检修前进行细致的技术交底和安全交底; (7) 加强通风; (8) 进出密闭容器进行登记

编号	作业步骤	危害因素	可能导致的后果	风险评价					控制措施
				L	E	C	D	风险程度	
一	检修前准备								
1	准备手动工具	(1) 手动工具如敲击工具锤头松脱、破损等; (2) 使用不合适工具,小工具准备不全或遗漏等	(1) 人身伤害; (2) 设备损坏	6	3	3	54	2	(1) 使用前确认工具型号和标识; (2) 使用前确认工具完好合格

续表

编号	作业步骤	危害因素	可能导致的后果	风险评价					控制措施
				L	E	C	D	风险程度	
2	准备电动工具	（1）电动工具不符合要求，如电线破损、绝缘和接地不良；（2）电源无触电保护或/和工具设备无接地保护；（3）使用时如砂轮片、切割片等断裂飞出	（1）触电；（2）机械伤害；（3）人身伤害	3	2	15	90	3	（1）使用前检查电源线、接地和其他部件良好，经检验合格在有效期内；（2）电源盘等必须使用漏电保护器；（3）确保易耗品，如砂轮片、切割片的质量；（4）使用正确劳动防护用品，如眼镜、面罩等
3	准备劳动防护用品	劳保用品佩戴不当	其他伤害	3	2	3	18	1	（1）加强相互之间的监督；（2）严格遵守公司关于劳保用品正确使用的规定
4	布置场地	（1）工具摆放凌乱；（2）场地选择不当，如场地条件不足（照明等）	（1）人身伤害；（2）影响人员通行	3	3	3	27	2	（1）严格执行定置管理要求；（2）进场前进行确认检查；（3）正确使用工器具
5	进行作业前的安全交底	（1）安全交底不清楚；（2）交底的内容存在缺陷；（3）交底没有落实到每一位人员	（1）人身伤害；（2）设备损坏	3	3	3	27	2	（1）加强对人员的安全培训和学习；（2）严格执行安全交底的有关工作

编号	作业步骤	危害因素	可能导致的后果	风险评价					控制措施
				L	E	C	D	风险程度	
6	脚手架搭设及验收	（1）脚手架不稳或倾斜，容易导致脚手架坍塌； （2）脚手架没进行验收，脚手架无合格牌； （3）大型脚手架没有进行设计和审核； （4）搭设脚手架中误碰设备	（1）人身伤害； （2）设备损坏； （3）高处坠落	3	1	40	120	3	（1）填写搭设委托单，明确搭设要求； （2）检查搭设人员有无资质，搭设时戴安全帽、系安全带和穿防滑鞋等； （3）在设备附近搭设必须进行必要的交底； （4）经验收和挂牌后使用
7	准备劳动防护用品并对现场工作人员进行安全交底	（1）劳保用品佩戴不当； （2）安全交底不清； （3）未进行安全交底	（1）物体打击； （2）其他伤害	3	3	7	63	2	（1）加强相互之间的监督； （2）严格遵守公司关于劳保用品正确使用的规定； （3）工作负责人必须对现场工作人员进行安全交底和技术交底，并在相关文件中签字后方可开工
二			检修过程						
1	打开人孔门	（1）劳保用品佩戴不当； （2）使用工具不当； （3）设备未做标记； （4）残余压力	（1）人身伤害； （2）设备损坏	2	1	3	6	1	（1）设备拆装严格进行有效的标记，并做好记录； （2）加强相互之间的监督，严格遵守公司关于劳保用品正确使用的规定；

编号	作业步骤	危害因素	可能导致的后果	风险评价					控制措施
				L	E	C	D	风险程度	
1	打开人孔门	(1) 劳保用品佩戴不当； (2) 使用工具不当； (3) 设备未做标记； (4) 残余压力	(1) 人身伤害； (2) 设备损坏	2	1	3	6	1	(3) 设备拆除前要进要确认安全措施完全执行； (4) 禁止戴手套或单手抡大锤，敲击扳手应做好防脱落措施，禁止使用没手柄的工具
2	凝汽器内部打磨清理检查，钛管冲洗	(1) 劳保用品佩戴不当； (2) 使用工具不当； (3) 通风不良； (4) 监护不力； (5) 残留压力； (6) 照明漏电或使用不合格电器工具； (7) 未搭脚手架或使用不合格脚手架	(1) 其他伤害； (2) 物体打击； (3) 中毒和窒息； (4) 触电； (5) 高处坠落	6	1	15	90	3	(1) 加强相互之间的监督，严格遵守公司关于劳保用品正确使用的规定； (2) 先加强通风（但严禁向内部输送氧气），再进行有害气体、含氧量的测量，容器内不能吸烟，使用正压式呼吸器； (3) 专人应站在能看到或听到容器内工作人员的地方监护； (4) 使用前检查工具的接地情况；引入电源线必须经过二级以上漏电保安器；线盘应放在外面，开关设在监护人伸手可及的地方；容器内接照明，只能用 12V 行灯、15mA 触电保安器，行灯变压器应放在容器外面； (5) 高处作业均须先搭建脚手架或采取防止坠落措施方可进行

续表

编号	作业步骤	危害因素	可能导致的后果	风险评价					控制措施
				L	E	C	D	风险程度	
3	凝汽器内部需要补焊或重新固定（动火作业电焊）	（1）附近有易燃易爆气体或易燃物； （2）附近有带电设备； （3）没有使用防火垫； （4）交叉作业，没有进行有效的分工和确认； （5）动火设备不符合要求，如电焊机接线破损、接头接线不符合要求、接地不良等； （6）没有正确穿戴工作服、防护鞋、防护眼镜和面罩等； （7）密闭容器进行焊接工作，没有实行规定的轮换和监护制度	（1）触电，电弧灼伤； （2）火灾； （3）化学爆炸； （4）高处坠落； （5）工具和设备； （6）中毒和窒息	6	1	15	90	3	（1）办理动火工作票，执行安全措施，监护人到位； （2）做好防火隔离措施，如使用防火垫和警示标识、准备灭火器等； （3）检查电焊机是否符合要求、正确接线和接地； （4）作业人员必须接受受限空间作业培训； （5）切断所有进入受限空间的能源，如高压蒸汽、高压空气、易燃易爆气体等； （6）作业前要对容器的含氧量进行测量，并对容器内部用压缩空气进行吹扫； （7）设置受限空间警示牌，严禁无关人员进入； （8）呼吸系统保护和使用呼吸设施； （9）提供通风和系安全绳； （10）每隔一段时间，轮换容器内工作人员

编号	作业步骤	危害因素	可能导致的后果	风险评价					控制措施
				L	*E*	*C*	*D*	风险程度	
4	关闭人孔门，并拆除架子	（1）关闭人孔门前没有清点机工具； （2）关闭人孔门前没有清点人员	（1）人身伤害； （2）设备事故	6	1	15	90	3	在关闭容器、槽箱的人孔门以前，工作负责人必须清点人员和工具，检查确实没有人员或工具、材料等遗留物在内，方可关闭
三		完工恢复							
1	检查、恢复设备各系统	（1）走错间隔； （2）误操作； （3）操作不到位	（1）人身伤害； （2）设备损坏； （3）系统无法投运，影响工作进度	3	1	7	21	2	（1）回押工作票； （2）确认恢复安全措施
2	结束工作（现场文明施工）	（1）遗漏工器具； （2）现场遗留检修杂物； （3）不拆除临时用电； （4）不结束工作票，终结工作票继续进行工作	（1）设备损坏； （2）人身伤害； （3）设备故障	6	3	1	18	1	（1）收齐检查工器具； （2）清扫检修现场； （3）拆除临时用电； （4）结束工作票
四		作业环境							
1	容器内打磨	（1）容器打磨产生的粉尘环境； （2）灰尘清理不当； （3）呼吸系统保护不当	职业危害，导致呼吸系统疾病或眼睛伤害，如尘肺、咽喉炎、皮炎等	6	1	1	6	1	（1）佩戴粉尘口罩； （2）及时清扫

16 汽侧真空泵密封水交换器反冲洗

主要作业风险：	控制措施：
(1) 机械伤害；	(1) 确认设备名称及检修的工艺要求；
(2) 物体打击；	(2) 严格执行设备验收制度以及工作票制度；
(3) 人身伤害	(3) 加强劳动防护用品的使用和规范；
	(4) 检修前进行细致的技术交底和安全交底

编号	作业步骤	危害因素	可能导致的后果	风险评价					控制措施
				L	E	C	D	风险程度	
一	检修前准备								
1	准备工器具	(1) 手动工具如敲击工具锤头松脱、破损等； (2) 没有绑定安全绳； (3) 电动工器具缺乏检验合格证	(1) 人身伤害； (2) 设备损坏	3	3	3	27	2	(1) 使用前确认工具型号和标识； (2) 使用前确认工具完好合格； (3) 交底特殊工器具的使用规范
2	准备劳动保护用品	(1) 劳保用品佩戴不当； (2) 劳保用品破损或无合格证	人身伤害	3	2	3	18	1	(1) 加强相互之间的劳保使用监督； (2) 使用劳保用品前进行检查并确认

编号	作业步骤	危害因素	可能导致的后果	风险评价					控制措施
				L	E	C	D	风险程度	
3	布置场地	(1) 工具摆放凌乱; (2) 场地选择不当	(1) 人身伤害通行; (2) 影响人员通行	3	3	3	27	2	(1) 严格执行工器具定置管理要求; (2) 正确使用工器具
4	进行作业前安全技术交底	(1) 安全交底不清楚; (2) 交底的内容存在缺陷; (3) 交底没有落实到每一位人员	(1) 人身伤害; (2) 设备损坏	3	3	3	27	2	(1) 加强对人员的安全培训和学习; (2) 严格执行安全交底的相关工作
二			检修过程						
1	交换器进出口管道拆除	(1) 管道搬运滑脱; (2) 工器具敲击滑脱	(1) 人身伤害; (2) 设备损坏	6	2	3	36	2	(1) 正确佩戴劳保用品; (2) 管道拆除搬运时预估其重量; (3) 详细解读设备的结构,对工作人员进行安全交底; (4) 工器具提供必要的操作指导
2	加装临时冲洗装置进行冲洗,并清理海水侧杂物	(1) 内部设备清理易刺伤手; (2) 清理设备产生的污水没有进行有效回收或存放; (3) 螺栓锈蚀咬死,强行拆除	(1) 机械伤害; (2) 设备损坏; (3) 环境污染	6	2	3	36	2	(1) 规范个人防护用品的管理; (2) 严格执行设备检修工艺; (3) 拆下的螺栓进行清理上油,防止锈蚀严重

编号	作业步骤	危害因素	可能导致的后果	风险评价					控制措施
				L	E	C	D	风险程度	
3	设备回装	按照检修拆除工序逆向回装							
三			完工恢复						
1	检查、恢复设备各系统	(1) 走错间隔； (2) 误操作； (3) 操作不到位	(1) 人身伤害； (2) 设备损坏	3	1	7	21	2	(1) 确认回押工作票； (2) 确认恢复安全措施
2	汽侧真空泵整体试运	(1) 安全措施恢复不全； (2) 触碰电机及机械转动部位； (3) 误操作	(1) 触电； (2) 人身伤害； (3) 设备事故	3	1	15	45	2	(1) 确认工作票已经回押； (2) 确认恢复安全措施； (3) 试运时专人现场监护
3	结束工作（现场文明施工）	(1) 遗漏工器具； (2) 现场遗留检修杂物； (3) 不拆除临时用电； (4) 不结束工作票，终结工作票继续进行工作	(1) 设备损坏； (2) 人身伤害； (3) 设备故障	6	3	1	18	1	(1) 收齐检查工器具； (2) 清扫检修现场； (3) 拆除临时用电； (4) 结束工作票
四			作业环境						
1	环境污染	进行反冲洗出的杂物和污水污染地面或设备进水导致故障	设备损坏	3	2	3	18	1	进行杂物集中处理

17 汽轮发电机组轴瓦解体检修

主要作业风险：	控制措施：
（1）起重伤害； （2）机械伤害； （3）设备损坏； （4）密闭窒息； （5）人身伤害	（1）办理工作票，确认执行安全措施； （2）双人共同确认检修开关、上锁、验电和挂警示牌； （3）正确使用个人防护用品； （4）对员工进行针对性的安全培训和技能培训； （5）检修步骤严格执行； （6）做好环境污染处理预案； （7）使用前检查手拉葫芦、钢丝绳吊扣等，吊物必须捆绑牢固，保持重心稳定，设专人指挥起吊，避免吊物下站人； （8）设置隔离措施

编号	作业步骤	危害因素	可能导致的后果	风险评价					控制措施
				L	E	C	D	风险程度	
一			检修前准备						
1	切断电源，确认设备隔离完全	（1）拉错开关、走错间隔或误送电，导致设备带电或误动； （2）分闸时引起着火； （3）误碰其他有电部位产生电弧； （4）设备未隔离	（1）设备损害； （2）火灾	3	2	7	42	2	（1）办理工作票； （2）双人共同确认检修开关、验电和挂警示牌，确认设备进口阀门关闭； （3）使用个人防护用品，如绝缘手套、绝缘鞋、面罩和防电弧服

续表

编号	作业步骤	危害因素	可能导致的后果	风险评价					控制措施
				L	E	C	D	风险程度	
2	准备手动工具	(1) 手动工具如敲击工具锤头松脱、破损等； (2) 使用不合适工具，小工具准备不全或遗漏等	(1) 人身伤害； (2) 设备损坏	6	1	7	42	2	(1) 使用前确认工具型号和标识； (2) 使用前确认工具完好合格
3	准备电动工具	(1) 电动工具不符合要求，如电线破损、绝缘和接地不良； (2) 电源无触电保护或/和工具设备无接地保护； (3) 使用时如砂轮片、切割片等断裂飞出	(1) 触电； (2) 机械伤害； (3) 人身伤害	3	1	7	21	2	(1) 使用前检查电源线、接地和其他部件良好，经检验合格在有效期内； (2) 电源盘等必须使用漏电保护器； (3) 确保易耗品，如砂轮片、切割片的质量； (4) 使用正确劳动防护用品如眼镜、面罩等
4	布置场地	(1) 工具摆放凌乱； (2) 场地选择不当，如场地条件不足(照明等)	(1) 人身伤害； (2) 影响人员通行	3	2	7	42	2	(1) 严格执行定置管理要求； (2) 进场前进行确认检查； (3) 正确使用工器具
5	准备吊装	(1) 吊钩和卡扣损坏引起葫芦脱扣砸人；	(1) 起重伤害； (2) 人身伤害	3	1	40	120	3	(1) 使用前检查手拉葫芦、钢丝绳吊扣等； (2) 戴防护手套、安全帽；

编号	作业步骤	危害因素	可能导致的后果	风险评价					控制措施
				L	*E*	*C*	*D*	风险程度	
5	准备吊装	（2）手拉葫芦、钢丝绳断裂； （3）起吊物重心不稳或绑扎不当； （4）物件过重超载	（1）起重伤害； （2）人身伤害	3	1	40	120	3	（3）吊物必须捆绑牢固，保持重心稳定； （4）设专人指挥起吊，避免吊物下站人； （5）设置隔离措施
6	准备劳动防护用品并对现场工作人员进行安全交底	（1）劳保用品佩戴不当； （2）安全交底不清； （3）未进行安全交底	（1）物体打击； （2）其他伤害	3	1	7	21	2	（1）加强相互之间的监督； （2）严格遵守公司关于劳保用品正确使用的规定； （3）工作负责人必须对现场工作人员进行安全交底和技术交底，并在相关文件中签字后方可开工
二									检修过程
1	拆除轴瓦油系统管路和阀门，并吊离至检修专用场地	（1）使用工具不当； （2）工具滑脱； （3）零部件遗失、错位、滑脱； （4）螺栓坠地伤人	（1）人身伤害； （2）设备损坏； （3）影响检修工作进度	3	1	7	21	2	（1）使用手动工具，准备固定设备的安全绳； （2）拆前做好标记； （3）拆下的部件进行定制管理，精密阀门等设备进行包装保护
2	轴瓦油管道阀门检修（研磨）	（1）不熟悉和正确使用电（气）动工具； （2）工具或工具易损件质量不良；	（1）触电； （2）机械伤害； （3）设备损坏	6	1	7	42	2	（1）了解设备内部结构； （2）学习工具使用说明书，并能正确地使用； （3）使用前检查电源线、接地和其他部件良好；

编号	作业步骤	危害因素	可能导致的后果	L	E	C	D	风险程度	控制措施
				风险评价					
2	轴瓦油管道阀门检修（研磨）	（3）电源无触电保护盒，工具设备无接地保护； （4）使用时如电动研磨片等断裂飞出； （5）未使用正确的劳动保护用品	（1）触电； （2）机械伤害； （3）设备损坏	6	1	7	42	2	（4）电源盘等必须使用漏电保护器，发现失灵严禁使用和自行进行处理； （5）使用正确的劳动防护用品，如眼镜等
3	翻瓦、吊瓦、并进行测量	（1）不熟悉瓦块内部结构； （2）工具或工具易损坏，质量不良； （3）吊瓦过程中钢丝绳断裂； （4）吊瓦过程中瓦块没固定好导致滑脱； （5）测量瓦块时采用不当操作工序； （6）瓦块吊离时误操作	（1）人身伤害； （2）设备损坏； （3）影响工作进度	6	2	7	84	3	（1）严格按照瓦块检修标准进行检修； （2）正确佩戴个人防护用品； （3）针对高精密设备进行专门的安全交底和技术交底； （4）吊装作业严格按照国家起重标准进行
4	检查、打磨、除锈、清理	（1）重物伤人； （2）设备锋利棱角割伤； （3）化学清洗剂伤害	（1）人身伤害； （2）设备损坏； （3）设备丢失	3	1	7	21	2	（1）正确使用防护用品，对员工的安全意识进行有效的培训； （2）合理安排工作流程，做到有条不紊； （3）对施工人员进行详细的安全技术交底

续表

编号	作业步骤	危害因素	可能导致的后果	风险评价					控制措施
				L	E	C	D	风险程度	
5	瓦块修复	（1）瓦块修复需要翻身等起重作业； （2）瓦块毛刺清理伤手； （3）修复工具不当； （4）修复工序错误	（1）人身伤害； （2）设备损坏	6	1	7	42	2	（1）精密设备检修工序要进行特别的培训； （2）正确使用防护用品，对员工的安全意识进行有效的培训； （3）合理安排工作流程，做到有条不紊； （4）对施工人员进行详细的安全技术交底
6	瓦块回装	按照检修解体过程逆向进行							
三		完工恢复							
1	检查恢复轴瓦各个系统	（1）走错间隔； （2）隔离错误； （3）措施不完善； （4）误操作	（1）人身伤害； （2）设备损坏	6	2	7	84	3	（1）终结工作票，确认恢复安全措施； （2）办理工作票回压手续； （3）办理试运单，调试各个阀门行程
2	整体调试	（1）工作票未交给运行值班员； （2）电源线外露； （3）电源线盒位盖未扣严密； （4）法兰或管道接头漏氢	（1）触电； （2）人身伤害； （3）现场失火	3	1	15	45	2	（1）工作票制度严格执行； （2）现场专人进行监护； （3）消防人员必须到场

编号	作业步骤	危害因素	可能导致的后果	风险评价					控制措施
				L	E	C	D	风险程度	
3	结束工作（现场文明施工）	（1）遗漏工器具； （2）现场遗留检修杂物； （3）不拆除临时用电； （4）不结束工作票，终结工作票继续进行工作	（1）设备损坏； （2）人身伤害； （3）设备故障	3	1	7	21	2	（1）收齐检查工器具； （2）清扫检修现场； （3）拆除临时用电； （4）结束工作票
四	作业环境								
1	粉尘环境	（1）设备打磨清理产生的灰尘及废弃物； （2）清洗阀门内部时，煤油等挥发产生的气体； （3）呼吸系统保护不当	（1）职业危害，导致呼吸系统疾病或眼睛功能异常； （2）设备进污染物导致设备故障	3	2	7	42	2	（1）定期进行体检； （2）加强个人的防护工作； （3）及时进行有效的清理； （4）佩戴正确类型的防护口罩
2	下轴瓦检修空间狭小（密闭受限空间作业）	（1）无警示牌，没有设置隔离带； （2）爬梯上下时容易导致高处坠落	（1）高处坠落； （2）中毒窒息	3	1	7	21	2	（1）及时进行有毒气体处理和处理； （2）悬挂警示牌并及时进行隔离； （3）及时对特殊工种人员进行培训

18 汽轮机侧安全阀检修及校验

主要作业风险： (1) 起重伤害； (2) 设备损坏； (3) 机械伤害	控制措施： (1) 双方共同确认检修开关状态； (2) 正确使用个人防护用品； (3) 对员工进行针对性的安全技术交底； (4) 操作步骤及需要注意安全的步骤要严格执行； (5) 设备起吊涉及的起重工作，需要有工作资质的专人担任

编号	作业步骤	危害因素	可能导致的后果	风险评价					控制措施
				L	E	C	D	风险程度	
一	检修前准备								
1	系统隔离	(1) 误开误关阀门； (2) 隔离不到位导致管路压力过大； (3) 高温高压气体隔离不到位对人身的伤害	(1) 人身伤害； (2) 设备损坏	3	1	7	21	2	(1) 工作票措施要完善； (2) 严格执行工作票制度，认真进行审核和确认； (3) 正确佩戴个人防护用品
2	确认安全措施执行完毕，并切断电源	(1) 拉错开关，走错间隔或误送电导致设备带电或误动； (2) 分闸时引起着火； (3) 误碰其他有电部位产生电弧	(1) 触电、电弧灼伤； (2) 火灾； (3) 设备事故	6	1	15	90	3	(1) 办理工作票，确认执行安全措施； (2) 双人共同确认检修开关、上锁、验电和挂警示牌； (3) 使用个人防护用品，如绝缘手套、绝缘鞋、面罩和防电弧服

编号	作业步骤	危害因素	可能导致的后果	风险评价					控制措施
				L	E	C	D	风险程度	
3	工具准备	(1) 工具搬运过程滑落等造成的损坏； (2) 未按照工具搬运规定进行搬运工作	(1) 设备损坏； (2) 人身伤害	3	1	3	9	1	(1) 加强人员对工具的正确使用和搬运； (2) 规范工器具的领用和归还制度； (3) 日常工具的防护保养
4	临时用电	(1) 电源，电压等级和接线方式不符要求； (2) 负荷过载； (3) 线盘漏点保护器工作失灵	(1) 触电； (2) 火灾	3	1	7	21	2	(1) 检查电源； (2) 验电； (3) 漏点保护器检查
5	布置场地	(1) 工具摆放凌乱； (2) 场地选择不当，如场地条件不足（照明等）	(1) 人身伤害； (2) 影响人员通行	3	1	3	9	1	(1) 严格执行定置管理要求； (2) 进场前进行确认检查； (3) 正确使用工器具
6	吊装准备	(1) 吊钩和卡扣损坏引起葫芦脱扣砸人； (2) 手拉葫芦、钢丝绳断裂； (3) 起吊物重心不稳或绑扎不当； (4) 物件过重超载	(1) 起重伤害； (2) 人身伤害	3	2	15	90	3	(1) 使用前检查手拉葫芦、钢丝绳吊扣等； (2) 戴防护手套、戴安全帽； (3) 吊物必须捆绑牢固，保持重心稳定； (4) 设专人指挥起吊，避免吊物下站人； (5) 设置隔离措施

编号	作业步骤	危害因素	可能导致的后果	风险评价					控制措施
				L	E	C	D	风险程度	
7	准备劳动防护用品并对现场工作人员进行安全交底	(1) 劳保用品佩戴不当； (2) 安全交底不清； (3) 未进行安全交底	(1) 物体打击； (2) 其他伤害	3	1	7	21	2	(1) 加强相互之间的监督； (2) 严格遵守公司关于劳保用品正确使用的规定； (3) 工作负责人必须对现场工作人员进行安全交底和技术交底，并在相关文件中签字后方可开工
二		检修过程							
1	安全阀解体	(1) 设备或零件掉落； (2) 强行拆除解体； (3) 重物掉落倾倒伤人	(1) 人身伤害； (2) 设备损坏； (3) 机械伤害	6	1	7	42	2	(1) 正确使用防护用品，对员工的安全意识进行有效的培训； (2) 合理安排工作流程，做到有条不紊； (3) 对施工人员进行详细的安全技术交底
2	阀门研磨（电动研磨）	(1) 不熟悉和正确使用电（气）动工具； (2) 电（气）动工具不符合要求； (3) 工具或工具易损件质量不良； (4) 电源无触电保护盒，工具设备无接地保护；	(1) 触电； (2) 机械伤害； (3) 其他人身伤害； (4) 设备损坏	3	1	7	21	1	(1) 了解设备内部结构； (2) 学习工具使用说明书，并能正确使用； (3) 使用前检查电源线，接地和其他部件良好，经检验合格在有效期内； (4) 电源盘等必须使用漏电保护器，发现失灵严禁使用和自行进行处理；

编号	作业步骤	危害因素	可能导致的后果	风险评价					控制措施
				L	*E*	*C*	*D*	风险程度	
2	阀门研磨（电动研磨）	（5）使用时如电动研磨片等断裂飞出； （6）未使用正确的劳动保护用品	（1）触电； （2）机械伤害； （3）其他人身伤害； （4）设备损坏	3	1	7	21	1	（5）使用正确的劳动防护用品，如眼镜等
3	检查、打磨、除锈、清理阀门内部设备	（1）重物伤人； （2）设备锋利棱角割伤； （3）化学清洗剂伤害	（1）人身伤害； （2）设备损坏； （3）设备丢失	3	2	7	42	2	（1）正确使用防护用品，对员工的安全意识进行有效的培训； （2）合理安排工作流程，做到有条不紊； （3）对施工人员进行详细的安全技术交底
4	更换损坏件及消除设备缺陷	（1）重物伤人； （2）强行拆除检修； （3）需动火的未按工作票进行	（1）人身伤害； （2）设备伤害； （3）设备故障	3	1	7	21	2	（1）合理安排工作流程，对设备的每个检修步骤和注意的地方了解清楚、有效； （2）对施工人员进行详细的安全技术交底，技术要领要进行分析总结； （3）正确使用防护用品
5	安全阀门回装	（1）设备或零件掉落； （2）强行拆除解体； （3）重物掉落、倾倒伤人	（1）人身伤害； （2）设备损坏； （3）机械伤害	6	1	7	42	2	（1）认真地规范设备起重知识； （2）合理安排工作流程，做到有条不紊； （3）正确使用防护用品

编号	作业步骤	危害因素	可能导致的后果	风险评价					控制措施
				L	E	C	D	风险程度	
三		完工恢复							
1	检查并恢复安全阀各个系统	(1) 走错间隔; (2) 隔离错误; (3) 措施不完善; (4) 误操作	(1) 设备事故; (2) 人身伤害	3	1	15	45	2	(1) 终结工作票,确认恢复安全措施; (2) 办理工作票回押手续; (3) 办理试运单
四		作业环境							
1	接触高温高压气体	(1) 正常运行时管道裂开或产生砂眼; (2) 未正确隔离; (3) 检修时割破管道; (4) 密封件故障	(1) 高温灼烫; (2) 职业危害	3	1	15	45	2	(1) 执行工作票,正常隔离; (2) 穿戴个人防护用品,如长袖衣服等; (3) 工作时采取隔热措施; (4) 日常检验

19 汽轮机主汽阀、高压调阀检修

<table>
<tr>
<td colspan="2">主要作业风险：
（1）起重伤害；
（2）物体打击；
（3）灼烫；
（4）人身伤害</td>
<td>控制措施：
（1）办理工作票，确认安全措施执行正确；
（2）双人共同确认检修开关；
（3）正确地使用个人防护用品；
（4）办理动火工作票，执行安全措施，监护人到位；
（5）作业人员必须参加动火作业培训，以及在密闭容器内的特殊作业培训；
（6）采取控制粉尘措施，加强设备日常维护；
（7）佩戴粉尘口罩、呼吸器等；
（8）对工作现场人员进行细致的安全交底和技术交底工作</td>
</tr>
</table>

编号	作业步骤	危害因素	可能导致的后果	L	E	C	D	风险程度	控制措施
一			检修前准备						
1	切断电源，确认设备隔离完全	（1）拉错开关，走错间隔或误送电导致设备带电或误动； （2）分闸时开关故障着火； （3）误碰其他有电部位产生电弧； （4）设备未隔离	（1）设备损害； （2）人身伤害； （3）火灾	6	1	7	42	2	（1）办理工作票； （2）双人共同确认检修开关，验电和挂警示牌，确认设备进口阀门关闭，泵体泄压为零； （3）使用个人防护用品，如绝缘手套、绝缘鞋、面罩和防电弧服

编号	作业步骤	危害因素	可能导致的后果	风险评价					控制措施
				L	E	C	D	风险程度	
2	准备手动工具	(1) 手动工具如敲击工具锤头松脱、破损等； (2) 使用不合适工具，小工具准备不全或遗漏等	(1) 人身伤害； (2) 设备损坏	3	1	7	21	2	(1) 使用前确认工具型号和标识； (2) 使用前确认工具完好合格
3	准备电动工具	(1) 电动工具不符合要求，如电线破损、绝缘和接地不良； (2) 电源无触电保护或/和工具设备无接地保护； (3) 使用时如砂轮片、切割片等断裂飞出	(1) 触电； (2) 机械伤害； (3) 人身伤害	3	1	3	9	1	(1) 使用前检查电源线、接地和其他部件良好，经检验合格在有效期内； (2) 电源盘等必须使用漏电保护器； (3) 确保易耗品，如砂轮片、切割片的质量； (4) 使用正确劳动防护用品，如眼镜、面罩等
4	布置场地	(1) 工具摆放凌乱； (2) 场地选择不当，如场地条件不足（照明等）	(1) 人身伤害； (2) 影响人员通行	6	1	7	42	2	(1) 严格执行定置管理要求； (2) 进场前进行确认检查； (3) 正确使用工器具
5	吊装准备	(1) 吊钩和卡扣损坏引起葫芦脱扣砸人；	(1) 起重伤害； (2) 人身伤害	6	1	15	90	3	(1) 使用前检查手拉葫芦、钢丝绳吊扣等； (2) 戴防护手套、戴安全帽；

编号	作业步骤	危害因素	可能导致的后果	L	E	C	D	风险程度	控制措施
5	吊装准备	（2）手拉葫芦、钢丝绳断裂； （3）起吊物重心不稳或绑扎不当； （4）物件过重超载	（1）起重伤害； （2）人身伤害	6	1	15	90	3	（3）吊物必须捆绑牢固，保持重心稳定； （4）设专人指挥起吊，避免吊物下站人； （5）设置隔离措施
6	准备劳动防护用品并对现场工作人员进行安全交底	（1）劳保用品佩戴不当； （2）安全交底不清； （3）未进行安全交底	（1）物体打击； （2）其他伤害	3	3	7	63	2	（1）加强相互之间的监督； （2）严格遵守公司关于劳保用品正确使用的规定； （3）工作负责人必须对现场工作人员进行安全交底和技术交底，并在相关文件中签字后方可开工
二		检修过程							
1	拆除高中压缸各连接管道	（1）使用工具不当； （2）工具滑脱； （3）零部件遗失、错位； （4）螺栓坠地伤人	（1）人身伤害； （2）设备损坏； （3）影响检修工作进度	3	2	7	42	2	（1）使用手动工具安全绳； （2）拆前做好标记； （3）拆下的部件进行定制管理，精密阀门等设备进行包装保护
2	拆除端盖连接螺栓（大型电动工具使用或动火作业）	（1）不熟悉和不正确使用电（气）动工具； （2）电动工具不符合要求； （3）工具或工具易损件质量不良；	（1）触电； （2）火灾； （3）灼烫； （4）化学爆炸； （5）落物伤人等引起的人身伤害	6	1	15	90	3	（1）制定严格的动火工作票制度，执行安全措施，监护人到位； （2）作业人员必须参加动火作业培训； （3）做好必要的防火措施；如使用防火垫和警示牌挂好；

343

编号	作业步骤	危害因素	可能导致的后果	风险评价					控制措施
				L	E	C	D	风险程度	
2	拆除端盖连接螺栓（大型电动工具使用或动火作业）	（4）电源无触电保护和工具设备无接地保护； （5）使用如砂轮片，切割片等断裂飞出； （6）不使用正确的劳动保护用品； （7）附近有易燃易爆气体或易燃物； （8）附近有带电设备； （9）没有使用防火垫； （10）交叉作业或登高作业； （11）动火设备不符合要求，如电焊机接线破损，接头接线不符合要求，接地不良等； （12）没有穿戴或使用不合适的工作服，防护鞋，防护眼镜和面罩等；	（1）触电； （2）火灾； （3）灼烫； （4）化学爆炸； （5）落物伤人等引起的人身伤害	6	1	15	90	3	（4）检查气割工具是不是符合要求。交叉作业时沟通和设置警示标语； （5）学习工具说明书，学会正确使用； （6）使用前检查电源线，接地和其他部件良好，经检验合格在有效期内； （7）电源盘等必须使用漏电保护器； （8）确保易耗品，如砂轮片，切割片的质量； （9）使用正确的劳动保护用品如防护眼镜，面罩等

编号	作业步骤	危害因素	可能导致的后果	L	E	C	D	风险程度	控制措施
2	拆除端盖连接螺栓（大型电动工具使用或动火作业）	（13）渣体飞溅，没有一定范围的防火措施；（14）动火时火星复燃；（15）氧气，乙炔瓶距离太近；（16）气体钢瓶没有固定好；（17）没有穿戴必要的个人防护用品；（18）皮管老化，受损；无氧气减压器和乙炔回火器	（1）触电；（2）火灾；（3）灼烫；（4）化学爆炸；（5）落物伤人等引起的人身伤害	6	1	15	90	3	（1）制定严格的动火工作票制度，执行安全措施，监护人到位；（2）作业人员必须参加动火作业培训；（3）做好必要的防火措施；如使用防火垫和警示牌挂好；（4）检查气割工具是不是符合要求。交叉作业时沟通和设置警示标语；（5）学习工具说明书，学会正确使用；（6）使用前检查电源线，接地和其他部件良好，经检验合格在有效期内；（7）电源盘等必须使用漏电保护器；（8）确保易耗品，如砂轮片，切割片的质量；（9）使用正确的劳动保护用品如防护眼镜，面罩等
3	吊出阀芯阀杆	（1）设备毛刺棱角割伤；（2）设备起吊滑脱；（3）设备挤压工作人员	（1）人身伤害；（2）设备损坏；（3）设备丢失	3	1	7	21	2	（1）正确使用防护用品；（2）合理的安排工作流程；（3）对施工人员进行详细的安全技术交底；（4）注意设备的成品保护

编号	作业步骤	危害因素	可能导致的后果	风险评价					控制措施
				L	E	C	D	风险程度	
4	阀芯进行修整或研磨	（1）不熟悉和正确使用电（气）动工具； （2）工具或工具易损件质量不良； （3）电源无触电保护盒工具设备无接地保护； （4）使用时如电动研磨片等断裂飞出； （5）不使用正确的劳动保护用品	（1）触电； （2）机械伤害； （3）设备损坏	3	2	3	18	1	（1）了解设备内部结构； （2）学习工具使用说明书，并能正确的使用； （3）使用前检查电源线，接地和其他部件良好； （4）电源盘等必须使用漏电保护器，发现失灵严禁使用和自行进行处理； （5）使用正确的劳动防护用品如眼镜等
5	检查，打磨，除锈，清理阀门内部设备	（1）重物伤人； （2）设备锋利棱角割伤； （3）化学清洗剂伤害	（1）人身伤害； （2）设备损坏； （3）设备丢失	6	1	3	18	1	（1）正确使用防护用品；对员工的安全意识进行有效的培训； （2）合理的安排工作流程；做到有条不紊； （3）对施工人员进行详细的安全技术交底
6	阀门回装	（1）设备或零件掉落； （2）强行设备回装； （3）重物掉落倾倒伤人	（1）人身伤害； （2）设备损坏； （3）机械伤害	1	3	3	9	1	（1）认真的规范设备起重知识； （2）合理的安排工作流程；做到有条不紊； （3）正确的使用防护用品； （4）成品保护

编号	作业步骤	危害因素	可能导致的后果	风险评价					控制措施
				L	E	C	D	风险程度	
三		完工恢复							
1	检查并恢复主汽阀，高压调阀各个系统	(1) 走错间隔； (2) 隔离错误； (3) 措施不完善； (4) 误操作	(1) 设备损坏 (2) 人身伤害	3	2	15	90	3	(1) 终结工作票，确认恢复安全措施； (2) 办理工作票回压手续，办理试运单，调试各个阀门行程
2	结束工作（现场文明施工）	(1) 遗漏工器具； (2) 现场遗留检修杂物； (3) 不拆除临时用电； (4) 不结束工作票，终结工作票继续进行工作	(1) 设备损坏； (2) 人身伤害； (3) 设备故障	3	2	3	18	1	(1) 收齐检查工器具； (2) 清扫检修现场； (3) 拆除临时用电； (4) 结束工作票
四		作业环境							
1	粉尘环境	(1) 设备打磨清理产生的灰尘及废弃物； (2) 清洗阀门内部时，煤油等挥发产生的气体； (3) 呼吸系统保护不当	(1) 职业危害，导致呼吸系统疾病或眼睛功能异常； (2) 设备进污染物导致设备故障	6	2	7	84	3	(1) 定期进行体检； (2) 加强个人的防护工作； (3) 及时进行有效的清理； (4) 佩戴正确类型的防护口罩

编号	作业步骤	危害因素	可能导致的后果	风险评价					控制措施
				L	E	C	D	风险程度	
2	密闭接触高温高压蒸汽及水源	(1) 正常运行时管道、法兰挡板等裂开; (2) 未正确隔离; (3) 检修时割破管道及管道爆裂; (4) 密封件损坏	(1) 灼烫; (2) 职业危害	3	3	15	135	3	(1) 执行工作票,正确隔离; (2) 穿戴个人防护用品如长袖衣服,长裤子;隔热服和防护眼镜等; (3) 工作时采取隔离措施; (4) 日常检验,压力容器检验
五	以往发生的事件								
1	高压主汽门解体拆除阀盖螺栓时	阀盖螺栓卡涩	(1) 人身伤害; (2) 设备损坏; (3) 影响检修进度	6	2	7	84	3	(1) 对现场工作进行培训,使每一位员工都了解设备的基本结构; (2) 增加解体设备的专用工具,和意外情况需要用到的特别工具

20 氢气置换装置及氢气管路系统检修

主要作业风险：	控制措施：
（1）机械伤害； （2）灼烫； （3）化学爆炸； （4）起重伤害； （5）其他伤害	（1）正确佩戴个人防护用品； （2）加强对起重工种的管理； （3）对现场工作人员进行安全交底和技术交底； （4）严格按照检修的标准以及检修的工艺

编号	作业步骤	危害因素	可能导致的后果	L	E	C	D	风险程度	控制措施
一			检修前准备						
1	切断电源，确认设备隔离完全	（1）拉错开关，走错间隔或误送电导致设备带电或误动； （2）分闸时引起着火； （3）误碰其他有电部位产生电弧； （4）设备未隔离	（1）设备损害； （2）人身伤害； （3）火灾	6	1	7	42	2	（1）严格执行工作票手续； （2）双人共同确认检修开关，验电和挂警示牌，确认设备进口阀门关闭； （3）使用个人防护用品，如绝缘手套、绝缘鞋、面罩和防电弧服
2	准备手动工具	（1）手动工具如敲击工具锤头松脱、破损等； （2）使用不合适工具，小工具准备不全或遗漏等	（1）人身伤害； （2）设备损坏	3	1	15	45	2	（1）使用前确认工具型号和标识； （2）使用前确认工具完好合格

编号	作业步骤	危害因素	可能导致的后果	风险评价					控制措施
				L	E	C	D	风险程度	
3	准备电动工具	(1) 电动工具不符合要求，如电线破损、绝缘和接地不良； (2) 电源无触电保护或/和工具设备无接地保护； (3) 使用时如砂轮片、切割片等断裂飞出	(1) 触电； (2) 机械伤害； (3) 人身伤害	3	1	15	45	2	(1) 使用前检查电源线、接地和其他部件良好，经检验合格在有效期内； (2) 电源盘等必须使用漏电保护器； (3) 确保易耗品，如砂轮片、切割片的质量； (4) 使用正确劳动防护用品，如眼镜、面罩等
4	布置场地	(1) 工具摆放凌乱； (2) 场地选择不当，如场地条件不足（照明等）	(1) 人身伤害； (2) 影响人员通行	6	1	7	42	2	(1) 严格执行定置管理要求； (2) 进场前进行确认检查； (3) 正确使用工器具
5	准备吊装	(1) 吊钩和卡扣损坏引起葫芦脱扣砸人； (2) 手拉葫芦、钢丝绳断裂； (3) 起吊物重心不稳或绑扎不当； (4) 物件过重超载	(1) 起重伤害； (2) 人身伤害	3	2	7	42	2	(1) 使用前检查手拉葫芦、钢丝绳吊扣等； (2) 戴防护手套、戴安全帽； (3) 吊物必须捆绑牢固，保持重心稳定； (4) 设专人指挥起吊，避免吊物下站人； (5) 设置隔离措施

编号	作业步骤	危害因素	可能导致的后果	风险评价					控制措施
				L	E	C	D	风险程度	
6	测氢	（1）空气中氢气含量超标； （2）机械作业时容易引起爆炸	（1）人身伤害； （2）设备故障； （3）火灾	3	1	15	45	2	（1）严格执行测氢工序； （2）个人防护用品佩戴要正确； （3）检查易燃易爆物品安全隐患
7	将油动机整体吊出放置在检修场地（比如吊至汽机房吊物孔）	（1）安全装置失灵； （2）误操作； （3）设备滑脱； （4）违章指挥	（1）人身伤害； （2）设备损坏	6	1	15	90	3	（1）严格执行《起重安全控制程序》，培训有证者操作； （2）制定方案经相关领导批准； （3）详见《发电机抽、穿转子起重作业安全技术措施》； （4）工作时指挥、信号正确； （5）设围栏、监护人，无关人员不得入内
二		检修过程							
1	氢气置换装置拆除、吊装	（1）使用工具不当； （2）工具滑脱； （3）零部件遗失、错位； （4）螺栓坠地伤人； （5）设备滑脱	（1）人身伤害； （2）设备损坏； （3）影响工作进度	3	2	15	90	3	（1）使用手动工具安全绳； （2）拆前做好标记； （3）拆下的部件进行定制管理
2	氢气管路系统以及阀门拆除吊装，并进行研磨或更换	（1）阀门吊离时滑脱； （2）吊装时设备碰撞导致起毛刺；	（1）人身伤害； （2）设备伤害； （3）机械伤害； （4）起重伤害	6	1	15	90	3	（1）使用手动工具安全绳； （2）拆前做好标记； （3）拆下的部件进行定制管理； （4）穿防护鞋、戴手套；

编号	作业步骤	危害因素	可能导致的后果	L	E	C	D	风险程度	控制措施
2	氢气管路系统以及阀门拆除吊装，并进行研磨或更换	（3）吊钩和卡扣损坏引起葫芦脱扣砸人； （4）手拉葫芦、钢丝绳断裂； （5）起吊物重心不稳或绑扎不当； （6）物件过重超载	（1）人身伤害； （2）设备伤害； （3）机械伤害； （4）起重伤害	6	1	15	90	3	（5）使用前检查手拉葫芦、钢丝绳吊扣等； （6）吊物必须捆绑牢固，保持重心稳定； （7）设专人指挥起吊，避免吊物下站人； （8）设置隔离措施
3	原先堵漏点进行检修需要动火	（1）未使用正确的劳动保护用品； （2）附近有易燃易爆气体或易燃物； （3）附近有带电设备； （4）没有使用防火垫； （5）交叉作业或登高作业； （6）动火设备不符合要求，如电焊机接线破损、接头接线不符合要求、接地不良等；	（1）火灾； （2）灼烫； （3）化学爆炸； （4）落物伤人等引起的人身伤害	3	2	15	90	3	（1）制定严格的动火工作票制度，执行安全措施，监护人到位； （2）作业人员必须参加动火作业培训； （3）做好必要的防火措施，如使用防火垫和警示牌挂好； （4）检查气割工具是否符合要求，交叉作业时加强沟通和设置警示标语

编号	作业步骤	危害因素	可能导致的后果	风险评价					控制措施
				L	E	C	D	风险程度	
3	原先堵漏点进行检修需要动火	（7）没有穿戴或使用不合适的工作服、防护鞋、防护眼镜和面罩等； （8）渣体飞溅，没有一定范围的防火措施； （9）动火时火星复燃； （10）氧气、乙炔瓶距离太近； （11）气体钢瓶没有固定好； （12）没有穿戴必要的个人防护用品； （13）皮管老化、受损，无氧气减压器和乙炔回火器	（1）火灾； （2）灼烫； （3）化学爆炸； （4）落物伤人等引起的人身伤害	3	2	15	90	3	（1）制定严格的动火工作票制度，执行安全措施，监护人到位； （2）作业人员必须参加动火作业培训； （3）做好必要的防火措施；如使用防火垫和警示牌挂好； （4）检查气割工具是否符合要求，交叉作业时加强沟通和设置警示标语
4	阀门研磨（电动研磨）	（1）不熟悉和正确使用电（气）动工具； （2）工具或工具易损件质量不良； （3）电源无触电保护盒，工具设备无接地保护；	（1）触电； （2）机械伤害； （3）设备损坏	3	1	40	120	3	（1）了解设备内部结构； （2）学习工具使用说明书，并能正确使用； （3）使用前检查电源线、接地和其他部件良好；

编号	作业步骤	危害因素	可能导致的后果	风险评价					控制措施
				L	E	C	D	风险程度	
4	阀门研磨（电动研磨）	（4）使用时如电动研磨片等断裂飞出； （5）未使用正确的劳动保护用品	（1）触电； （2）机械伤害； （3）设备损坏	3	1	40	120	3	（4）电源盘等必须使用漏电保护器，发现失灵严禁使用和自行进行处理； （5）使用正确的劳动防护用品，如眼镜等
5	检查、打磨、除锈、清理氢气设备	（1）重物伤人； （2）设备锋利棱角割伤； （3）化学清洗剂伤害	（1）人身伤害； （2）设备损坏； （3）设备丢失	3	1	15	45	2	（1）正确使用防护用品，对员工的安全意识进行有效的培训； （2）合理安排工作流程，做到有条不紊； （3）对施工人员进行详细的安全技术交底
6	置换装置回装	遵照解体时的逆过程，参照以上程序							
三	完工恢复								
1	检查恢复氢气系统措施	（1）走错间隔； （2）隔离错误； （3）措施不完善； （4）误操作	（1）人身伤害； （2）设备损坏	6	1	7	42	2	（1）终结工作票，确认恢复安全措施； （2）办理工作票回压手续； （3）办理试运单，调试各个阀门行程

编号	作业步骤	危害因素	可能导致的后果	风险评价					控制措施
				L	E	C	D	风险程度	
2	整体调试	（1）工作票未交给运行值班员；（2）电源线外露；（3）电源线盒位盖未扣严密；（4）法兰或管道接头漏氢	（1）触电；（2）人身伤害；（3）现场失火	3	2	7	42	2	（1）工作票制度严格执行；（2）现场专人进行监护；（3）消防人员必须到场
3	结束工作（现场文明施工）	（1）遗漏工器具；（2）现场遗留检修杂物；（3）不拆除临时用电；（4）不结束工作票，终结工作票继续进行工作	（1）设备损坏；（2）人身伤害；（3）设备故障	3	1	7	21	2	（1）收齐检查工器具；（2）清扫检修现场；（3）拆除临时用电；（4）结束工作票
四	作业环境								
1	低温	氢气置换低温物体，容易导致手冻伤	人身伤害	6	2	7	84	3	正确的佩戴劳保用品，防止冻伤
2	粉尘环境	（1）设备打磨清理产生的灰尘及废弃物；（2）清洗阀门内部时，煤油等挥发产生的气体；（3）呼吸系统保护不当	（1）职业危害，导致呼吸系统疾病或眼睛功能异常；（2）设备进污染物导致设备故障	3	1	7	21	2	（1）定期进行体检；（2）加强个人的防护工作；（3）及时进行有效的清理；（4）佩戴正确类型的防护口罩

21 水平中开式单级离心泵检修（闭式泵、开式泵、凝输泵、消防泵、除氧器循环泵等）

主要作业风险：	控制措施：
（1）触电； （2）人身伤害； （3）设备损坏； （4）机械伤害； （5）环境污染； （6）起重伤害； （7）其他伤害	（1）确认设备名称及检修的工艺要求； （2）加强设备起重人员的管理； （3）严格执行设备验收制度以及工作票制度； （4）制定严格的动火工作票制度，执行安全措施，监护人到位； （5）加强劳动防护用品的使用和规范； （6）检修前进行细致的技术交底和安全交底； （7）检修后的煤油进行集中放置

编号	作业步骤	危害因素	可能导致的后果	L	E	C	D	风险程度	控制措施
一		检修前准备							
1	准备手动工具	（1）手动工具如敲击工具锤头松脱、破损等； （2）使用不合适工具，小工具准备不全或遗漏等	（1）人身伤害； （2）设备损坏	3	3	3	27	2	（1）使用前确认工具型号和标识； （2）使用前确认工具完好合格
2	准备电动工具	（1）电动工具不符合要求，如电线破损、绝缘和接地不良；	（1）触电；	3	2	15	90	3	（1）使用前检查电源线、接地和其他部件良好，经检验合格在有效期内；

编号	作业步骤	危害因素	可能导致的后果	风险评价					控制措施
				L	*E*	*C*	*D*	风险程度	
2	准备电动工具	（2）电源无触电保护或/和工具设备无接地保护； （3）使用时如砂轮片、切割片等断裂飞出	（2）机械伤害； （3）人身伤害	3	2	15	90	3	（2）电源盘等必须使用漏电保护器； （3）确保易耗品，如砂轮片、切割片的质量； （4）使用正确劳动防护用品，如眼镜、面罩等
3	布置场地	（1）工具摆放凌乱； （2）场地选择不当，如场地条件不足（照明等）	（1）人身伤害； （2）影响人员通行	3	3	3	27	2	（1）严格执行定置管理要求； （2）进场前进行确认检查； （3）正确使用工器具
4	进行作业前的安全交底	（1）安全交底不清楚； （2）交底的内容存在缺陷； （3）交底没有落实到每一位人员	（1）人身伤害； （2）设备损坏	3	3	3	27	2	（1）加强对人员的安全培训和学习； （2）严格执行安全交底的有关工作
5	脚手架搭设及验收	（1）脚手架不稳或倾斜，容易导致脚手架坍塌； （2）脚手架没进行验收，脚手架无合格牌；	（1）人身伤害； （2）设备损坏； （3）高处坠落	3	1	40	120	3	（1）填写搭设委托单，明确搭设要求； （2）检查搭设人员有无资质，搭设时戴安全帽、系安全带和穿防滑鞋等；

357

编号	作业步骤	危害因素	可能导致的后果	风险评价					控制措施
				L	E	C	D	风险程度	
5	脚手架搭设及验收	（3）大型脚手架没有进行设计和审核； （4）搭设脚手架中误碰设备	（1）人身伤害； （2）设备损坏； （3）高处坠落	3	1	40	120	3	（3）在设备附近搭设必须进行必要的交底； （4）经验收和挂牌后使用
6	准备劳动防护用品并对现场工作人员进行安全交底	（1）劳保用品佩戴不当； （2）安全交底不清； （3）未进行安全交底	（1）物体打击； （2）其他伤害	3	3	9	81	3	（1）加强相互之间的监督； （2）严格遵守公司关于劳保用品正确使用的规定； （3）工作负责人必须对现场工作人员进行安全交底和技术交底，并在相关文件中签字后方可开工
二	检修过程								
1	卸靠背轮	（1）劳保用品佩戴不当； （2）使用工具不当； （3）设备未做标记； （4）拆下的设备零件丢失	（1）人身伤害； （2）设备损坏	3	2	7	42	2	（1）设备拆装严格地进行有效的标记，并做好记录； （2）使用前仔细检查工具； （3）加强相互之间的监督，严格遵守公司关于劳保用品正确使用的规定； （4）设备拆除前要进要确认安全措施完全执行
2	松开泵盖连接螺栓，起吊泵盖	（1）劳保用品佩戴不当； （2）使用工具不当； （3）设备未做标记；	（1）其他伤害； （2）物体打击	3	2	3	18	1	（1）设备拆装严格地进行有效的标记，并做好记录； （2）使用前仔细检查工具；

编号	作业步骤	危害因素	可能导致的后果	风险评价					控制措施
				L	E	C	D	风险程度	
2	松开泵盖连接螺栓，起吊泵盖	（4）拆下的设备零件丢失； （5）起重葫芦不合格； （6）安全装置失灵； （7）误操作； （8）设备滑脱； （9）违章指挥	（1）其他伤害； （2）物体打击	3	2	3	18	1	（3）加强相互之间的监督，严格遵守公司关于劳保用品正确使用的规定； （4）严格执行《起重安全控制程序》，培训有证者操作； （5）起重前应检查起重机械及其安全装置； （6）吊装重物时严禁从人员的头顶上越过； （7）工作时指挥、信号正确； （8）设围栏、监护人，无关人员不得入内
3	吊轴及转动部分	（1）起重葫芦不合格； （2）安全装置失灵； （3）误操作； （4）设备滑脱； （5）违章指挥	（1）人身伤害； （2）设备损坏	6	1	15	90	3	（1）严格执行《起重安全控制程序》，培训有证者操作； （2）起重前应检查起重机械及其安全装置； （3）吊装重物时严禁从人员的头顶上越过； （4）工作时指挥、信号正确； （5）设围栏、监护人，无关人员不得入内

编号	作业步骤	危害因素	可能导致的后果	风险评价					控制措施
				L	E	C	D	风险程度	
4	卸轴承	（1）动火作业； （2）拉马等卸拉专用工具损坏； （3）被高温轴承烫伤； （4）轴及转动部分碰撞变形	（1）灼伤； （2）火灾； （3）机械伤害； （4）人身伤害； （5）设备伤害	3	3	3	27	2	（1）戴隔热手套； （2）拆下的部件进行定置管理； （3）正确使用手动工具安全绳； （4）办理动火工作票，准备灭火器； （5）设备必须捆绑牢固，保持重心稳定； （6）设置隔离措施
5	拆卸叶轮	（1）使用工具不当； （2）工具滑脱； （3）零部件遗失、错位； （4）设备滑脱伤脚	（1）人身伤害； （2）设备损坏	3	3	3	27	2	（1）正确佩戴劳保用品； （2）加强相互之间的监督，严格遵守公司关于劳保用品正确使用的规定； （3）详细了解设备的结构，对工作人员进行安全交底； （4）使用前确认工具型号和标识； （5）使用前确认工具完好合格
6	清洗和检查	（1）锋利设备伤手； （2）设备滑脱	（1）人身伤害； （2）设备损坏	6	2	1	12	1	（1）正确佩戴劳保用品； （2）加强相互之间的监督，严格遵守公司关于劳保用品正确使用的规定； （3）详细了解设备的结构，对工作人员进行安全交底

编号	作业步骤	危害因素	可能导致的后果	风险评价					控制措施
				L	*E*	*C*	*D*	风险程度	
7	设备回装	按照检修拆除工序逆向回装							
三		完工恢复							
1	检查、恢复设备各系统	(1) 走错间隔; (2) 误操作; (3) 操作不到位	(1) 人身伤害; (2) 设备损坏	3	1	7	21	2	(1) 回押工作票; (2) 确认恢复安全措施
2	整体试运	(1) 安全措施未恢复; (2) 触碰电机及机械转动部位; (3) 误操作; (4) 工作票未回押; (5) 电源线盒位盖未扣严密	(1) 触电; (2) 人身伤害; (3) 设备事故	3	1	15	45	2	(1) 确认工作票已经回押; (2) 确认恢复安全措施; (3) 试运时专人现场监护
3	结束工作（现场文明施工）	(1) 遗漏工器具; (2) 现场遗留检修杂物; (3) 不拆除临时用电; (4) 不结束工作票,终结工作票继续进行工作	(1) 设备损坏; (2) 人身伤害; (3) 设备故障	6	3	1	18	1	(1) 收齐检查工器具; (2) 清扫检修现场; (3) 拆除临时用电; (4) 结束工作票

续表

编号	作业步骤	危害因素	可能导致的后果	L	E	C	D	风险程度	控制措施
四	作业环境								
1	泵体打磨	（1）泵体打磨产生的粉尘环境；（2）灰尘清理不当；（3）呼吸系统保护不当	职业危害，导致呼吸系统疾病或眼睛伤害，如尘肺、咽喉炎、皮炎等	6	1	1	6	1	（1）佩戴粉尘口罩；（2）及时清扫地面
2	轴承室清扫，润滑油更换	润滑油污染环境	污染环境	6	1	1	6	1	（1）换下的润滑油及清洗零件后的煤油必须放入废油桶；（2）及时清扫地面
五	以往发生的事件								
1	泵轴及转动部分起吊	起吊物重心不稳和绑扎不当，泵轴及转动部分起吊滑脱碰撞	设备损坏	6	1	1	6	1	吊物必须捆绑牢固，保持重心稳定

22 悬臂式单级离心泵检修（定冷水泵、旋转滤网冲洗水泵，工业水房等）

主要作业风险： (1) 人身伤害； (2) 设备损坏； (3) 机械伤害； (4) 环境污染； (5) 其他伤害； (6) 起重伤害	控制措施： (1) 确认设备名称及检修的工艺要求； (2) 加强设备起重人员的管理； (3) 严格执行设备验收制度以及工作票制度； (4) 加强劳动防护用品的使用和规范； (5) 检修前进行细致的技术交底和安全交底

编号	作业步骤	危害因素	可能导致的后果	风险评价					控制措施
				L	E	C	D	风险程度	
一	检修前准备								
1	准备手动工具	(1) 手动工具如敲击工具锤头松脱、破损等； (2) 使用不合适工具，小工具准备不全或遗漏等	(1) 人身伤害； (2) 设备损坏	6	3	3	54	2	(1) 使用前确认工具型号和标识； (2) 使用前确认工具完好合格
2	准备电动工具	(1) 电动工具不符合要求，如电线破损、绝缘和接地不良；	(1) 触电；	3	1	15	45	2	(1) 使用前检查电源线、接地和其他部件良好，经检验合格在有效期内；

编号	作业步骤	危害因素	可能导致的后果	L	E	C	D	风险程度	控制措施
2	准备电动工具	（2）电源无触电保护或/和工具设备无接地保护；（3）使用时如砂轮片、切割片等断裂飞出	（2）机械伤害；（3）人身伤害	3	1	15	45	2	（2）电源盘等必须使用漏电保护器；（3）确保易耗品，如砂轮片、切割片的质量；（4）使用正确劳动防护用品，如眼镜、面罩等
3	准备劳动防护用品	劳保用品佩戴不当	其他伤害	3	2	3	18	1	（1）加强相互之间的监督；（2）严格遵守公司关于劳保用品正确使用的规定
4	布置场地	（1）工具摆放凌乱；（2）场地选择不当，如场地条件不足（照明等）	（1）人身伤害；（2）影响人员通行	3	3	3	27	2	（1）严格执行定置管理要求；（2）进场前进行确认检查；（3）正确使用工器具
5	进行作业前的安全交底	（1）安全交底不清楚；（2）交底的内容存在缺陷；（3）交底没有落实到每一位人员	（1）人身伤害；（2）设备损坏	3	3	3	27	2	（1）加强对人员的安全培训和学习；（2）严格执行安全交底的有关工作；（3）完善交底工作的内容并及时进行更新
二		检修过程							
1	脱开靠背轮	（1）劳保用品佩戴不当；	（1）人身伤害；（2）设备损坏	3	2	7	42	2	（1）设备拆装严格地进行有效的标记，并做好记录；

续表

编号	作业步骤	危害因素	可能导致的后果	风险评价					控制措施
				L	E	C	D	风险程度	
1	脱开靠背轮	(2) 使用工具不当; (3) 设备未做标记; (4) 拆下的设备零件丢失	(1) 人身伤害; (2) 设备损坏	3	2	7	42	2	(2) 使用前仔细检查工具; (3) 加强相互之间的监督,严格遵守公司关于劳保用品正确使用的规定; (4) 设备拆除前要进要确认安全措施完全执行
2	拆出轴承体总成	(1) 劳保用品佩戴不当; (2) 使用工具不当; (3) 设备未做标记; (4) 拆下的设备零件丢失	(1) 人身伤害; (2) 设备损坏; (3) 灼烫	3	2	3	18	1	(1) 设备拆装严格地进行有效的标记,并做好记录; (2) 使用前仔细检查工具; (3) 加强相互之间的监督,严格遵守公司关于劳保用品正确使用的规定; (4) 详细了解设备的结构,对工作人员进行安全交底
3	拆下叶轮	(1) 劳保用品佩戴不当; (2) 使用工具不当; (3) 设备未做标记; (4) 拆下的设备零件丢失	(1) 人身伤害; (2) 设备损坏	6	1	15	90	3	(1) 设备拆装严格地进行有效的标记,并做好记录; (2) 使用前仔细检查工具; (3) 加强相互之间的监督,严格遵守公司关于劳保用品正确使用的规定; (4) 详细了解设备的结构,对工作人员进行安全交底

续表

编号	作业步骤	危害因素	可能导致的后果	风险评价					控制措施
				L	E	C	D	风险程度	
4	解体械密封	（1）劳保用品佩戴不当； （2）使用工具不当； （3）设备未做标记； （4）拆下的设备零件丢失； （5）设备破损	（1）人身伤害； （2）设备损坏	6	1	15	90	3	（1）设备拆装严格地进行有效的标记，并做好记录； （2）使用前仔细检查工具； （3）加强相互之间的监督，严格遵守公司关于劳保用品正确使用的规定； （4）详细了解设备的结构，对工作人员进行安全交底
5	拆出泵轴和轴承	（1）劳保用品佩戴不当； （2）使用工具不当； （3）设备未做标记； （4）拆下的设备零件丢失； （5）动火作业（用火焊割轴承或加热轴承）	（1）人身伤害； （2）设备损坏； （3）烫伤； （4）火灾	3	2	7	42	2	（1）设备拆装严格地进行有效的标记，并做好记录； （2）使用前仔细检查工具； （3）加强相互之间的监督，严格遵守公司关于劳保用品正确使用的规定； （4）详细了解设备的结构，对工作人员进行安全交底； （5）戴隔热手套； （6）铺设防火毯； （7）办理动火工作票
6	清理与检查	（1）锋利设备伤手； （2）设备滑脱； （3）使用工具不当； （4）接触有毒清洗剂	（1）人身伤害； （2）设备损坏； （3）中毒	6	2	1	12	1	（1）使用前仔细检查工具； （2）加强相互之间的监督，严格遵守公司关于劳保用品正确使用的规定； （3）详细了解设备的结构，对工作人员进行安全交底

编号	作业步骤	危害因素	可能导致的后果	风险评价					控制措施
				L	E	C	D	风险程度	
7	设备回装	按照检修拆除工序逆向回装							
三	完工恢复								
1	检查、恢复设备各系统	(1) 走错间隔； (2) 误操作； (3) 操作不到位	(1) 人身伤害； (2) 设备损坏； (3) 系统无法投运，影响工作进度	3	1	7	21	2	(1) 回押工作票； (2) 确认恢复安全措施
2	整体试运	(1) 安全措施未恢复； (2) 触碰电机及机械转动部位； (3) 误操作； (4) 工作票未回押； (5) 电源线盒位盖未扣严密	(1) 触电； (2) 人身伤害； (3) 设备事故	3	1	15	45	2	(1) 确认工作票已经回押； (2) 确认恢复安全措施； (3) 试运时专人现场监护
3	结束工作（现场文明施工）	(1) 遗漏工器具； (2) 现场遗留检修杂物； (3) 不拆除临时用电； (4) 不结束工作票，终结工作票继续进行工作	(1) 设备损坏； (2) 人身伤害； (3) 设备故障	6	3	1	18	1	(1) 收齐检查工器具； (2) 清扫检修现场； (3) 拆除临时用电； (4) 结束工作票

编号	作业步骤	危害因素	可能导致的后果	风险评价					控制措施
				L	E	C	D	风险程度	
四	作业环境								
1	设备清扫，轴承油更换	（1）轴承油污染环境；（2）工业用品对人身造成的损害	（1）污染环境；（2）人身伤害；（3）设备损坏	6	2	3	36	2	（1）换下的轴承油及清洗零件后的煤油必须放入废油桶；（2）及时清扫地面
2	粉尘环境	（1）设备打磨清理产生的灰尘及废弃物；（2）清洗阀门内部时，煤油等挥发产生的气体；（3）呼吸系统保护不当	（1）职业危害，导致呼吸系统疾病或眼睛功能异常；（2）设备进污染物导致故障	6	2	7	84	3	（1）定期进行体检；（2）加强个人的防护工作；（3）及时进行有效的清理；（4）佩戴正确类型的防护口罩；（5）换下的润滑油及清洗零件后的煤油必须放入废油桶；（6）不得随意倾倒
五	以往发生的事件								
1	设备起吊	设备起吊滑脱	起重伤害	3	2	15	90	3	（1）严格执行《起重安全控制程序》，培训有证者操作；（2）起重前应检查起重机械及其安全装置；（3）加强起重操作人员的安全管理

23 循环水泵、雨水泵解体检修

主要作业风险:	控制措施:
(1) 起重伤害; (2) 设备损坏; (3) 触电; (4) 高处坠落; (5) 机械伤害; (6) 物体打击; (7) 密闭窒息; (8) 粉尘伤害	(1) 严格执行工作票制度; (2) 加强个人防护意识和措施; (3) 用电安全意识培养; (4) 加强动火安全及个人防护意识; (5) 抽水时孔洞设置明显位置的警告牌; (6) 起吊重物时设置隔离带; (7) 进行防腐处理时注意戴好呼吸器; (8) 对起重人员进行资质审查和现场工作人员的安全培训

编号	作业步骤	危害因素	可能导致的后果	风险评价					控制措施
				L	E	C	D	风险程度	
一	检修前准备								
1	确认安全措施执行完毕,切断设备电源	(1) 拉错开关,走错间隔或误送电导致设备带电或误动; (2) 分闸时引起着火; (3) 误碰其他有电部位产生电弧	(1) 触电; (2) 火灾; (3) 设备事故	3	1	7	21	2	(1) 办理工作票,确认执行安全措施; (2) 双人共同确认检修开关上锁,验电并挂警示牌; (3) 正确佩戴个人防护用品,如绝缘手套、绝缘鞋、面罩和防电弧服
2	检修时需要线盘等临时电源临时供电	(1) 电源、电压等级和接线方式不符要求; (2) 负荷过载; (3) 线盘漏点保护器工作失灵	(1) 触电; (2) 火灾	3	2	15	90	3	(1) 检查电源; (2) 验电合格后方能使用; (3) 漏电保护器漏电检查

编号	作业步骤	危害因素	可能导致的后果	风险评价					控制措施
				L	E	C	D	风险程度	
3	孔洞及高处需要搭设脚手架	（1）脚手架不稳或倾斜，容易导致脚手架坍塌；（2）脚手架没进行验收；（3）脚手架无合格牌；（4）大型脚手架没有进行设计和审核；（5）搭设脚手架中误碰设备	（1）起重伤害；（2）设备损坏；（3）高处坠落	3	2	15	90	3	（1）填写搭设委托单，明确搭设要求；（2）检查搭设人员有无资质；（3）搭设时戴安全帽，系安全带和穿防滑鞋等；（4）搭设高度为5m以上设置安全网；（5）在设备附近搭设必须进行必要的交底；（6）经验收和挂牌后使用
4	设备检修需要切断水源	（1）关错阀门；（2）阀门内漏或阀门未关到位；（3）阀门位置位于受限空间或孔井内	（1）高压水冲洗设备导致人身伤害；（2）高处坠落	3	2	15	90	3	（1）办理工作票，确认执行安全措施；（2）提供良好通风；（3）使用面罩和安全带等防护用品
5	准备手动工具	（1）手动工具如敲击工具锤头松脱、破损等；（2）使用不合适工具，小工具准备不全或遗漏等	（1）人身伤害；（2）设备损坏	3	3	3	27	2	（1）使用前确认工具型号和标识；（2）使用前确认工具完好合格

续表

编号	作业步骤	危害因素	可能导致的后果	风险评价				风险程度	控制措施
				L	E	C	D		
6	准备电动工具	（1）电动工具不符合要求，如电线破损、绝缘和接地不良； （2）电源无触电保护或和工具设备无接地保护； （3）使用时如砂轮片、切割片等断裂飞出	（1）触电； （2）机械伤害； （3）人身伤害	3	1	15	45	2	（1）使用前检查电源线、接地和其他部件良好，经检验合格在有效期内； （2）电源盘等必须使用漏电保护器； （3）确保易耗品，如砂轮片、切割片的质量； （4）使用正确劳动防护用品，如眼镜、面罩等
7	准备劳动防护用品并对现场工作人员进行安全交底	（1）劳保用品佩戴不当； （2）安全交底不清； （3）未进行安全交底	（1）物体打击； （2）其他伤害	3	3	9	81	3	（1）加强相互之间的监督； （2）严格遵守公司关于劳保用品正确使用的规定； （3）工作负责人必须对现场工作人员进行安全交底和技术交底，并在相关文件中签字后方可开工
二	检修过程								
1	拆卸靠背轮	（1）拆卸位置不好，容易打到手等部位； （2）盘动靠背轮需要手拉葫芦； （3）拆卸时加热动火	（1）人身伤害； （2）设备损坏	3	1	15	45	2	（1）正确佩戴安全防护用品； （2）正确使用手拉葫芦并及时进行专业方面的培训

编号	作业步骤	危害因素	可能导致的后果	风险评价					控制措施
				L	E	C	D	风险程度	
2	起重吊装电机和泵体作业及电机泵体回装作业	(1) 被吊物重量超过最大起吊负荷，或被吊物起吊过程中挂住导致起吊超负荷； (2) 起重机损坏或故障； (3) 指挥不当，起重物件下站人； (4) 误碰高压电线、高压蒸汽管道等； (5) 钢丝绳滑脱、断裂或脱钩	(1) 起重伤害； (2) 物体打击； (3) 设备损坏； (4) 触电	3	2	15	90	3	(1) 起重机械驾驶员必须持证上岗，其他作业人员必须参加起重作业培训； (2) 大型或关键吊装必须制定工作方案； (3) 吊装指挥、现场监护人员等人员必须到齐才能进行操作； (4) 使用前钢丝绳、吊钩等必须进行仔细检查； (5) 吊装点必须位于物件上部，以保持重心稳定； (6) 设置隔离栏，戴防护手套和安全帽； (7) 起重作业时严禁斜拉重物
3	泵外筒壁检查及清理（受限空间作业）	(1) 受限空间内存在的有毒气体等； (2) 受限空间内通风部良，缺氧； (3) 隔离错误或没有隔离； (4) 受限空间内动火；	中毒和窒息，如缺氧性窒息或中毒性窒息	3	2	15	90	3	(1) 办理工作票，执行安全措施，监护人到位，严禁在无监护的情况下单人进入受限空间； (2) 作业人员必须接受受限空间作业培训； (3) 切断所有进入受限空间的能源； (4) 进出入受限空间人员登记和核查；

编号	作业步骤	危害因素	可能导致的后果	风险评价					控制措施
				L	E	C	D	风险程度	
3	泵外筒壁检查及清理（受限空间作业）	（5）误关闭进出口	中毒和窒息，如缺氧性窒息或中毒性窒息	3	2	15	90	3	（5）设置受限空间警示标识； （6）呼吸系统保护和使用呼吸设施； （7）提供通风和系安全绳； （8）受限空间内动火必须严格执行动火作业的要求
4	解体泵转动及使用手拉葫芦等手动起吊工具	（1）吊钩和卡扣损坏引起葫芦脱扣砸人； （2）手拉葫芦，钢丝绳断裂； （3）起吊物重心不稳或绑扎不当； （4）物件过重超载	（1）起重伤害； （2）其他人伤害	3	1	40	120	3	（1）使用前检查手拉葫芦，钢丝绳吊扣等； （2）戴防护手套，戴安全帽； （3）吊物必须捆绑牢固，保持重心稳定； （4）设专人指挥起吊，避免吊物下站人； （5）设置隔离措施
5	使用电动工具进行打磨等处理	（1）不熟悉和不正确使用电（气）动工具； （2）电动工具不符合要求，如电线破损、绝缘盒接地不良，气动工具气管破损、接口松动或磨损；	（1）触电； （2）机械伤害； （3）其他人身伤害	3	1	15	45	2	（1）学习工具说明书，学会正确使用； （2）使用前检查电源线，接地和其他部件良好，经检验合格在有效期内； （3）电源盘等必须使用漏电保护器； （4）确保易耗品，如砂轮片、切割片的质量；

编号	作业步骤	危害因素	可能导致的后果	风险评价					控制措施
				L	E	C	D	风险程度	
5	使用电动工具进行打磨等处理	(3) 工具或工具易损件质量不良； (4) 电源无触电保护，工具设备无接地保护； (5) 使用如砂轮片，切割片等断裂飞出； (6) 未使用正确的劳动保护用品	(1) 触电； (2) 机械伤害； (3) 其他人身伤害	3	1	15	45	2	(5) 使用正确的劳动保护用品，如防护眼镜、面罩等
6	手工搬运设备及零件	(1) 手工搬运方法或搬运姿势不当； (2) 用力不当或蛮干； (3) 物件过重，未使用工具或机具； (4) 员工未经培训，缺乏经验	(1) 人机工程伤害； (2) 设备损坏	1	1	3	3	1	(1) 进行手工搬运培训； (2) 用正确姿势搬运； (3) 提供适当搬运工具或其他工具
7	清洗和打磨设备及毛刺	(1) 接触有毒清洗剂； (2) 清洗剂易燃易爆； (3) 未戴手套毛刺刮伤	(1) 中毒； (2) 火灾； (3) 人身伤害	3	1	3	9	1	(1) 佩戴呼吸器； (2) 准备灭火器； (3) 佩戴好正确的个人防护用品

编号	作业步骤	危害因素	可能导致的后果	风险评价					控制措施
				L	E	C	D	风险程度	
8	动火作业（电焊、气割）	（1）附近有易燃易爆气体或易燃物； （2）附近有带电设备； （3）没有使用防火垫； （4）交叉作业或登高作业； （5）动火设备不符合要求，如电焊机接线破损、接头接线不符合要求、接地不良等； （6）没有穿戴或使用不合适的工作服、防护鞋、防护眼镜和面罩等； （7）渣体飞溅，没有一定范围的防火措施； （8）动火时火星复燃； （9）氧气、乙炔瓶距离太近； （10）气体钢瓶没有固定好； （11）没有穿戴必要的个人防护用品； （12）皮管老化、受损； （13）无氧气减压器和乙炔回火器	（1）触电； （2）火灾； （3）电弧灼伤； （4）化学爆炸； （5）落物等引起的人身伤害	3	1	15	45	2	（1）制定严格的动火工作票制度，执行安全措施，监护人到位； （2）作业人员必须参加动火作业培训； （3）做好必要的防火措施，如使用防火垫和警示牌挂好； （4）检查电焊机和气割工具是否符合要求，交叉作业时加强沟通和设置警示标语

编号	作业步骤	危害因素	可能导致的后果	风险评价					控制措施
				L	E	C	D	风险程度	
9	设备回装	按照检修拆除工序逆向回装							
三		完工恢复							
1	电机就位	吊行车起吊操作规程	(1) 人身伤害； (2) 设备损坏	3	2	15	90	3	(1) 正确使用防护用品； (2) 使用前检查手拉葫芦、钢丝绳，完好无损； (3) 吊物必须捆绑紧固，保持重心稳定； (4) 设专人指挥起吊，避免吊物下站人； (5) 设置隔离措施
2	接线并单试电机	(1) 脚手架不稳定； (2) 人员接线出现错误； (3) 单试单机没有采取一定范围内的隔离措施； (4) 电机及泵没有固定好，找正用的顶丝没有松开	(1) 人身伤害； (2) 转动机械伤人； (3) 设备损坏； (4) 设备机械故障	3	2	15	90	3	(1) 设置一定距离的隔离区，并挂警示牌，防止转动机械检修后出现故障伤人； (2) 使用脚手架严格按照脚手架验收规程进行，人员必须到现场进行确认； (3) 正确佩戴好个人安全防护用品

编号	作业步骤	危害因素	可能导致的后果	风险评价					控制措施
				L	E	C	D	风险程度	
3	结束工作，清理现场	（1）遗漏工器具；（2）现场遗留检修杂物；（3）不拆除临时用电；（4）不在正常工作时间内结束工作票	（1）触电；（2）人身伤害；（3）设备转动异常	3	1	7	21	2	（1）收起工器具；（2）清扫检修现场；（3）拆除临时用电；（4）结束工作票
四	作业环境								
1	粉尘环境	（1）设备打磨清理产生的灰尘及废弃物；（2）呼吸系统保护不当	职业危害，导致呼吸系统疾病或眼睛功能异常	3	2	7	42	2	（1）定期进行体检；（2）加强个人的防护工作；（3）及时进行有效的清理；（4）佩戴正确类型的防护口罩；（5）定期对周围的环境进行监测
2	密闭受限空间作业	（1）无警示牌；（2）爬梯上下时容易导致高处坠落	（1）高处坠落；（2）中毒窒息	3	2	15	90	3	（1）及时进行有毒气体处理和处理；（2）悬挂警示牌并及时进行隔离；（3）及时对特殊人员进行培训

24 循环水泵推力瓦室加油

主要作业风险：	控制措施：
（1）起重伤害； （2）环境污染； （3）高处坠落	（1）双方共同确认检修开关、上锁、验电、并挂好警示牌； （2）正确使用个人防护用品； （3）对员工进行针对性的安全培训和技能培训； （4）操作步骤和设备检修工艺严格执行； （5）做好环境受污染该如何处理的预案； （6）进行特殊作业的安全交底工作

编号	作业步骤	危害因素	可能导致的后果	风险评价					控制措施
				L	E	C	D	风险程度	
一	检修前准备								
1	布置场地	（1）工器具摆放凌乱； （2）场地选择不当，如场地照明不足	（1）人身伤害； （2）影响人员通行	3	2	3	18	1	（1）严格执行定置管理要求； （2）进场前进行确认检查； （3）正确使用工器具
2	安全交底	检修前没有进行必要的安全交底工作	（1）其他人身伤害； （2）设备损坏	3	3	6	54	2	（1）检修前进行文件包的安全交底以及技术交底工作； （2）制定规范的检修安全交底程序； （3）工作人员必须全部参加安全交底

编号	作业步骤	危害因素	可能导致的后果	风险评价					控制措施
				L	E	C	D	风险程度	
二	检修过程								
1	检查除锈清理	（1）设备碰撞相互挤压； （2）设备锋利棱角割伤； （3）化学清洗剂伤害	（1）人身伤害； （2）设备损坏； （3）设备丢失	6	1	7	42	2	（1）正确使用防护用品； （2）对员工的安全意识进行有效的培训； （3）合理安排工作流程，做到有条不紊； （4）对施工人员进行详细的安全技术交底
2	涂抹黄油	现场油污污染	环境污染	2	2	3	12	1	正确的使用个人防护用品
三	完工恢复								
1	检查设备运行状况	（1）走错间隔； （2）隔离错误； （3）措施不完善； （4）误操作	（1）设备事故； （2）人身伤害	3	1	7	21	2	（1）终结工作票，确认恢复安全措施； （2）办理工作票回押手续； （3）办理试运单
四	作业环境								
1	清理粉尘污染	（1）有毒液体对设备和人身的伤害； （2）有毒液体对环境的污染	（1）人身伤害； （2）设备损坏； （3）设备丢失	3	2	7	42	2	（1）完善有毒液体的回收和处理制度； （2）加强对有毒液体的管理； （3）加强个人防护意识； （4）正确佩戴劳保用品； （5）对检修人员进行细致有效的安全交底

编号	作业步骤	危害因素	可能导致的后果	风险评价 L	E	C	D	风险程度	控制措施
五			以往发生的事件						
1	有毒液体渗漏	液体流失对环境造成污染	（1）人身伤害；（2）环境被污染	3	3	3	27	2	换下的油及清洗零件后的煤油必须放入废油桶

25 循环水旋转滤网解体检修

<table>
<tr>
<td colspan="2">主要作业风险：
（1）触电；
（2）起重伤害；
（3）高处坠落；
（4）机械伤害；
（5）物体打击；
（6）设备损坏</td>
<td colspan="2">控制措施：
（1）严格执行工作票制度；
（2）加强个人防护意识和措施；
（3）用电安全意识交底；
（4）加强动火安全及个人防护意识；
（5）抽水时孔洞明显位置设置警告牌；
（6）起吊重物时设置隔离带；
（7）进行防腐处理时注意戴好呼吸器；
（8）加强进入密闭容器作业人员个人安全意识以及培训</td>
</tr>
</table>

编号	作业步骤	危害因素	可能导致的后果	风险评价					控制措施
				L	E	C	D	风险程度	
一			检修前准备						
1	准备手动工具	（1）手动工具如敲击工具锤头松脱、破损等； （2）使用不合适工具，小工具准备不全或遗漏等	（1）人身伤害； （2）设备损坏	3	1	7	21	2	（1）使用前确认工具型号和标识； （2）使用前确认工具完好合格
2	临时用电	（1）电源、电压等级和接线方式不符要求；	（1）触电；	6	1	7	42	2	（1）检查电源；

编号	作业步骤	危害因素	可能导致的后果	风险评价					控制措施
				L	E	C	D	风险程度	
2	临时用电	（2）负荷过载； （3）线盘漏电保护器工作失灵； （4）操作失当	（2）火灾	6	1	7	42	2	（2）验电； （3）漏电保护器检查
3	准备电动工具	（1）电动工具不符合要求，如电线破损、绝缘和接地不良； （2）电源无触电保护或/和工具设备无接地保护； （3）使用时如砂轮片、切割片等断裂飞出	（1）触电； （2）机械伤害； （3）人身伤害	3	1	15	45	2	（1）使用前检查电源线、接地和其他部件良好，经检验合格在有效期内； （2）电源盘等必须使用漏电保护器； （3）确保易耗品，如砂轮片、切割片的质量； （4）使用正确劳动防护用品，如眼镜、面罩等
4	脚手架搭设	（1）脚手架不稳或倾斜，容易导致脚手架坍塌； （2）脚手架没进行验收； （3）脚手架无合格牌； （4）大型脚手架没有进行设计和审核； （5）搭设脚手架中误碰设备	（1）人身伤害； （2）设备损坏； （3）高处坠落	3	2	15	90	3	（1）填写搭设委托单，明确搭设要求； （2）检查搭设人员有无资质； （3）搭设时戴安全帽、系安全带和穿防滑鞋等； （4）搭设高度为 5m 以上设置安全网； （5）在设备附近搭设必须进行必要的交底； （6）经验收和挂牌后使用

编号	作业步骤	危害因素	可能导致的后果	风险评价					控制措施
				L	*E*	*C*	*D*	风险程度	
5	准备劳动防护用品	劳保用品佩戴不当	其他伤害	3	2	3	18	1	（1）加强相互之间的监督； （2）严格遵守公司关于劳保用品正确使用的规定
6	布置场地	（1）工具摆放凌乱； （2）场地选择不当，如场地条件不足（照明等）	（1）人身伤害； （2）影响人员通行	3	3	3	27	2	（1）严格执行定置管理要求； （2）进场前进行确认检查； （3）正确使用工器具
7	准备劳动防护用品并对现场工作人员进行安全交底	（1）劳保用品佩戴不当； （2）安全交底不清； （3）未进行安全交底	（1）物体打击； （2）其他伤害	3	1	7	21	2	（1）加强相互之间的监督； （2）严格遵守公司关于劳保用品正确使用的规定； （3）工作负责人必须对现场工作人员进行安全交底和技术交底，并在相关文件中签字后方可开工
二		检修过程							
1	拆除旋转滤网链条罩盖	（1）行车手动吊装罩盖脱落； （2）拆卸位置不好； （3）上下人员没有合理分配好	（1）机械伤害； （2）人身伤害	3	2	15	90	3	（1）正确的使用行车吊装及卸扣等工具； （2）佩戴好合格的劳动保护用品； （3）多人同时工作的要进行合理的配合

续表

编号	作业步骤	危害因素	可能导致的后果	L	E	C	D	风险程度	控制措施
2	切断进出口水源（进口放钢闸门）	（1）关错阀门；（2）阀门内漏或阀门未关到位；（3）阀门位置位于受限空间或孔井内；（4）钢闸门未到位，内漏严重	（1）水喷出导致人身伤害；（2）井孔坠落	3	1	15	45	2	（1）办理工作票，确认执行安全措施；（2）提供良好通风；（3）使用面罩和安全带等防护用品
3	底部沉积污泥抽除	（1）消防水压力不够；（2）高处作业防坠措施不到位，不完善；（3）抽水泵吊装挂靠边，或抽水泵由于烧坏等原因不工作	（1）设备损坏；（2）人身伤害；（3）高处坠落	3	1	7	21	2	（1）办理合格的消防水借用单，通知有关人员；（2）抽水泵损坏不能正常工作；（3）穿戴好必要的防范措施，防坠措施
4	旋转滤网转动部分用行车抬升及千斤顶的使用	（1）被吊物重量超过最大起吊负荷，或被吊物起吊过程中挂住导致的起吊超负荷；（2）起重机损坏或故障；（3）指挥不当，起重物件下站人；（4）误碰就地开关等电气设备	（1）起重伤害；（2）物体打击；（3）设备损坏；	6	1	15	90	3	（1）起重机械驾驶员必须持证上岗，其他作业人员必须参加起重作业培训；（2）大型或关键吊装必须制定工作方案；（3）吊装指挥，现场监护人员等人员必须到齐才能进行操作；（4）使用前钢丝绳、吊钩等必须进行仔细检查；

编号	作业步骤	危害因素	可能导致的后果	风险评价					控制措施
				L	E	C	D	风险程度	
4	旋转滤网转动部分用行车抬升及千斤顶的使用	（5）钢丝绳滑脱、断裂或脱钩； （6）千斤顶的使用方法措施，物件顶住后，无防滑防坠措施	（1）起重伤害； （2）物体打击； （3）设备损坏； （4）触电	6	1	15	90	3	（5）吊装点必须位于物件上部，以保持重心稳定； （6）设置隔离栏，戴防护手套和安全帽； （7）起重作业时严禁斜拉重物
5	转动部分检查及修理（受限空间，高处作业）	（1）受限空间内存在有毒气体等； （2）受限空间内通风不良、缺氧； （3）隔离错误或没有隔离； （4）受限空间内动火； （5）就地转动危害	（1）中毒和窒息，如缺氧性窒息或中毒性窒息； （2）机械伤害； （3）人身伤害	3	1	40	120	3	（1）办理工作票，执行安全措施，监护人到位，严禁在无监护的情况下单人进入受限空间； （2）作业人员必须接受受限空间作业培训； （3）切断所有进入受限空间的能源； （4）进出受限空间人员登记和核查； （5）设置受限空间警示标识； （6）呼吸系统保护和使用呼吸设施； （7）提供通风和系安全绳； （8）受限空间内动火必须严格执行动火作业的要求
6	使用电动工具进行打磨等处理	（1）不熟悉和不正确使用电（气）动工具；	（1）触电； （2）机械伤害；	6	1	15	90	3	（1）学习工具说明书，学会正确使用；

编号	作业步骤	危害因素	可能导致的后果	风险评价					控制措施
				L	E	C	D	风险程度	
6	使用电动工具进行打磨等处理	（2）电动工具不符合要求，如电线破损、绝缘盒接地不良、气动工具气管破损、接口松动或磨损； （3）工具或工具易损件质量不良； （4）电源无触电保护和工具设备无接地保护； （5）使用如砂轮片、切割片等断裂飞出； （6）未使用正确的劳动保护用品	（3）其他人身伤害	6	1	15	90	3	（2）使用前检查电源线，接地和其他部件良好，经检验合格在有效期内； （3）电源盘等必须使用漏电保护器； （4）确保易耗品，如砂轮片、切割片的质量； （5）使用正确的劳动保护用品，如防护眼镜、面罩等
7	动火作业（电焊，气割）	（1）附近有易燃易爆气体或易燃物； （2）附近有带电设备； （3）没有使用防火垫； （4）交叉作业或登高作业；	（1）触电； （2）火灾； （3）电弧灼伤； （4）化学爆炸； （5）落物等引起的人身伤害	3	2	15	90	3	（1）制定严格的动火工作票制度，执行安全措施，监护人到位； （2）作业人员必须参加动火作业培训； （3）做好必要的防火措施，如使用防火垫和挂好警示牌； （4）检查电焊机和气割工具是否符合要求，交叉作业时加强沟通和设置警示标语

编号	作业步骤	危害因素	可能导致的后果	风险评价					控制措施
				L	E	C	D	风险程度	
7	动火作业（电焊，气割）	（5）动火设备不符合要求，如电焊机接线破损、接头接线不符合要求、接地不良等； （6）未穿戴或使用不合适的工作服、防护鞋、防护眼镜和面罩等； （7）渣体飞溅，没有一定范围的防火措施； （8）动火时火星复燃； （9）氧气、乙炔瓶距离太近； （10）气体钢瓶没有固定好； （11）没有穿戴必要的个人防护用品； （12）皮管老化、受损； （13）无氧气减压器和乙炔回火器	（1）触电； （2）火灾； （3）电弧灼伤； （4）化学爆炸； （5）落物等引起的人身伤害	3	2	15	90	3	（1）制定严格的动火工作票制度，执行安全措施，监护人到位； （2）作业人员必须参加动火作业培训； （3）做好必要的防火措施，如使用防火垫和挂好警示牌； （4）检查电焊机和气割工具是否符合要求，交叉作业时加强沟通和设置警示标语

续表

编号	作业步骤	危害因素	可能导致的后果	风险评价				风险程度	控制措施
				L	E	C	D		
8	清洗和打磨设备及毛刺	（1）接触有毒清洗剂； （2）清洗剂易燃易爆； （3）未戴手套毛刺刮伤	（1）中毒； （2）火灾； （3）人身伤害	3	1	2	6	1	（1）佩戴呼吸器； （2）准备灭火器； （3）佩戴好正确的个人防护用品
9	设备回装	按照检修拆除工序逆向回装							
三			完工恢复						
1	就地试转	（1）转动部分机械伤人； （2）就地操作开关失灵等电气方面问题	（1）人身伤害； （2）触电	6	1	15	90	3	（1）加强对用电及一般工作方面的安全教育和培训； （2）就地操作必须由运行人员进行，并通知盘上人员，切忌自行进行违章操作
2	结束工作，清理现场	（1）遗漏工器具； （2）现场遗留检修杂物； （3）不拆除临时用电； （4）不在正常工作时间内结束工作票	（1）触电； （2）人身伤害； （3）设备转动异常	3	2	3	18	1	（1）收起工器具； （2）清扫检修现场； （3）拆除临时用电； （4）结束工作票

编号	作业步骤	危害因素	可能导致的后果	L	E	C	D	风险程度	控制措施
四		作业环境							
1	粉尘环境	（1）设备打磨清理产生的灰尘及废弃物；（2）呼吸系统保护不当	职业危害，导致呼吸系统疾病或眼睛功能异常	3	1	7	21	2	（1）定期进行体检；（2）加强个人的防护工作；（3）及时进行有效的清理；（4）佩戴正确类型的防护口罩；（5）定期对周围的环境进行监测
2	密闭受限空间作业	（1）无警示牌；（2）爬梯上下时容易导致高处坠落	（1）高处坠落；（2）中毒窒息	6	1	15	90	3	（1）及时进行有毒气体处理；（2）悬挂警示牌并及时进行隔离；（3）及时对特殊人员进行培训

26 油动机解体检修

主要作业风险：	控制措施：
(1) 人身伤害； (2) 设备损坏； (3) 起重伤害； (4) 机械伤害	(1) 正确佩戴个人防护用品； (2) 对工作人员进行细致的安全交底和技术交底； (3) 合理的安排工作流程； (4) 制定废油回收制度； (5) 起重操作时一人指挥，并要具有特种作业的资格

编号	作业步骤	危害因素	可能导致的后果	风险评价					控制措施
				L	*E*	*C*	*D*	风险程度	
一	检修前准备								
1	检查油动机措施是否执行到位	(1) 走错间隔； (2) 设备未隔离完全	(1) 人身伤害； (2) 设备损坏； (3) 设备丢失	3	1	7	21	2	(1) 办理工作票，确认执行安全措施正确； (2) 双方共同确认检修开关状态，并验电和挂警示牌
2	油动机限位检查	(1) 设备还处于热状态伤人； (2) 受限空间作业受阻	(1) 触电； (2) 火灾； (3) 设备事故	6	1	7	42	2	(1) 办理工作票，确认执行安全措施； (2) 双方共同确认检修开关、上锁、验电和挂警示牌； (3) 正确使用个人防护用品，如绝缘手套、绝缘鞋、面罩和防电弧服

续表

编号	作业步骤	危害因素	可能导致的后果	风险评价					控制措施
				L	E	C	D	风险程度	
3	准备手动工具	（1）手动工具如敲击工具锤头松脱、破损等； （2）使用不合适工具，小工具准备不全或遗漏等	（1）人身伤害； （2）设备损坏； （3）工具损坏	6	1	3	18	1	（1）使用前确认工具型号和标识； （2）使用前确认工具完好合格
4	准备电动工具	（1）电动工具不符合要求，如电线破损、绝缘和接地不良； （2）电源无触电保护或/和工具设备无接地保护； （3）使用时砂轮片、切割片等断裂飞出	（1）触电； （2）机械伤害； （3）其他人身伤害	3	1	15	45	2	（1）阅读工具说明书，学会正确使用； （2）使用前检查电源线、接地和其他部件良好，经检验合格在有效期内； （3）电源盘等必须使用漏电保护器； （4）确保易耗品，如砂轮片、切割片的质量； （5）使用正确劳动防护用品，如眼镜、面罩等
5	布置场地	（1）工具摆放凌乱； （2）场地选择不当，如场地照明不足	（1）人身伤害； （2）影响人员通行	3	1	3	9	1	（1）严格执行定置管理要求； （2）进场前进行确认检查； （3）正确使用工器具
6	将油动机整体吊出放置在检修场地（比如吊至汽机房吊物孔）	（1）安全装置失灵； （2）误操作； （3）设备滑脱； （4）违章指挥	（1）人身伤害； （2）设备损坏	6	1	15	90	3	（1）严格执行《起重安全控制程序》，培训有证者操作； （2）制定方案经相关领导批准；

编号	作业步骤	危害因素	可能导致的后果	风险评价					控制措施
				L	E	C	D	风险程度	
6	将油动机整体吊出放置在检修场地（比如吊至汽机房吊物孔）	(1) 安全装置失灵； (2) 误操作； (3) 设备滑脱； (4) 违章指挥	(1) 人身伤害； (2) 设备损坏	6	1	15	90	3	(3) 详见《发电机抽、穿转子起重作业安全技术措施》； (4) 工作时指挥、信号正确； (5) 设围栏、监护人，无关人员不得入内
7	安全交底	检修前没有进行必要的安全交底工作	(1) 其他人身伤害； (2) 设备损坏	3	3	7	63	2	(1) 检修前进行文件包的安全交底以及技术交底工作； (2) 制定规范的检修安全交底程序； (3) 工作人员必须全部参加安全交底
二		检修过程							
1	对油动机进行内部解体	(1) 设备或零件掉落； (2) 强行拆除解体； (3) 重物掉落伤人	(1) 人身伤害； (2) 设备损坏； (3) 机械伤害	3	1	7	21	2	(1) 正确使用劳动防护用品，并加强员工安全意识； (2) 合理安排工作流程； (3) 对施工人员进行详细的安全技术交底
2	检查和打磨除锈清理	(1) 重物伤人； (2) 设备锋利棱角割伤； (3) 化学清洗剂伤害	(1) 人身伤害； (2) 设备损坏； (3) 设备丢失	3	1	3	9	1	(1) 正确使用防护用品，对员工的安全意识进行有效的培训； (2) 合理安排工作流程，做到有条不紊； (3) 对施工人员进行详细的安全技术交底

编号	作业步骤	危害因素	可能导致的后果	风险评价					控制措施
				L	E	C	D	风险程度	
3	油动机回装	(1) 重物伤人； (2) 设备锋利棱角割伤； (3) 零部件保存不完整或损坏； (4) 设备回装起重时滑脱； (5) 起吊不当	(1) 人身伤害； (2) 设备伤害； (3) 起重伤害	6	1	15	90	3	(1) 合理安排工作流程，对设备的每个检修步骤和注意的地方了解清楚、有效； (2) 对施工人员进行详细的安全技术交底，技术要领要进行分析总结； (3) 起重前应检查起重机械及其安全装置，检查项目包括安全装置、制动器、离合器等有无异常、可靠性和精度，重要零部件（如吊钩、钢丝绳、制动器、吊索及辅具等）的状态、有无损伤、是否应报废等，电气（如配电线路、集电装置、配电盘、开关、控制器等）和液压系统及其部件的泄漏情况及工作性能、管路连接等； (4) 吊运重物时严禁从人员的头顶上方越过； (5) 起重机械只限于熟悉使用方法并经考试合格、取得合格证的人员使用

编号	作业步骤	危害因素	可能导致的后果	风险评价					控制措施
				L	E	C	D	风险程度	
4	油动机的就位	(1) 重物伤人；(2) 设备锋利棱角割伤；(3) 受限空间作业；(4) 高温环境人员容易虚脱	(1) 人身伤害；(2) 设备伤害	3	2	3	18	1	(1) 正确使用防护用品；(2) 合理安排工作流程；(3) 对施工人员进行详细的安全技术交底
三			完工恢复						
1	油动机调试	(1) 走错间隔；(2) 误操作	(1) 设备事故；(2) 人身伤害	6	1	15	90	3	(1) 办理工作票回押手续，(2) 办理试运单
2	检查、恢复油动机各系统	(1) 走错间隔；(2) 误操作	(1) 设备事故；(2) 人身伤害	3	1	7	21	2	终结工作票，确认恢复安全措施
四			作业环境						
1	轴承室清扫，润滑油更换	润滑油污染环境	污染环境	3	1	7	21	2	(1) 换下的润滑油及清洗零件后的煤油必须放入废油桶，不得随意倾倒；(2) 建立废油回收制度
五			以往发生的事件						
1	设备解体	设备拆下的小零件丢失	(1) 设备损坏；(2) 影响工作进度	6	1	3	18	1	(1) 加强对拆下的设备进行定制定点管理；(2) 提高员工技能水平的提高；(3) 工作现场做到井然有序

27　主机油箱回油滤网清理

主要作业风险：	控制措施：
（1）人身伤害； （2）设备损坏； （3）火灾； （4）环境污染	（1）正确地使用个人防护用品； （2）使用前检查手拉葫芦、钢丝绳吊扣等起重工具； （3）吊物必须捆绑牢固，保持重心稳定；设专人指挥起吊，避免吊物下站人； （4）设置隔离措施并确定隔离范围； （5）加强对现场工作人员的安全培训并进行细致的技术交底； （6）做好文明施工

编号	作业步骤	危害因素	可能导致的后果	L	E	C	D	风险程度	控制措施
一			检修前准备						
1	准备手动工具	（1）手动工具如敲击工具锤头松脱、破损等； （2）使用不合适工具，小工具准备不全或遗漏等	（1）物体打击； （2）设备损坏	3	2	7	42	2	（1）使用前确认工具型号和标识； （2）使用前确认工具完好合格
2	布置场地	（1）工具摆放凌乱； （2）场地选择不当，如场地条件不足（照明等）； （3）准备废油桶于工作现场处	（1）人身伤害； （2）影响人员通行； （3）物体打击	6	1	7	42	2	（1）严格执行定置管理要求； （2）进场前进行确认检查； （3）正确使用工器具

续表

编号	作业步骤	危害因素	可能导致的后果	风险评价					控制措施
				L	E	C	D	风险程度	
3	安全交底	检修前没有进行必要的安全交底工作	（1）其他人身伤害； （2）设备损坏	3	3	7	63	2	（1）检修前进行文件包的安全交底以及技术交底工作； （2）制定规范的检修安全交底程序； （3）工作人员必须全部参加安全交底
二			检修过程						
1	滤网清理	（1）使用工具不当； （2）工具滑脱； （3）零部件遗失、错位、滑脱； （4）螺栓坠地伤人	（1）人身伤害； （2）设备损坏； （3）物体打击	3	2	3	18	1	（1）使用手动工具，准备固定设备的安全绳； （2）拆前做好标记； （3）拆下的部件进行定制管理，精密阀门等设备进行包装保护
三			完工恢复						
1	工作完成，现场清理	（1）遗漏工器具； （2）现场遗留检修杂物； （3）不拆除临时用电； （4）不在正常工作时间内结束工作票	（1）触电； （2）人身伤害； （3）设备转动异常	3	2	7	42	2	（1）收起工器具； （2）清扫检修现场； （3）拆除临时用电； （4）结束工作票

续表

编号	作业步骤	危害因素	可能导致的后果	L	E	C	D	风险程度	控制措施
四		作业环境							
1	滤网清理	（1）润滑油污染环境；（2）工业用品对人身造成的损害	（1）污染环境；（2）人身伤害	1	1	3	3	1	（1）换下的润滑油及清洗零件后的煤油必须放入废油桶；（2）及时清扫地面